普通高等院校土建类专业系列规划教材

测量学

主　编　刘文谷　张伟富　游扬声
参　编　陈金云　王吉明　高　攀
　　　　　兰劲松　向世臣

北京理工大学出版社
BEIJING INSTITUTE OF TECHNOLOGY PRESS

内容简介

本书共分为16章，包括测量学概述、水准测量、角度测量、距离测量与直线定向、全站仪及其使用、测量误差及数据处理的基本知识、小区域控制测量、GNSS测量、地形图基本知识、大比例尺地形图的测绘、地形图的应用、地籍测量和房产测量、施工测量的基本工作、建筑施工测量、线路工程测量、地下工程测量。各章后均附有习题与思考题。

本书可作为高等院校土木工程、工程管理、房地产、给排水、环境工程、城市规划、采矿工程等专业的教材，也可作为工程技术人员的参考用书。

版权专有　侵权必究

图书在版编目（CIP）数据

测量学/刘文谷，张伟富，游扬声主编．—北京：北京理工大学出版社，2018.9
（2018.10重印）

ISBN 978-7-5682-6174-6

Ⅰ.①测⋯　Ⅱ.①刘⋯ ②张⋯ ③游⋯　Ⅲ.①测量学-高等学校-教材　Ⅳ.①P2

中国版本图书馆 CIP 数据核字（2018）第 210329 号

出版发行 / 北京理工大学出版社有限责任公司
社　　址 / 北京市海淀区中关村南大街5号
邮　　编 / 100081
电　　话 / （010）68914775（总编室）
　　　　　（010）82562903（教材售后服务热线）
　　　　　（010）68948351（其他图书服务热线）
网　　址 / http：//www.bitpress.com.cn
经　　销 / 全国各地新华书店
印　　刷 / 北京紫瑞利印刷有限公司
开　　本 / 787毫米×1092毫米　1/16
印　　张 / 20　　　　　　　　　　　　　　　责任编辑 / 江　立
字　　数 / 486千字　　　　　　　　　　　　 文案编辑 / 赵　轩
版　　次 / 2018年9月第1版　2018年10月第2次印刷　责任校对 / 周瑞红
定　　价 / 53.00元　　　　　　　　　　　　 责任印制 / 李志强

图书出现印装质量问题，请拨打售后服务热线，本社负责调换

前 言

在工程建设中，工程测量是保证工程施工质量的关键环节。为了满足培养土木工程专业高级应用型人才对工程测量知识的需要，编者以多年的工程测量课程教学和施工一线的实践经验为基础，对工程测量知识进行重新组织，并参照工程测量相关的最新标准和最新规范编写了本书。

本书具有较强的教学适用性和较宽的专业适应面。在编写过程中，本书注重教学与工程实际相结合，传统理论与现代理论相结合，既兼顾工程建设的仪器现状，又考虑学校的实验条件，将光学仪器与现代仪器纳入介绍范围，将传统测量方法与现代测量方法一并讲解供选用。每章后均有习题与思考题方便教师教学和学生课后复习。

本书由重庆大学刘文谷、张伟富、游扬声担任主编，陈金云、王吉明、高攀、兰劲松、向世臣参与了编写工作。具体编写分工如下：刘文谷编写第二章、第十六章；张伟富编写第一章、第四章、第十四章，游扬声编写第六章、第十三章以及部分协调工作，陈金云编写第五章、第十章、第十一章，王吉明编写第三章和第十五章，高攀编写第七章和第八章，兰劲松编写第九章，向世臣编写第十二章。全书由刘文谷负责统稿。

本书在编写过程中参阅了其他相关教材，在参考文献中一一列出，在此对各位作者表示衷心感谢。

本书虽经多次修改，但由于编者水平有限和时间仓促，书中难免存在不足之处，恳请专家和广大读者批评指正。

编 者

目 录

第一章 测量学概述 (1)

第一节 测量学简介 (1)
第二节 地球的形状和大小 (5)
第三节 测量坐标系 (6)
第四节 地球曲率对测量工作的影响 (11)
第五节 测量工作概述 (13)

第二章 水准测量 (15)

第一节 水准测量原理 (15)
第二节 水准测量的仪器与工具 (17)
第三节 普通水准测量的方法与成果整理 (24)
第四节 DS3 型微倾式水准仪及自动安平式水准仪的检验校正 (31)
第五节 水准测量的误差分析及三、四等水准测量方法 (33)
第六节 精密水准仪和精密水准尺简介 (37)
第七节 数字水准仪和条码尺简介 (40)

第三章 角度测量 (44)

第一节 角度测量原理 (44)
第二节 经纬仪的构造 (45)
第三节 测角仪器的使用方法 (53)
第四节 水平角观测 (54)
第五节 竖直角观测 (57)
第六节 测角仪器的检验与校正 (61)
第七节 角度测量误差分析及注意事项 (64)

第四章 距离测量与直线定向 (67)

- 第一节 钢尺量距 (68)
- 第二节 光学视距法测距 (72)
- 第三节 电磁波测距 (75)
- 第四节 直线定向 (83)
- 第五节 罗盘仪及其使用 (87)

第五章 全站仪及其使用 (90)

- 第一节 全站仪概述 (90)
- 第二节 NTS-312 型全站仪简介 (93)

第六章 测量误差及数据处理的基本知识 (100)

- 第一节 测量误差概述 (100)
- 第二节 评定精度的指标 (103)
- 第三节 误差传播定律及其应用 (105)
- 第四节 算数平均值及其中误差 (108)
- 第五节 权、加权平均值及其中误差 (110)

第七章 小区域控制测量 (113)

- 第一节 控制测量概述 (113)
- 第二节 导线测量 (117)
- 第三节 交会定点 (123)
- 第四节 三角高程测量 (128)

第八章 GNSS 测量 (131)

- 第一节 GNSS 测量概述 (131)
- 第二节 GNSS 的坐标系统和时间系统 (136)
- 第三节 卫星定位的基本原理与误差来源 (139)
- 第四节 伪距测量和载波相位测量 (144)
- 第五节 实时动态差分定位 (147)

第九章 地形图基本知识 (150)

- 第一节 地图的定义、特征及分类 (150)
- 第二节 地图投影 (153)
- 第三节 地图的基本内容 (155)
- 第四节 地图比例尺 (157)

第五节　地图分幅与编号 …………………………………………………………（159）
　　第六节　地物的表达 ………………………………………………………………（162）
　　第七节　地貌（形）的表达 ………………………………………………………（167）

第十章　大比例尺地形图的测绘 ……………………………………………………（172）
　　第一节　大比例尺地形图的图解法测绘 …………………………………………（172）
　　第二节　地形图的绘制 ……………………………………………………………（175）
　　第三节　数字化测图方法 …………………………………………………………（177）

第十一章　地形图的应用 ……………………………………………………………（185）
　　第一节　地形图应用的基本内容 …………………………………………………（185）
　　第二节　工程建设中地形图的应用 ………………………………………………（188）
　　第三节　数字化地形图的应用 ……………………………………………………（192）

第十二章　地籍测量和房产测量 ……………………………………………………（197）
　　第一节　地籍测量 …………………………………………………………………（197）
　　第二节　房产测量 …………………………………………………………………（211）

第十三章　施工测量的基本工作 ……………………………………………………（232）
　　第一节　施工放样的基本内容和方法 ……………………………………………（232）
　　第二节　点的平面位置放样 ………………………………………………………（236）

第十四章　建筑施工测量 ……………………………………………………………（240）
　　第一节　施工测量概述 ……………………………………………………………（240）
　　第二节　施工控制测量 ……………………………………………………………（241）
　　第三节　民用建筑施工测量 ………………………………………………………（244）
　　第四节　工业厂房施工测量 ………………………………………………………（249）
　　第五节　建筑物变形测量 …………………………………………………………（254）
　　第六节　竣工总平面图的编绘 ……………………………………………………（260）

第十五章　线路工程测量 ……………………………………………………………（263）
　　第一节　线路工程测量概述 ………………………………………………………（263）
　　第二节　中线测量 …………………………………………………………………（265）
　　第三节　圆曲线的测设 ……………………………………………………………（269）
　　第四节　缓和曲线的测设 …………………………………………………………（271）
　　第五节　道路纵、横断面测量 ……………………………………………………（275）
　　第六节　道路工程施工测量 ………………………………………………………（278）

第七节 桥梁施工测量 ………………………………………………… (282)

第十六章 地下工程测量 ……………………………………………… (292)

第一节 地下工程概述 ………………………………………………… (292)
第二节 地下工程控制测量 …………………………………………… (293)
第三节 联系测量 ……………………………………………………… (295)
第四节 地下工程施工测量 …………………………………………… (303)
第五节 贯通测量 ……………………………………………………… (304)

参考文献 …………………………………………………………………… (310)

第一章

测量学概述

第一节 测量学简介

一、测量学的概念

测量学是研究地球和其他实体与时空分布的有关信息采集、处理、分析、管理、存储、传输、表达和应用的一门科学与技术。其主要内容是研究测定和推算地面点的几何位置、地球形状及地球重力场，测量地球表面自然形态和人工设施的几何分布，结合某些社会信息和自然信息的地理分布编制全球和局部地区各种比例尺的地图与专题地图，建立有关信息系统，研究地表形态以及它们的各种变化。测量学包括测量和制图两项主要内容。有的国家称为测量学，有的国家称为测量与制图学，在我国称为测量学。现代测量学的部分技术已应用于其他行星和月球上，在我国一级学科中称之为测绘科学与技术，它包括以下主要内容。

（一）大地测量

大地测量是研究地球及其邻近星体的形状和外部重力场及其随时间变化规律的科学，以及应用卫星、航空和地面测量传感器对空间点位置进行精密测定、对城市和工程建设以及资源环境的规划设计进行施工放样测量并进行变形监测的技术。其主要内容包括卫星大地测量、几何大地测量、物理大地测量、天文测量、精密工程与工业测量等。其主要任务是：研究地球与其他空间实体的形状、大小与重力场，为灾害、资源环境等地学研究提供数据和技术保障；研究航天、航空测量理论与技术，为空间科学和国防建设提供精确的点位坐标、距离、方位角和地球重力场数据；研究空间基准测定、维持与更新技术，为地理国情监测和大型工程测量提供测绘基准数据；研究精密工程与工业测量技术，直接为工程建设进行精密定位、施工放样与变形监测。

（二）遥感

遥感是利用航天、航空和地面传感器对地球表面及环境、其他目标及过程获取成像或非成像的信息,并进行记录、量测、解译、表达与应用的科学与技术。其主要内容包括成像机理与模型、数字图像处理技术、数字摄影测量技术、解析摄影测量与区域网平差、遥感信息处理与解译、遥感应用、空间信息管理与服务等。其主要任务是:通过摄影测量方法获得数字线划地图、数字正射影像和数字高程模型等地理空间信息,并制作相应的地图产品;获取空间目标位置、形状、大小、属性、运动及属性变化信息;通过对遥感信息的解译与推演得到地球表面及环境的物理属性与参数变化,为国土、农林、水利、环保等部门提供资源、生态、环境、灾害等信息服务。

(三) 地图制图

地图制图是指设计与制作地图、开发与建立地理信息系统的理论、方法和技术。它根据应用需要,研究如何用地图的形式科学地、抽象概括地反映自然和人类社会各种现象的空间分布、相互联系、空间关系及其动态变化,并对空间地理环境信息进行获取、智能抽象、储存、管理、分析、处理和可视化,建立相应的地理信息系统,以数字、图形和图像方式传输空间地理环境信息,为各种应用和地学分析提供地理环境信息平台,提供精确数字地图数据和空间地理环境信息及相关技术支持。其主要内容包括地图设计,地图投影,地图编绘,地图制图与出版的一体化,多源地理数据的采集、输入与更新,海量地理数据库的管理和高效检索,空间分析建模,空间数据挖掘与知识发现,空间信息可视化与虚拟现实,空间数据不确定性与质量控制等。其主要任务是:根据实际应用需要,利用数字地图技术设计和制作各类纸质地图和电子地图;进行各类地理空间信息处理、生产与更新,生产各种地理信息产品,建立一定形式的地图数据库和空间基础设施;建立各种地理信息系统,进行地理信息发布,满足各行业对地理信息的应用需求;利用虚拟现实和图形图像技术,实现地理空间数据的可视化。

(四) 导航

导航是研究、建立人、事、物在统一的时空基准下的位置、速度和时间等信息及关联关系,并利用这些信息提供位置相关服务的技术与方法,其重点大部分:导航和基于位置应用的技术及方法。导航是研究确定各类载体位置并引导其从一地向另一地运动的理论、技术和方法;位置服务是研究位置与时间等信息的获取,以及与位置相关信息的建立、搜索、挖掘与服务等理论、技术和方法,其主要内容包括卫星导航定位系统、天文导航、惯性导航、组合与匹配导航、位置服务等。导航与位置服务的应用涉及国家安全和社会经济的方方面面,在新一代信息技术及其战略性新兴产业中,具有举足轻重和不可或缺的地位;在智能武器、物联网、智慧地球、节能减排、救灾减灾等领域发挥着重要的基础性支撑作用。其主要任务是:建立卫星导航定位系统及其增强系统,为精密测量和精密授时服务;发展多模导航技术及组合方法,为航天、航空、地面和水上及水下各种运动目标提供实时导航定位服务;与地理信息系统集成为各种用户提供基于位置的信息服务。

(五) 矿山与地下测量

矿山与地下测量是综合应用光学、声学、惯性、重力、电磁等手段及空间信息等理论方法,研究与矿产资源、地下空间开发利用有关的从地面到地下、从矿体到围岩的动静态空间信息监测监控、定向定位、集成分析、数字表达、智能感知和调控决策等的科学与技术。其主要内容包括矿山与地下空间信息采集与三维表达,地下定位与导航,多源复杂信息集成处理，数字矿山与物联感知，沉陷监测与变形控制，矿体几何与储量动态管理，土地复垦与环境整治，地下空间环境评估等。其主要任务是：构建矿山与地下空间基准，提供（测设）地下坐标、距离与方位；建立矿山与地下空间信息系统，进行数字表达、制图、分析与动态更新；评价及管理矿体与地下空间资源，监督其合理开发；预测开采沉陷、地表变形与环境破坏，提出灾害防治措施。

（六）海洋测绘

海洋测绘是对海洋及其毗邻陆地和江河湖泊时空信息进行测量、处理、管理、表达和应用的一门科学和技术。其主要内容包括海洋大地测量、水深测量、海洋潮汐、海洋底质探测、海洋工程测量、海洋地球物理勘测、海洋水文调查、海洋遥感测绘、航海图制图、专题海图制图以及海洋地理信息分析、处理与应用等。其主要任务是：建立海洋时空基准维持框架，测定和研究海洋重力场、地磁场和相关海洋过程的精细结构及其变化；利用船载、水下、陆基和航空航天多种观测技术，获取水深、障碍航物、海底底质和海洋水文等信息；通过编制航海图、专题海图等各类图件和开发海洋地理信息产品，为航海、海洋权益维护、海洋资源开发、海洋工程建设、海洋环境保护、海上军事活动和海洋科学研究等提供海洋地理信息服务。

二、工程测量的任务

各项经济建设和国防工程建设的规划设计、施工和部分建筑物建成后的运营管理中，都需要一定的测绘资料或利用测绘手段来指导工作，这些测绘工作一般是在面积不大的区域内进行的，在较小的区域内可以既不考虑地球曲率，也不顾及地球重力场的微小影响，所以测量学在建设工程领域又称工程测量。其主要任务是测定和测设。

（一）测定

测定是采集描述地面物体的空间位置信息的工作，即通过使用仪器和工具对地面点进行测量和计算，从而获得一系列的数据，或根据测得的数据将地球表面的地形缩绘成地形图，供科学研究和工程建设规划设计使用。

（二）测设

测设是将在地形图上设计出的建筑物、构筑物的位置通过测量在实地标定出来，以作为施工的依据。

三、测量学的作用

人类从原始社会后期，就在生产劳动、部落间交往和战争中逐步学会使用测量手段来了解和利用周围的自然环境，以使自己的活动能获得尽可能好的效果。随着社会的发展，测量在军事活动、国土管理、工程建设、防灾减灾、数字地球和科学研究等各个方面得到广泛的应用。现代社会，测量工作在各个国家已具有日益重要的地位和作用。

（一）在军事活动中的作用

地图一直在军事活动中起着重要的作用。这对于行军、布防以及了解敌情等都是十分重要的。因此，地图很早就成为军事上不可缺少的工具。地图上详细标示着山脉、河流、道路、居民点等地貌和地物，具有确定位置、辨识方向的作用。人造卫星定位技术早期用于军事部门，后逐步解密才在测绘及其他众多部门中获得应用。至今军事测绘部门仍在测量领域科技前沿对重大课题进行探索和研究。

特别是对于现代大规模的诸兵种协同作战，精确的测量成果成图更是不可缺少的重要保障。至于远程导弹、空间武器、人造卫星或航天器的发射，要保证它精确入轨，随时校正轨道和命中目标，除了应测算出发射点和目标点的精确坐标、方位、距离外，还必须掌握地球形状、大小的精确数据和有关地域的重力场资料。

（二）在国土管理中的作用

测量学的起源和土地界线的划定紧密联系。非洲尼罗河每年泛滥会把土地的界线冲刷掉，为了恢复土地的界线，埃及人很早就采用了测量技术，早期亦称"土地测量""土地清丈"等，用以测定地块的边界和坐落，求算地块的面积。在农业为主的社会里，国家为了征税而开展地籍测量，同时记录业主姓名和土地用途等。地籍测量的成果不仅用于征税，还用于管理土地的权属以保障用地的秩序，为了提高土地利用的效益，合理和节约利用十分珍贵与有限的土地。

测量学还服务于国家领土的管理。例如，《战国策·燕策》中关于荆轲刺秦王"图穷而匕首见"的记述，表明在战国时期地图在政治上象征着国家的领土和主权。

（三）在工程建设中的作用

在修建房屋时，需要平整地基；在开凿渠道、修建运河时，需要了解地形的起伏；在建造城市时，中心线常要定向；在开挖地道时，需仔细地定向、定位、定高度；粒子加速器的磁块必须以 0.1 mm 的精度安放在设计的位置上；建筑物在施工期间和建成后要知道它的沉降倾斜位移等情况等，这些都离不开测量工作。在工程建设和使用过程中，测量工作大概可以分为以下四个阶段：

（1）勘测设计阶段，测量现状地形图并做好控制测量等工作。

（2）施工阶段，把设计好的建构筑物正确地测设到地面上，确定土石方工程量，施工期间进行变形测量等。

（3）竣工验收阶段，对建筑物进行竣工测量，对工程量进行核对。

（4）运营阶段，为改扩建而进行的各种测量，为安全运营，防止灾害需进行变形测量。

（四）在国民经济和社会发展规划中的作用

例如，以地形图为基础，补充农业专题调查资料编制各种专题图，从中可以了解到各类土地利用的现状，土地变化趋势，农田开发建设的水、土、气候等条件，农田和林地、牧地及工业、交通、城镇建设的关系等情况，这些都是农业规划的依据。城镇规划、农村规划等各种规划首先要有规划区的地形图。

（五）在发展地球科学和空间科学等现代科学方面的作用

地表形态和地面重力的许多重要变化，有些源于地壳和板块构造的运动，有些源于地球大气圈、生物圈各种因素的影响和变化。因此，通过对地表形态和地面重力的变化进行分析研究，可以探索地球内部的构造及其变化；通过对地表形态变迁的分析研究，可以追溯各个历史时期地球大气圈、生物圈各种因素的变化。许多地球科学新理论的建立，往往是地球物理学者和测量学者共同努力的结果。对空间科学技术的发展来说，测量是不可缺少的基础，同时，空间科学技术的发展也反过来为测量科学技术提供新的手段和新的发展领域。

第二节　地球的形状和大小

由于大多数测量工作是在地球的自然表面进行的，所以有必要知道地球的形状和大小。公元前 6 世纪毕达哥拉斯首创地圆说，但是，直到 1519—1522 年麦哲伦探险队绕地球一周后，地圆说才得到公认。随着科技的发展，科学工作者做了大量的精密测量工作，发现地球是一个近似圆球的椭球，测量学上把它命名为椭球体，并较精确地测定了这个椭球体的大小。

地球表面是不规则的，有陆地、海洋、高山和平原，不可能用一个简单的数学公式就描述得很清楚，但人们知道地球表面上海洋的面积约占 71%，陆地的面积约占 29%。因此人们就把地球的形状看作海水包围的球体，也就是假想静止不动的水面延伸穿过陆地，包围了整个地球，形成一个闭合的曲面，这个曲面称为水准面。水准面是受地球重力影响而形成的，它的特点是面上任意一点的铅垂线都垂直于该点的曲面，如图 1-1（a）所示。

由于水面可高可低，因此符合这个特点的水准面有无数个，其中与平均海水面相吻合的水准面称为大地水准面。大地水准面是野外测量工作的基准面，铅垂线是野外测量工作的基准线，如图 1-1（b）所示。这个大地水准面所包围的球体，测量上称作大地体。人们用大地体来形容地球是比较形象的。但是，由于地球的密度不均匀，造成地面各点重力方向没有规律，因而大地水准面是个极不规则的曲面，不能直接用来测图。为了解决这个问题，选择一个非常接近大地水准面、并可用数学式表示的几何形体来代表地球总的形状。这个数学形体是由椭圆 PEP_1Q 绕其短轴 PP_1 旋转而成的旋转椭球体，又称地球椭球体，其表面称为旋转椭球面（参考椭球面），如图 1-1（c）所示，它是测量内业计算工作的基准面，椭球面的法线是测量内业计算工作的基准线。

地球椭球体的大小和形状可以用长度元素（椭圆的长半轴 a、椭圆的短半轴 b）和形状元素（椭圆的扁率 α、椭圆的第一偏心率 e、椭圆的第二偏心率 e'）来描述，它们的关系用式（1-1）表示：

椭圆的第一偏心率：

$$e = \frac{\sqrt{a^2 - b^2}}{a} \tag{1-1a}$$

椭圆的第二偏心率：

$$e' = \frac{\sqrt{a^2 - b^2}}{b} \tag{1-1b}$$

椭圆的扁率：

$$\alpha = \frac{\sqrt{a - b}}{a} \tag{1-1c}$$

世界上各个国家同一时期采用的地球椭球不尽相同，就是一个国家在不同时期也会采用不同的椭球，如海福特椭球、克拉索夫斯基椭球、IUGG 1975 国际椭球、WGS-84 椭球、CGCS 2000 椭球。目前我国 CGCS 2000（China Geodetic Coordinate System 2000，中国 2000 国家大地坐标系）采用的地球椭球体的参数为

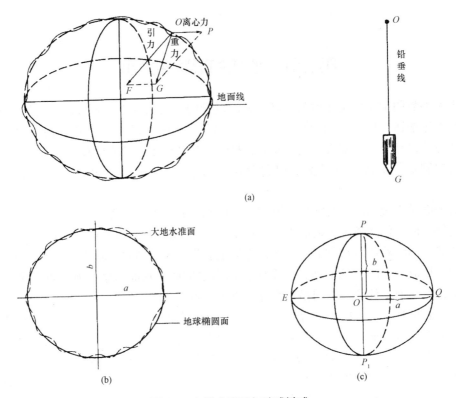

图 1-1 大地水准面与地球椭球

(a) 地球重力线；(b) 大地水准面；(c) 旋转椭球体

长半轴 $a = 6\ 378\ 137$ m；

扁率 $\alpha = 1/298.257$；

地球的地心引力常数（包含大气层）$G_M = (398\ 600.441\ 81 \pm 0.000\ 3)\ \text{km}^3/\text{s}^3$；

地球角速度 $\omega = (7.292\ 115 \pm 0.000\ 000\ 15)\ \text{rad/s}$。

由于地球椭球体的扁率很小，当测区面积不大时，可以将其当作圆球看待，其半径 R 按式（1-2）计算：

$$R = \frac{2a+b}{3} \tag{1-2}$$

R 近似值为 6 371 km。

第三节 测量坐标系

测量学的实质是确定点的空间位置进而确定点的相互位置关系，这需要建立一个参考系统——坐标系统，根据研究对象的宽广度可分为天球坐标系、地球坐标系。

一、地球坐标系

在天文学当中，天球坐标系是描述天空中物体位置的坐标系。它以天极和春分点作为天球定向基准的坐标系，使天空中的物体投影在天球上。由于宇宙中的星体位置远近不一，因此以地球为球心，将星体沿球径投影到某个假想球面上，来表示星体的角位置。天球坐标与半径无关。

地球坐标系是把地球视为理想球体，以其旋转轴两极的最短球面连线为经线，以垂直于经线的为纬线而形成的坐标系。地球坐标系有两种几何表达方式，即地球空间直角坐标系（图1-2）和地球大地坐标系（图1-3）。按坐标原点位置及坐标轴的不同又可分为地心坐标系、参心坐标系和站心坐标系。

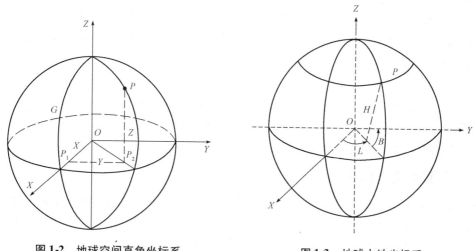

图1-2 地球空间直角坐标系　　　　　图1-3 地球大地坐标系

例如地心空间直角坐标系是在大地体内建立的 $O-XYZ$ 坐标系。原点 O 设在大地体的质量中心，用相互垂直的 X、Y、Z 三个轴来表示；X 轴与首子午面与赤道面的交线重合，向格林尼治为正；Z 轴与地球旋转轴重合，向北为正；Y 轴与 XZ 平面垂直构成右手系。图1-2中点 P 的坐标为 $X=OP_1$，$Y=P_1P_2$，$Z=PP_2$。

地心大地坐标系是大地体内建立的 BLH 坐标系。地心大地经度 L，是过地面点的椭球子午面与格林尼治天文台子午面的夹角；地心大地纬度 B，是过点的椭球法线和椭球赤道面的夹角；大地高 H，是地面点沿椭球法线到地球椭球面的距离，如图1-3所示。

工程测量中常将三维空间坐标分解成坐标系（二维）和高程系（一维）。确定点的球面位置的坐标系有地理坐标系和平面直角坐标系两类。

二、地理坐标系

对地球椭球体而言，其围绕旋转的轴称为地轴。地轴的北端称为地球的北极，南端称为南极；过地心与地轴垂直的平面与椭球面的交线是一个圆，这就是地球的赤道；过英国格林尼治天文台旧址和地轴的平面与椭球面的交线称为本初子午线。以地球的北极、南极、赤道和本初子午线等为基本要素，即可构成地球椭球面的地理坐标系统。其以本初子午线为基准，向东、向西各分180°，向东为东经，向西为西经；以赤道为基准，向南、向北各分90°，北边为北纬，南边为南纬。地理坐标在航空航天和航海等领域应用较多。在大地测量学中，对于地理坐标系统中的经纬度有三种描述，即天文经纬度、大地经纬度和地心经纬度。

（一）天文经纬度

天文经度在地球上的定义，即本初子午面与过观测点的子午面所夹的二面角；天文纬度在地球上的定义，即过某点的铅垂线与赤道平面之间的夹角。天文经纬度是通过地面天文测量的方法得到的，其以大地水准面和铅垂线为依据。精确的天文测量成果可作为大地测量中定向控制及校核数据。

（二）大地经纬度

地面上任意一点的位置，也可以用大地经度 L、大地纬度 B 表示。大地经度是指过参考椭球面上某一点的大地子午面与本初子午面之间的二面角；大地纬度是指过参考椭球面上某一点的法线与赤道面的夹角。大地经纬度以地球椭球面和法线为依据，在大地测量中得到广泛应用。

（三）地心经纬度

地心，即地球椭球体的质量中心。地心经度等同于大地经度，地心纬度是指参考椭球体面上的任意一点和椭球体中心连线与赤道面之间的夹角。地理研究和小比例尺地图制图对精度要求不高，故常把椭球体当作正球体看待，地理坐标采用地球球面坐标，经纬度均用地心经纬度。在地图学中常采用大地经纬度。

三、平面直角坐标系

地理坐标虽然很准确，但它的计算比较复杂。另外，由于人们日常生活中更习惯认为地表是平面的，所以有必要建立一个平面直角坐标系。由于球面是一个不可直接展成平面的曲面，因此，无论采用什么投影方法，它们与球面上的经纬网形状都是不完全相似的，这表明地图上的经纬网发生了变形。因而根据地理坐标展绘在地图上的各种地面事物，也必然发生了变形。为了正确地使用地图，必须了解投影后产生的变形，投影变形主要包括长度变形、方向变形、角度变形、面积变形等。包括我国在内的很多国家和地区采用角度不变形的投影（等角投影、正形投影），投影后长度、方向等会产生变形，这些变形可以通过计算加以改正。我国测量工作中采用了计算公式相对简单的高斯-克吕格正形投影，简称高斯投影。这样的平面直角坐标系也称为高斯平面直角坐标系。

通过与苏联 1942 年普尔科沃坐标系联测，经我国东北传算过来的坐标系称"1954 北京坐标系"；以 IUGG 1975 椭球建立的大地坐标系经投影后，称为"1980 西安坐标系"；CGCS 2000 投影后叫作"2000 国家坐标系"。

在初高中阶段，学生接触的平面直角坐标系是笛卡尔平面直角坐标系。它与高斯平面直角坐标系有些不同：数学中所采用笛卡尔平面直角坐标系的横轴为 X 轴、纵轴为 Y 轴，象限按逆时针方向编号，两个坐标轴这样的位置关系，称为二维的右手坐标系，或右手系；测量学中的高斯平面直角坐标系横轴为 Y 轴、纵轴为 X 轴，象限按顺时针方向编号。两个坐标轴这样的位置关系，称为二维的左手坐标系，或左手系。数学坐标系与测量坐标系的关系如图 1-4 所示。

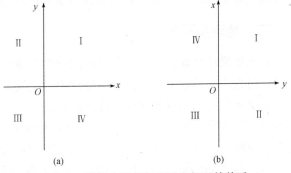

图 1-4　数学坐标系与测量坐标系的关系

（a）笛卡尔平面直角坐标系；（b）高斯平面直角坐标系

四、高斯平面直角坐标

高斯-克吕格投影是由德国数学家、物理学家、天文学家高斯于19世纪20年代拟定，后经德国大地测量学家克吕格于1912年对投影公式加以补充，故称为高斯－克吕格投影，又名"等角横切椭圆柱投影"，是地球椭球面和平面间正形投影的一种。

投影时，设想有一个椭圆柱筒（图1-5），将其套在地球椭球体上旋转，使其中心线通过球心，并且椭圆柱面与要投影的那一带中央子午线相切，在球面图形与柱面图形保持等角的条件下，将球面上图形投影在圆柱面上，然后将圆柱体沿着通过南北极母线切开并展开成平面。投影后，中央子午线与赤道为互相垂直的直线，以中央子午线为坐标纵轴x，以赤道为坐标横轴y，两轴的交点作为坐标原点O，组成高斯平面直角坐标系，如图1-6（a）所示。

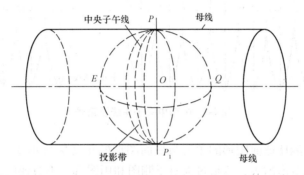

图1-5　高斯平面直角坐标投影

点位和坐标必须是一一对应的关系，为此在Y坐标前面冠以带号；我国X坐标都是正的，Y坐标的最小值（在赤道上，6°带）约为$-330\,\mathrm{km}$，为了避免出现负的坐标值，在Y坐标上加上$500\,\mathrm{km}$；这种坐标称为国家统一坐标，如图1-6（b）所示。

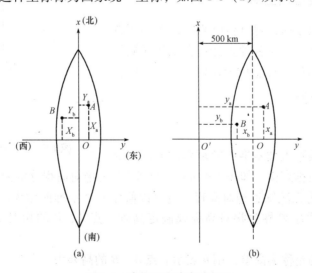

图1-6　高斯平面直角坐标系

（a）高斯平面直角坐标；（b）国家统一坐标

高斯投影采用分带投影法，使带内最大变形控制在精度允许范围之内，一般采用6°分带法，简称6°带。首先是将地球按经线划分成投影带，投影带是从格林尼治天文台本初子午线起算，每隔经度6°划为一带，自西向东将整个地球划分为60个带，依次用阿拉伯数字表示。位于各带中央的子午线称为该带的中央子午线（图1-7），第一个6°带的中央子午线的经度为3°，任意一个带的中央子午线经度，可按式（1-3）计算：

$$\lambda = 6N - 3 \tag{1-3}$$

$$L_0 = 3N \tag{1-4}$$

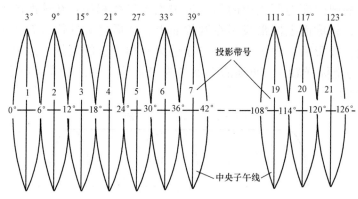

图1-7 6°带中央子午线及带号

在高斯投影中，能使球面图形的角度与平面图形的角度保持不变，但长度等产生变形，离中央子午线越远则变形越大，变形过大对于测图和用图都是不方便的，当要求边缘投影变形更小时，可采用3°分带投影法：它的第一带中央子午线与6°带的第一带中央子午线重合，带号用 N 表示，中央子午线的经度用式（1-4）计算。6°带我国共计12带（12~23带），3°带我国共计22带（24~45带）。

五、独立平面直角坐标

当测量的范围较小时，可直接以北向为 X 轴正方向，东向为 Y 轴正方向，坐标原点选择在工作区域的西南角的左手系，这样坐标也均为正值。独立平面直角坐标系如图1-8所示。

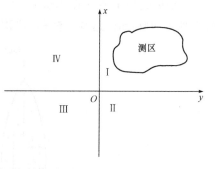

图1-8 独立平面直角坐标系

六、高程系

地面点沿铅垂线到大地水准面的距离称为该点的绝对高程或海拔，简称高程，如图1-9所示。点 A、B 的绝对高程分别为 H_A、H_B。

在局部地区，若无法知道绝对高程，也可以假定一个水准面作为高程起算面，地面点到假定水准面的铅垂距离称为相对高程或假定高程。点 A、B 的相对高程分别以 H'_A、H'_B 表示。

地面两点高程的差称为高差，用 h 表示。点 A、B 的高差为

$$h_{AB} = H_B - H_A = H'_B - H'_A \tag{1-5}$$

由此可知：高差的大小与高程起算面无关。

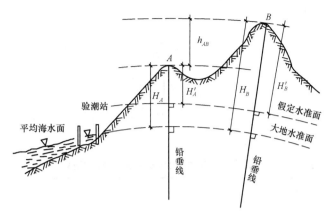

图 1-9　高程和高差

我国采用的"1985 年国家高程基准"是根据青岛验潮站 1952—1979 年的观测资料确定黄海平均海水面（其高程为零）作为高程起算面，并在青岛观象山建立了水准原点，水准原点的高程为 72.260 4 m，全国各地的高程均以它为基准进行推算。

第四节　地球曲率对测量工作的影响

水准面是曲面，曲面上的图形投影到平面上，总会产生一定的变形。如果用水平面代替水准面，产生的变形不超过容许的限差就没问题。下面来讨论用水平面代替水准面对距离和高程测量的影响，以便明确可以代替的范围，或者在什么情况下不能代替而需加以改正。

一、对距离的影响

如图 1-10 所示，设球面 P 与水平面 P' 在点 A 相切，点 A、B 在球面上的弧长为 s，在水平面上的距离为 s'，球的半径为 R，AB 所对球心角为 β（弧度），则

$$s' = R\tan\beta$$
$$s = R\beta$$

以水平长度 s' 代替球面上弧长所产生的误差为

$$\Delta s = s' - s = R\tan\beta - R\beta = R(\tan\beta - \beta)$$

将 $\tan\beta$ 按级数展开，并略去高次项，得

$$\tan\beta = \beta + \frac{1}{3}\beta^3 + \cdots$$

因而近似得到

$$\Delta s = R\left[\left(\beta + \frac{1}{3}\beta^3 + \cdots\right) - \beta\right] = R \cdot \frac{\beta^3}{3}$$

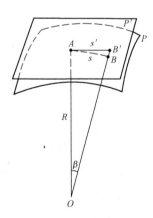

图 1-10　用水平面代替水准面的影响

以 $\beta = s/R$ 代入上式，得

$$\Delta s = \frac{s^3}{3R^2} \tag{1-6}$$

或

$$\frac{\Delta s}{s} = \frac{1}{3}\left(\frac{s}{R}\right)^2 \tag{1-7}$$

取 $R = 6\,371$ km，并以不同的 s 代入上式，则可以得出距离误差 Δs 和相对误差 $\Delta s/s$，见表 1-1。

表 1-1　水平面代替水准面的距离误差 Δs 和相对误差 $\Delta s/s$

距离 s/km	距离误差 Δs/cm	相对误差 $\Delta s/s$
10	0.8	1∶120 万
25	12.8	1∶20 万
50	102.7	1∶4.9 万
100	821.2	1∶1.2 万

由表 1-1 可以看出，当距离为 10 km 时，以平面代替曲面所产生的距离相对误差为 1∶120 万，这样微小的误差，就是在地面上进行最精密的距离测量也是容许的。因此，在半径为 10 km 的范围内，即面积约 300 km² 内，以用水平面代替水准面可以不考虑地球曲率的影响。

二、对高程测量的影响

在图 1-10 中，点 A、B 在同一水准面上，其高程应相等。点 B 投影到水平面上得点 B'，则 BB' 即以水平面代替水准面所产生的高程误差。设 $BB' = \Delta h$，则

$$(R + \Delta h)^2 = R^2 + s'^2$$
$$2R\Delta h + \Delta h^2 = s'^2$$

即

$$\Delta h = \frac{s'^2}{2R + \Delta h}$$

上式中，用 s 代替 s'，同时 Δh 与 $2R$ 相比可以忽略不计，则

$$\Delta h = \frac{s^2}{2R} \tag{1-8}$$

以不同的距离代入式（1-8），则可以得出相应的高程误差，见表 1-2。

表 1-2　以平面代替水准面所产生的高程误差

s/km	0.1	0.2	0.3	0.4	0.5	1	2	5	10
Δh/mm	0.8	3	7	13	20	80	310	1 960	7 850

由表 1-2 可知，以水平面代替水准面，在 1 km 的距离上高程误差就有 80 mm，而精密

水准仪 DS05 测高差往返 1 km 的中误差才为 0.5 mm。因此,高程的起算面不能用水平面代替,当进行高程测量时,应考虑地球曲率的影响。

第五节　测量工作概述

一、基本概念

虽然被测地区的地形千差万别,但可将其分为地物和地貌两类。地物是指地面上自然或人工形成的物体,如房屋、道路、湖泊、河流等;地貌是指地面上的高低起伏形态,如平原、丘陵、山地、盆地等。

在图 1-11 中,测区内有房屋、道路、河流、小桥、山丘等。在该测区测绘地形图时,首先选取一些具有控制意义的点。图 1-11 中的点 3、4、5、6、7、8,用较精密的仪器工具和较精确的方法测量出它们的平面坐标和高程,这项工作称为控制测量,这些点称为控制点。能反映地物轮廓和描述地貌特征的点统称碎部点,在控制测量的基础上测量碎部点坐标和高程的过程称为碎部测量。

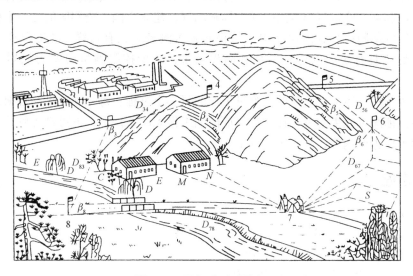

图 1-11　局部地形测量方法

二、测量的基本工作

如图 1-12 所示,已知点 B 的位置和 BA 的方向,求点 C 的位置。如果测出水平角 β_{ABC},BC 的方向就知道了;再测出 BC 之间的水平距离 D_{BC},点 C 的水平位置就得到了;再测出高差 h_{BC},就确定了点 C 的空间位置。由此可见,点之间的空间位置关系是以水平角、水平距离和高差来确定的,因此,高程测量、水平角测量和距离测量是测量的三项基本工作。

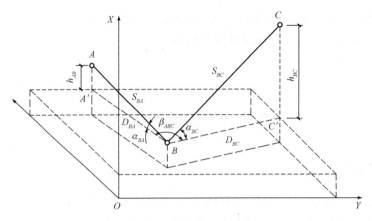

图 1-12 测量的基本工作

三、测量工作的组织原则

在实际测量工作中,为了减少测量误差积累,应遵循的基本原则是:在测量布局上要"先整体后局部",工作程序上要"先控制后碎部",还必须坚持"步步检核"。

任何测绘工作都应先整体布置,然后分阶段、分区、分期实施。在实施过程中要先布设平面和高程控制网,确定控制点的平面坐标和高程,建立全国、全测区的统一坐标系。在此基础上再进行碎部测量和具体建(构)筑物的施工测量。只有这样,才能保证全国各单位各部门的地形图具有统一的坐标系统和高程系统,减少控制测量误差的积累,保证成果质量。

步步检核是对具体工作而言的。测量工作的每一个过程、每一项成果都必须检核。只有这样,才能保证测量成果的可靠性。在保证前期工作无误条件下,方可进行后续工作,否则会造成后续工作进行困难,甚至全部返工。

习题与思考题

1. 什么是测量学?
2. 工程测量的任务有哪些?
3. 测量学在工程建设中的作用是什么?
4. 什么是水准面?什么是大地水准面?
5. 什么是绝对高程?什么是相对高程?什么是高差?
6. 测量坐标系与数学坐标系的区别是什么?
7. 用水平面代替水准面对距离和高程测量的影响如何?
8. 点与点之间的位置关系由哪些要素来决定?
9. 测量工作应该遵循什么组织原则?

第二章 水准测量

高程是确定地面点位三要素之一。高程测量就是确定地面点位的高程，是测量的三大基本工作之一。目前，我国测定地面点高程的方法，根据使用仪器与施测方法，通常分为四种。

(1) 水准测量：利用水平视线截取地面两点上竖立的标尺上的数值，进而求得两点间的高差，最后算出待定点的高程。

(2) 三角高程测量：根据倾斜视线的竖直角和两点之间的水平距离，应用三角公式算出两点之间的高差，然后算出待定点的高程。

(3) 气压高程测量：根据高程越大，气压越低的原理，利用气压计测得气压的变化，算出地面点的高程。

(4) GNSS 高程测量：是利用卫星定位系统测量技术测定地面点高程的方法。

在以上四种地面点高程测量方法中，以水准测量的精度为最高，它是建立高程控制网的主要方法。三角高程测量观测工作简便迅速，主要特点是受地形限制较小，特别适用于山地高程测量，但由于观测时受外界环境和地球曲率、大气折光的影响，其测定高程的精度低于水准测量。气压高程测量由于受客观条件限制的影响较大，其高程精度较低，一般用于勘察工作。GNSS 高程测量由于受测量环境的影响较大，仪器价格较高，目前尚未普及。

本章主要介绍水准测量原理、水准仪的构造、施测方法及成果整理等。

第一节 水准测量原理

水准测量是利用一条水平视线，并借助水准尺，来测定地面两点间的高差，进而由已知点的高程和测得的高差求出待定点的高程。如图 2-1 所示，点 A 高程已知，点 B 高程待求，在点 A、B 上分别竖立水准尺，在两点中间安置水准仪，当仪器视线水平时，分别在水准尺上读得数值 a、b。由图 2-1 可知点 A、B 的高差为

$$h_{AB} = a - b \tag{2-1}$$

点 B 的高程为

$$H_B = H_A + h_{AB} \tag{2-2}$$

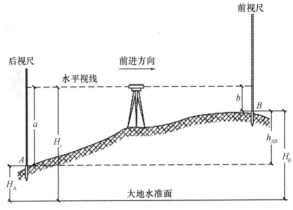

图 2-1 水准测量原理

如果测量的方向是从 A 到 B，则称点 A 为后视点，点 B 为前视点。a 称为后视读数，b 称为前视读数，或简称 a 为后视，b 为前视。如果测量的方向是 B 到 A，则点 B 为后视点，点 A 为前视点。因此，在水准测量中，不论观测方向怎样，两点之间的高差总是等于后视读数减前视读数，即

高差 h = 后视读数 a - 前视读数 b

【例 2-1】如图 2-1 所示，已知点 A 的高程为 240.150 m，$a = 1.571$ m，$b = 0.682$ m，则 A、B 之间的高差为 $h_{AB} = a - b = 0.889$ (m)，点 B 的高程为 $H_B = H_A + h_{AB} = 241.039$ m。

通过仪器视线高程 H_i 来计算待定点 B 的高程，即

$$\left. \begin{array}{l} H_i = H_A + a \\ H_B = H_i - b \end{array} \right\} \tag{2-3}$$

【例 2-2】如图 2-2 所示，已知点 A 的高程为 240.150 m，需要测出点 B、B_1、B_2、B_3 的高程，先读出点 A 的读数 $a = 1.571$ m，得到视线高程 $H_i = H_A + a = 241.721$ m，再在点 B、B_1、B_2、B_3 分别读取读数 $b = 0.682$ m、$b_1 = 0.678$ m、$b_2 = 0.673$ m、$b_3 = 0.851$。

各待定点的高程为

$$H_B = H_i - b = 241.039 \text{ m}$$
$$H_{B_1} = H_i - b_1 = 241.043 \text{ m}$$
$$H_{B_2} = H_i - b_2 = 241.048 \text{ m}$$
$$H_{B_3} = H_i - b_3 = 240.870 \text{ m}$$

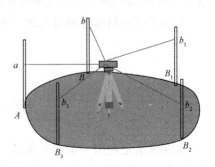

图 2-2 仪高法的应用

式（2-1）、式（2-2）是先根据读数算出高差 h_{AB}，进而计算点 B 的高程，此方法称为高差法；式（2-3）是利用仪器视线高程 H_i 来计算点 B 的高程，此方法称为仪高法。安置一次仪器根据一个已知高程的后视点 A 测定几个前视点的高程时，用仪高法。

第二节 水准测量的仪器与工具

水准测量所使用的主要仪器是水准仪,辅助工具是水准尺和尺垫。

水准仪按其精度高低可分为 DS05、DS1、DS3 和 DS10 等四个等级(D、S 分别为"大地测量"和"水准仪"的汉语拼音的第一个字母;数字 05、1、3、10 表示该仪器的标称精度);按其结构可分为微倾式水准仪和自动安平式水准仪;按其构造可分为光学水准仪和电子水准仪。本节介绍 DS3 型微倾式水准仪、自动安平式水准仪,精密水准仪和电子水准仪将在第六、七节介绍。

一、水准仪的构造

(一)DS3 型微倾式水准仪的构造

DS3 型微倾式水准仪主要由望远镜、水准器和基座三部分构成,如图 2-3 所示。其具体部件名称如图 2-4 所示。

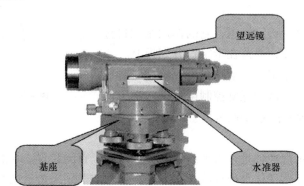

图 2-3 DS3 型微倾式水准仪的构成

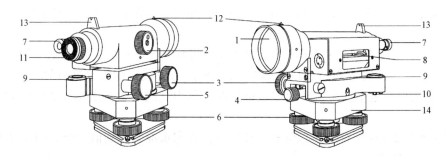

图 2-4 DS3 型微倾式水准仪各部件名称

1—望远镜物镜;2—物镜调焦螺旋;3—微动螺旋;4—制动螺旋;
5—微倾螺旋;6—脚螺旋;7—气泡观察镜;8—水准管;9—圆水准器;
10—圆水准器校正螺钉;11—望远镜目镜;12—准星;13—缺口;14—基座

1. 望远镜

望远镜是水准仪上的主要部件，用来放大物像，使观测者能清晰地看到远处的目标，并精确照准。望远镜由物镜、目镜、十字丝分划板和调焦透镜等四部分组成，如图 2-5 所示。

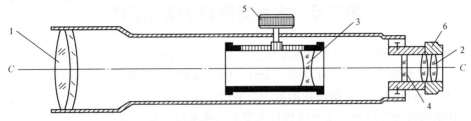

图 2-5 望远镜的构造

1—物镜；2—目镜；3—调焦透镜；4—十字丝分划板；
5—物镜调焦螺旋；6—目镜调焦螺旋

十字丝分划板（图 2-6）上刻有两条互相垂直的长线，竖直的一条称为竖丝，横的那条叫中丝，是瞄准目标和读取读数用的。在中丝的上下还对称地刻有两条与中丝平行的短横线（位于中丝上面的称为上丝，位于中丝下面的称为下丝），是用来测定距离的，称为视距丝。

十字丝交点与物镜光心的连线称为视准轴，简称视线，如图 2-5 中的 CC。

调焦透镜是一个复合透镜镜组，它的作用是把目标的像调节到最清晰的程度，并落在十字丝分划板上。

目镜调焦螺旋调节十字丝的清晰程度，物镜对光螺旋调节物像的清晰程度，微动螺旋控制望远镜水平方向的运动，微倾螺旋控制视线水平的程度。

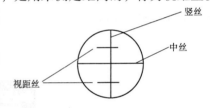

图 2-6 十字丝分划板

2. 水准器

水准器是用来指示视准轴是否水平或仪器竖轴是否竖直的装置。水准器分为管水准器和圆水准器两种。管水准器又称水准管或长水准器。管水准器用来指示视准轴是否水平；圆水准器用来指示仪器竖轴是否竖直。

（1）管水准器。管水准器是一根纵向内壁磨成圆弧形的玻璃管，管内装有酒精、乙醚或两者的混合液，加热融封冷却后留有一个气泡，如图 2-7 所示。由于气泡较轻，所以总处于管内最高位置。

水准管面一般刻有间隔为 2 mm 的分划线并与圆弧中点 O 对称，分划线的中点 O，称为水准管零点。过水准管零点所作的水准管内壁圆弧的切线，称为水准管轴（图 2-7 中的 LL）。当水准管的气泡中点与水准管零点重合时，称为气泡居中；此时水准管轴 LL 处于水平位置。

水准管圆弧 2 mm 所对的圆心角 τ（图 2-8），称为水准管分划值。圆弧的半径 R 越大，水准管的灵敏度越高。

微倾式水准仪在水准管的上方安装一组符合棱镜，如图 2-9 所示。通过符合棱镜的反射作用，气泡两端的半像反映在望远镜旁的符合气泡观察窗中。若气泡两端的半像符合成一个圆弧时，就表示气泡居中。若气泡两端的半像错开，则表示气泡不居中。这时，应转动微倾螺旋，使气泡的半像符合成一个圆弧。

（2）圆水准器。如图2-10所示，圆水准器顶面的内壁是球面，其中有圆分划圈，圆分划圈的中心为水准器零点。通过水准器零点作球面的法线，称为圆水准器轴，当圆水准器气泡居中时，该轴线处于竖直位置。由于它的精度较低，故只用于仪器的粗略整平。

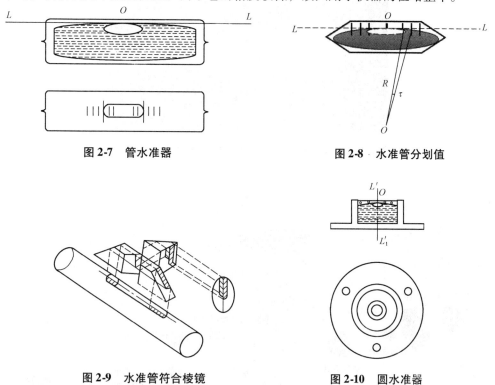

图2-7　管水准器　　　　　　　　图2-8　水准管分划值

图2-9　水准管符合棱镜　　　　　图2-10　圆水准器

3. 基座

基座的作用是支撑仪器的上部并与三脚架连接。基座主要由轴座、脚螺旋、底板和三角压板构成，如图2-11所示。

图2-11　基座构造

（二）DZ3型自动安平式水准仪的构造

自动安平式水准仪与微倾式水准仪外形相似。图2-12为南方仪器公司生产的DZ3型自动安平式水准仪；图2-13为其部件名称。自动安平式水准仪与微倾式水准仪的区别在于：

图 2-12　南方仪器公司生产的 DZ3 型自动安平式水准仪

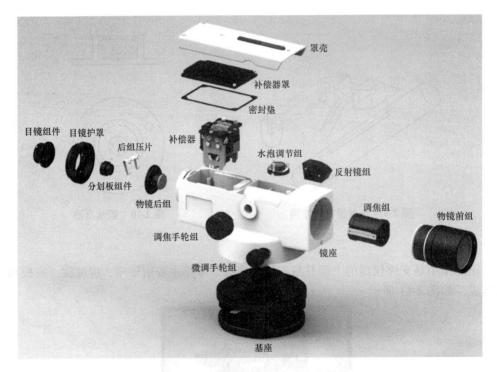

图 2-13　DZ3 型自动安平式水准仪部件

（1）自动安平式水准仪采用了摩擦制动控制望远镜水平方向的运动，没有制动螺旋；

（2）自动安平式水准仪在望远镜的光学系统中安装了一个安平补偿器代替水准管，起到自动安平的作用，因此它不用符合水准器和微倾螺旋，只用圆水准器进行粗略整平就可读出视线水平时的读数。

自动安平的基本原理如图 2-14 所示，当仪器水平时，物镜位于 O，十字丝交点位于 B，水平视线在水准尺上的读数为 a_0，若仪器视线倾斜了一个小角 α，十字丝交点从 B 移到 A，将会读取错误读数 a。如果在距十字丝分划板 s 处安装一个补偿器，使水平光线偏转 β 角，并通过十字丝交点 A，这样，在十字丝交点 A 处的读数就是正确读数 a_0。

由于 α 和 β 都很小，由弧长公式可知：

第二章 水准测量

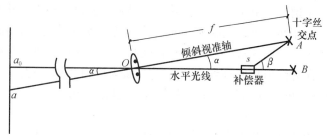

图 2-14 自动安平的基本原理

$$s \cdot \beta = f \cdot \alpha \tag{2-4}$$

即

$$\frac{\beta}{\alpha} = \frac{f}{s} = v \tag{2-5}$$

式中 f——物镜的等效焦距；

s——补偿器到十字丝的距离；

v——补偿器的放大系数。

从图 2-14 和式（2-5）可知，只要保持 v 为常数，就能使水平光线经补偿器后始终通过十字丝交点，从而得到水平视线正确读数，从而起到自动安平的作用。

二、水准测量的工具

（一）水准尺

水准尺是水准测量时使用的标尺，由干燥优质木材、玻璃钢及铝合金等材料制成。目前常用的水准尺分为塔尺和双面尺，如图 2-15 所示。

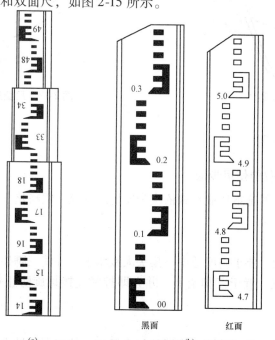

(a)　　　　　　　(b)

图 2-15 水准尺

（a）塔尺；（b）双面尺

塔尺可伸缩，便于携带，由于结合处容易产生误差，所以多用于等外水准测量。尺的底部为零点，尺上黑白格相间，每格宽度为 1 cm，有的为 0.5 cm，每一米和分米处均有注记。

双面水准尺多用于三、四等水准测量。其长度有 2 m 和 3 m 两种，且两根尺为一对。尺的两面均有刻划，一面为红白相间称红面尺；另一面为黑白相间，称黑面尺（也称主尺），两面的刻划均为 1 cm，并在分米处注字。两根尺的黑面均由零开始；而红面，一根尺由 4.687 m 开始，另一根由 4.787 m 开始。

有的水准标尺一侧装有一圆水准气泡，以保证标尺竖立在铅垂线上，但该圆水准器安装在标尺上时应进行检验。水准标尺的圆水准器一般在三、四等水准测量时安置。

（二）尺垫

在水准测量中，为了使标尺不易下沉和使标尺底部不直接与地面接触，能始终竖立在固定点上，通常用尺垫放在转点上，如图 2-16 所示。使用时，将尺垫支脚踩入土中，水准尺立于尺垫半球顶上，如图 2-17 所示。

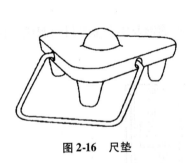

图 2-16　尺垫

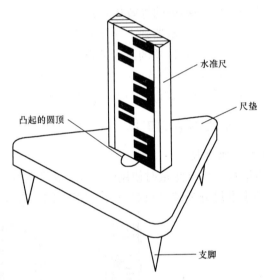

图 2-17　尺垫的使用

三、水准仪的使用

（一）微倾式水准仪的使用步骤

微倾式水准仪使用的基本作业步骤依次为安置水准仪、粗略整平、瞄准水准尺、精确整平、读数。

1. 安置水准仪

在测站安置三脚架，要求高度适中、架头大致水平，并使三脚架腿张开角度适中；然后打开仪器箱取出水准仪，置于三脚架上，并立即拧紧连接螺旋防止仪器摔下，再将三脚架踩实。

2. 粗略整平

粗略整平又称粗平，是调节圆水准器的气泡居中，使仪器竖轴大致铅直，从而使视准轴粗略水平。具体操作方法如图 2-18（a）所示，外围圆圈为三个脚螺旋，中间为圆水准器，最小圆圈代表气泡所在位置，首先用双手按箭头所指的方向转动脚螺旋①和②使气泡移到这两个脚螺旋方向的中间，然后按图 2-18（b）中箭头所指的方向，转动脚螺旋③，使气泡居中。气泡居中后，水准仪粗略整平。

粗略整平时注意：气泡移动方向与左手大拇指转动脚螺旋时的方向相同（与右手大拇指转动脚螺旋时的方向相反），故称为"左手大拇指"规则。

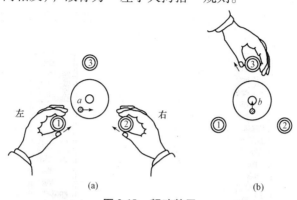

图 2-18　粗略整平
（a）气泡左右居中；（b）气泡前后居中

3. 瞄准水准尺

（1）将望远镜对向较明亮处，转动目镜对光螺旋，将十字丝调至最清晰（最粗、最黑又没有双线）为止。

（2）旋转望远镜，使缺口（照门）、准星和目标连成一条直线（三点成一线），随后将固定螺旋拧紧制动望远镜。

（3）转动望远镜调焦螺旋看清水准尺分划。

（4）在目镜中观察目标，并用水平微动螺旋使十字丝竖丝对准水准尺边。

（5）检查并消除视差。

瞄准目标时，眼睛在目镜前上、下移动，十字丝像与目标像之间有相对移动的现象称为视差。产生视差的原因是目标成像的平面和十字丝平面不重合。由于视差的存在会影响读数的正确性，必须加以消除。消除的方法是重新仔细地进行物镜对光（先调节目镜调焦螺旋使十字丝十分清晰，再调节物镜调焦螺旋使水准尺像十分清晰），直到眼睛上、下移动，读数不变为止。图 2-19（a）为有视差现象，图 2-19（b）为无视差现象。

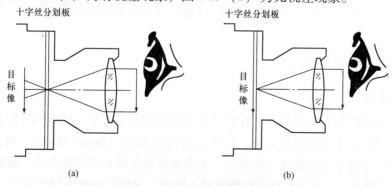

图 2-19　望远镜瞄准中的视差现象
（a）有视差现象；（b）无视差现象

4. 精确整平

每次在水准尺上读数之前，都必须先用微倾螺旋使水准管气泡符合，即精确整平（简称精平）。

5. 读数

用十字丝的中丝读取水准尺上的读数。从小往大方向，通过注记直接读出米和分米数，数出厘米数，再估读毫米数，共读出四位数，最后将全部读数报出。如图2-20所示，读数为1 608和6 295。读数时，应保证水准管气泡符合。

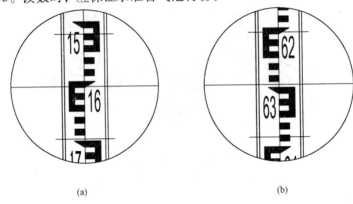

图2-20　水准尺读数
（a）黑面读数（1 608）；（b）红面读数（6 295）

（二）自动安平式水准仪的使用

自动安平式水准仪的使用步骤与微倾式水准仪基本相同。由于自动安平式水准仪有补偿装置，没有制动螺旋、管水准器和微倾螺旋，观测时，在粗略整平后，即可直接在水准尺上读数，因此，自动安平式水准仪的优点是省略了"精平过程"，从而大大加快了测量速度。由于补偿器有一定的工作范围，所以应注意使圆水准气泡居中，否则，自动安平式水准仪就不能正常工作。

第三节　普通水准测量的方法与成果整理

一、水准测量的外业工作

（一）水准点

为了统一全国的高程系统和满足各种工程建设及科研等需要，测绘部门在全国各地埋设并较高精度地测定了很多固定高程点，这些点称为水准点（Bench Mark），简记为 *BM*。水准测量通常是从水准点引测其他点的高程。水准点有永久性和临时性之分。国家等级水准点如图2-21（a）所示，一般用石料或钢筋混凝土制成，深埋到地面冻结线以下。在标石的顶面设有用不锈钢或其他不易锈蚀的材料制成的半球状标志。有些水准点也可设置在稳定的墙脚上，称为墙上水准点，如图 2-21（b）所示。建筑工地上的永久性水准点一般用混凝土或钢筋混凝土制成。临时性水准点可用地面上突出的坚硬岩石或用大木桩或铁钉等打入地下，如图 2-22 所示。

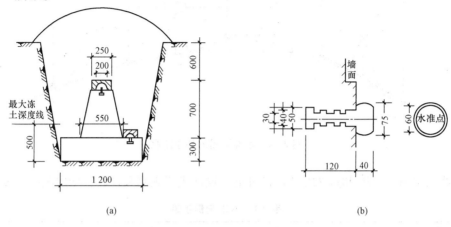

图 2-21 永久水准点
（a）国家等级水准点；（b）墙上水准点

埋设水准点后，应绘出水准点与附近固定建筑物或其他地物的关系图，如图 2-23 所示，称为点之记，以便于日后寻找水准点位置。

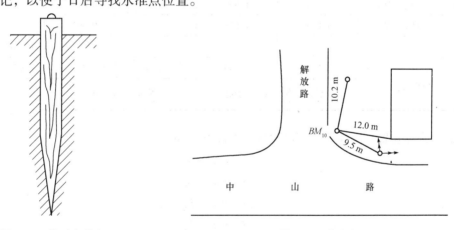

图 2-22 临时水准点　　　　　　　　图 2-23 点之记

（二）水准测量的施测

当欲测的高程点距水准点较远或高差很大时，就需要连续多次安置仪器测出两点的高差。如图 2-24 所示，水准点 A 的高程为 20.000 m，现拟测量点 B 的高程，其观测步骤如下：在离点 A 和转点 TP_1 距离大致相等的地方 I 处安置水准仪，在点 A、TP_1 上分别立水准尺。用圆水准器将仪器粗略整平后，后视点 A 上的水准尺，精平后读数得 a_1 为 1 452，记入表 2-1 观测点 A 的后视读数栏内。旋转望远镜，前视点 TP_1 上的水准尺，同法读取读数为 b_1 为 0.780，记入点 TP_1 的前视读数栏内。后视读数减去前视读数得到高差 h_1 为 +0.672，记入高差栏内。此为一个测站上的工作。点 TP_1 上的水准尺不动，把点 A 上的水准尺移到点

· 25 ·

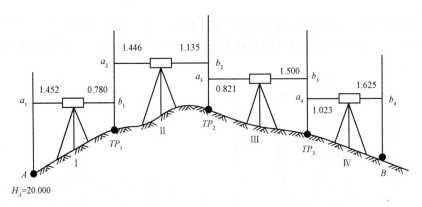

图 2-24 水准测量的外业施测

TP_2，仪器安置在点 TP_1 和点 TP_2 之间的Ⅱ处，同法进行观测和计算，依次测到点 B。

表 2-1 水准测量手簿

测站	测点	水准尺读数		高差 h/m		高程/m	测点
		后视（a）	前视（b）	+	-		
Ⅰ	$BM_A \sim TP_1$	1.452	0.780	0.672		20.000	A
Ⅱ	$TP_1 \sim TP_2$	1.446	1.135	0.311			
Ⅲ	$TP_2 \sim TP_3$	0.821	1.500		0.679		
Ⅳ	$TP_3 \sim BM_B$	1.023	1.625		0.602		
						19.702	B
计算检核 $\sum$		4.742	5.040	+0.983	1.281	-0.298	
		$\sum a - \sum b = -0.298$		$\sum h = -0.298$			

显然，每安置一次仪器，便可测得一个高差，即

$$h_1 = a_1 - b_1$$
$$h_2 = a_2 - b_2$$
$$h_3 = a_3 - b_3$$
$$h_4 = a_4 - b_4$$

将各式相加，得

$$\sum h = \sum a - \sum b \tag{2-6}$$

则点 B 的高程为

$$H_B = H_A + \sum h$$

由上述可知，在观测过程中，点 TP_1、TP_2、TP_3 仅起传递高程的作用，这些点称为转点（Turning Point），简写为 TP 或 ZD。

（三）水准测量的检核

1. 计算检核

由式（2-6）看出，点 B 对点 A 的高差等于各站高差的代数和，也等于后视读数之和减

去前视读数之和,因此,此式可用来作为计算的检核。表 2-1 中:

$\sum h = -0.298$ m, $\sum a - \sum b = 4.742 - 5.040 = -0.298$ (m)。这说明高差计算是正确的。

终点 B 的高程 H_B 减去点 A 的高程 H_A,也应等于 $\sum h$,即 $H_B - H_A = \sum h$,在表 2-1 中: $19.702 - 20.000 = -0.298$ (m)。这说明高程计算也是正确的。

在每一测段结束后或手簿上每一页页末,都必须进行计算检核。计算检核只能检查计算是否正确,并不能检核观测和记录时是否产生错误。

2. 测站检核

据前所述,点 B 的高程是根据点 A 的已知高程和 A、B 之间各站高差计算出来的。若其中测错任何一个高差,点 B 的高程就不会计算正确。因此,对每一站的高差,都必须采取措施进行检核。这种检核称为测站检核。测站检核通常采用双仪器高法或双面尺法。

(1) 双仪高法:在每个测站安置好水准仪后,测得两点之间的高差;接着改变水准仪的安置高度(应大于 0.1 cm)再测量一次两点之间的高差。一个测站两次所测高差之差不超过容许值(例如等外水准测量的容许值为 ± 5 mm),若满足要求则取其平均值作为该测站的高差,可以搬站,否则该测站应重测。

(2) 双面尺法:仪器的高度不变,而立在前视点和后视点上的水准尺分别用黑面和红面各进行一次读数,测得两次高差,相互进行检核。如在四等水准测量中,同一水准尺红面与黑面读数(加常数后)之差,不超过 3 mm;且两次高差之差,又未超过 5 mm,则取其平均值作为该测站观测高差。否则,需要检查原因,重新观测。

3. 成果检核

测站检核只能检核一个测站上是否存在错误或误差超限。对于一条水准路线来说,还不足以说明所求水准点的高程精度符合要求。由于温度、风力、大气折光、尺垫下沉和仪器下沉等外界条件引起的误差,尺子倾斜和估读的误差,以及水准仪本身的误差等,虽然在一个测站上反映不很明显,但随着测站数的增多使误差积累,有时也会超过规定的限差。因此,还必须进行整个水准路线的成果检核,以保证测量资料满足使用要求。其检核方法有如下几种:

(1) 闭合水准路线:如图 2-25 所示,由一已知高程的水准点 BM_A 出发,沿环线待定高程点 1、2、3、4 进行水准测量,最后回到原水准点 BM_A 上,称为闭合水准路线。显然,如果不存在误差,路线上各点之间高差的代数和应等于零,即

$$\sum h_{理} = 0 \tag{2-7}$$

如果实测高差不等于零,便产生高差闭合差 f_h,即

$$f_h = \sum h_{测} \tag{2-8}$$

其值不应超过容许范围,否则,不符合要求须进行重测。

(2) 附合水准路线:如图 2-26 所示,从一已知高程的水准点 BM_5 出发,沿各个待定高程的点 1、2 进行水准测量,最后附合到另一水准点 BM_6 上,这种水准路线称为附合水准路线。路线中各待定高程点之间高差的代数和,应等于两个水准点之间已知高差,即

$$\sum h_{理} = H_{终} - H_{起} = H_6 - H_5$$

$$\sum h_{理} = H_{终} - H_{起} = H_6 - H_5 \tag{2-9}$$

如果不相等，两者之差称为高差闭合差 f_h，则

$$f_h = \sum h_{测} - \sum h_{理} = \sum h_{测} - (H_{终} - H_{起}) = \sum h_{测} - (H_6 - H_5) \tag{2-10}$$

其值不应超过容许范围，否则，不符合要求须进行重测。

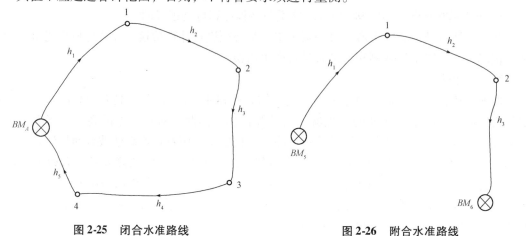

图 2-25　闭合水准路线　　　　　　　图 2-26　附合水准路线

（3）支水准路线：如图 2-27 所示，由一个已知高程的水准点 BM_A 出发，沿待定点 1 和 2 进行水准测量，既不附合到另外已知高程的水准点上，也不回到原来的水准点上，称为支水准路线。支水准路线应进行往返观测，以资检核。

不同等级水准测量限差要求不同，对图根水准而言，高差限值闭合差容许值规定为：

① 平地：$f_h \leqslant f_{h容} = \pm 40\sqrt{L}$（mm），其中 L 为路线长度，以 km 为单位。

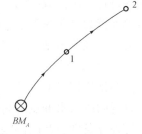

图 2-27　支水准路线

② 山地：$f_h \leqslant f_{h容} = \pm 12\sqrt{n}$（mm），$n$ 为测站数。

二、水准测量的成果计算

水准测量外业观测结束后，应计算路线上各点的高程。计算前必须对观测手簿进行仔细、全面的检查，看记录、计算是否有错，是否完整，有无违反规范要求等。在确认无误后，就可进行成果计算，求出未知点的高程。

（一）附合水准路线的成果计算

（1）绘制路线略图。根据高级水准点及各所求水准点的位置，先绘制水准路线略图，如图 2-28 所示（设本例为图根水准）。

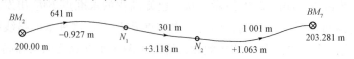

图 2-28　观测数据图

注写上路线的起点、终点名称及沿线所求点点号,标明观测方向。然后根据观测手簿资料,摘录相邻水准点间的距离(或测站数)、高差,分别注写在路线略图相应位置的上方和下方。数据必须准确无误,摘录时应加强校对。

(2)根据水准路线略图,将观测数据填入高程误差配赋表,见表2-2。

表2-2 高程误差配赋表

点号	距离/m(测站数)	观测高差/m	改正数/mm	改正后高差/m	点之高程/m
(1)	(2)	(3)	(4)	(5)	(6)
BM_{10}					200.000
	641	-0.927	+9	-0.918	
N_1					199.082
	301	+3.118	+4	+3.122	
N_2					202.204
	1 001	+1.063	+14	+1.077	
BM_{16}					203.281
Σ	1 943	+3.254	+27	+3.281	+3.281
辅助计算	$f_h = 3.254 - (203.281 - 200.00) = -27$(mm) $f_{h容} = \pm 40\sqrt{L} = \pm 40\sqrt{1.943} = \pm 56$(mm) $\|f_h\| \leq \|f_{h容}\|$				

点名、点号填在表2-3的第1列,相邻点的距离或测站填写在第2列,高差填写在第3列,然后根据各点间距离及高差计算出全路线的距离及高差,分别填写在相应栏下部位置。

(3)闭合差的计算。

①路线闭合差:

$$f_h = \sum h_{测} - \sum h_{理} = \sum h_{测} - (H_{终} - H_{起}) = 3.254 - (203.281 - 200.00) = -27 \text{(mm)}$$

②路线闭合差允许值:

$$f_{h容} = \pm 40\sqrt{L} = \pm 40\sqrt{1.943} = \pm 56 \text{(mm)}$$

$$|f_h| \leq |f_{h容}|$$

说明观测成果符合精度要求。

如果$|f_h| > |f_{h容}|$,则应首先检查已知高程及各点间观测高差是否抄错,各项计算有无错误。在确保无误情况下,根据各点位置及距离回忆观测过程、沿线地形起伏情况等,分析可能产生错误的测段,进行重测。重测成果必须记录在原测成果的后面页码上,并在原手簿备注栏中注明重测原因、重测页码,并将不合格成果画掉。

(4)计算高差改正数及改正后高差。如果闭合差在允许范围内,则可按距离(或测站数)成正比例反符号分配闭合差,各高差改正数按下式计算:

$$V_{hi} \leq \frac{-f_h}{L}L_i \text{ 或 } V_{hi} \leq \frac{-f_h}{n}n_i \qquad (2-11)$$

其中,V_{hi}为第i测段观测高差改正数;L为路线总长;L_i为第i测段长度;n为路线总测站数，n_i 为第 i 测段测站数。

例如，表 2-2 中 BM_{10} 至 N_1 的改正数为 $V_{h1} = \left(-\dfrac{27}{1\,943}\right) \times 641 = -9$（mm）

将各点间的改正数计算出后填在第 4 列，改正数的总和应与闭合差绝对值相等，符号相反。

原观测高差加改正数，得改正后高差，填在第 5 列，即

$$h_{i改} = h_i + V_{hi} \qquad (2\text{-}12)$$

改正后的总高差应等于总高差理论值。

（5）计算各点高程，用第 6 列的已知高程加改正后高差，即得下一点的高程。

$$H_{i+1} = H_i + h_{(i,i+1)改} \qquad (2\text{-}13)$$

推算至最后一点的高程应与已知终点的高程相等。

（二）闭合水准路线的成果计算

闭合水准路线的成果计算步骤与附合水准路线基本相同，不同之处为闭合差应按公式 $f_h = \sum h_{测}$ 计算。闭合水准路线观测数据如图 2-29 所示，表 2-3 为闭合路线计算实例。

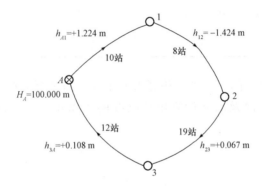

图 2-29 闭合水准路线观测数据

表 2-3 闭合路线误差配赋表

点名	测站数	实测高差/m	改正数/mm	改正后高差/m	高程/m	备注
A	10	+1.224	+5	+1.229	100.000	
1	8	-1.424	+4	-1.420	101.229	
2	19	+0.067	+10	+0.077	99.809	
3	12	+0.108	+6	+0.114	99.886	
A					100.000	
Σ	49	-0.025	+25	0		
辅助计算	\multicolumn{6}{l}{$f_h = -25$ mm $f_{h容} = \pm 12\sqrt{n}$ mm $= \pm 84$ mm $\lvert f_h \rvert \leqslant \lvert f_{h容} \rvert$ $-f_h/n = 25/49 = 0.51$（mm）}					

辅助计算：$f_h = -25$ mm $f_{h容} = \pm 12\sqrt{n}$ mm $= \pm 84$ mm $\lvert f_h \rvert \leqslant \lvert f_{h容} \rvert$

$-f_h/n = 25/49 = 0.51$（mm）

第四节 DS3 型微倾式水准仪及自动安平式水准仪的检验校正

一、DS3 型微倾式水准仪的轴线及其应满足的关系

根据水准测量原理，水准仪必须提供一条水平视线，才能正确地测出两点之间的高差。因此，微倾式水准仪的轴线（图 2-30）之间应满足的条件：

(1) 圆水准器轴 $L'L'$ 应平行于仪器的竖轴（纵轴）VV；
(2) 十字丝的中丝（横丝）应垂直于仪器的竖轴（纵轴）VV；
(3) 水准管轴 LL 平行于视准轴 CC。

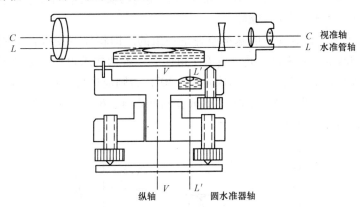

图 2-30　水准仪的轴线

上述水准仪应满足的各项条件，在仪器出厂时已经过检验与校正而得到满足，但由于仪器在长期使用和运输过程中受到震动和碰撞，各轴线之间的关系发生变化，若不及时检验校正，将会影响测量成果的质量。所以，在水准测量之前，应对水准仪进行认真的检验和校正。

二、DS3 型微倾式水准仪的检验和校正方法

（一）圆水准器轴与竖轴平行

水准仪上的圆水准器用于概略整平仪器，如果圆水准器轴与竖轴不平行，就无法概略整平仪器。

(1) 检验方法：转动脚螺旋使圆水准器的气泡居中，然后旋转仪器180°，如果气泡仍居中，则表明圆水准器轴与竖轴平行，否则应进行校正。

(2) 校正方法：首先用圆水准器的校正螺旋改正气泡偏差的一半，然后用脚螺旋改正一半，使气泡仍回到中央。

如此反复检校，直到仪器无论转在任何方向，气泡都居中为止。

（二）十字丝的中丝应水平

水准测量是用水平中丝读取标尺读数，所以当仪器整平后水平中丝应水平，否则用中丝的不同部位读数就有不同的结果，直接影响水准测量的精度。

（1）检验方法：此项检查应在避风的地方进行，在距离仪器 10～20 m 处悬挂一垂球线，整平仪器后，观测十字丝的竖丝是否与垂球线重合，若不重合则应校正。

（2）校正方法：松开十字丝环上下相邻校正螺钉，转动十字丝环，直到满足要求为止。校正后将校正螺钉拧紧。

此项校正也可采用另一方法：用十字丝的横丝对准墙上一个标志点，旋紧望远镜固定螺旋，然后转动微动螺旋，观察十字丝的横丝是否始终对准此标志。如有偏离，校正方法同前。

为了避免校正不够完善，在进行水准测量时，通常使用水平中丝的中间部分。

（三）视准轴与管水准器轴应平行（通常称 i 角检校）

对于水准仪，满足视准轴与管水准器轴平行，就能够保证仪器精确整平后的视线严格地处于水平位置，这是水准测量的基础。

i 角检校方法很多，但其检校的基本原理是一致的。即将仪器安置在不同的点上，以测定两固定点之间的两次高差来确定是否存在 i 角误差。若两次求得的高差相等则不存在 i 角误差。对于 DS3 型微倾式水准仪，i 角不应超过 20″，否则应进行改正。

检验方法：选择一平坦地方上相距 100 m 左右的点 A、B，在两点放上尺垫或打下木桩，并竖立水准标尺，如图 2-31 所示。

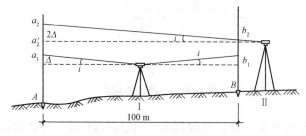

图 2-31　i 角的检验

将水准仪置于 A、B 两尺中央，设管水准器气泡居中后，A、B 两尺读数分别为 a_1 和 b_1，则点 A、B 高差为 $h_1 = a_1 - b_1$。

然后，置水准仪于点 B（或点 A）外附近约 2 m 处，管水准器气泡居中后，读得 A、B 两标尺数值分别为 a_2 和 b_2，则 $h_2 = a_2 - b_2$。

如果视准轴与管水准器轴平行，$h_1 = h_2$；若 $h_1 \neq h_2$，说明视准轴不平行于管水准器轴，读数中含有 i 角误差。在第一次测得的高差 h_1 中，由于仪器至标尺的距离大致相等，已消除了 i 角的影响；在 h_2 中，由于仪器至点 B 标尺很近，读数 b_2 受 i 角的影响很小，可以忽略不计，而读数 a_2 受 i 角影响的误差与距离呈正比，不受 i 角影响的正确读数和高差应为

$$a_2' = a_2 - 2\Delta$$
$$h_2 = (a_2 - 2\Delta) - b_2$$

因为
$$h_1 = h_2$$

故 $$a_1 - b_1 = a_2 - b_2 - 2\Delta$$
即 $$2\Delta = (a_2 - b_2) - (a_1 - b_1)$$
又因为 $$2\Delta = i''/\rho'' \cdot D_{AB}$$
故
$$i'' \approx 2\Delta \cdot \frac{\rho''}{D_{AB}} \approx 2\Delta \times \frac{206\,265''}{100\,000} \approx 2\Delta \times 2 = 4\Delta''$$

式中，$\rho'' = 206\,265''$，2Δ 为两次测定高差之差，以毫米计，当 $i'' = 2 \times 2\Delta'' < \pm 20''$ 时，或 $2\Delta < \pm 10$ mm 时，仪器 i 角可不进行改正，否则应进行校正。

校正方法：保持仪器在第二次观测位置不动，并按下式计算出对点 A 的正确读数 $a_2' = a_2 - 2\Delta$。

用微倾螺旋将水准仪的中丝对准，这时水准管气泡不居中，改动其管水准器校正螺钉使气泡居中。

普通水准仪的上述三项检校，必须按此顺序逐项进行，以保证后项检验不破坏前项检验。i 角在校正后必须重新测定，应确保 i 角小于 $20''$。

三、自动安平式水准仪的检验校正

自动安平式水准仪应满足的条件：圆水准器轴应平行于仪器的竖轴；十字丝横丝应垂直于竖轴；水准仪在补偿范围内，应能起到补偿作用；视准轴经过补偿后应与水平线一致。前两项的检验和校正方法与微倾式水准仪相应项目的检校方法相同，下面仅介绍后两项检校。

（一）自动安平式水准仪补偿器的检验

安置水准仪，使其中两个脚螺旋的连线垂直于仪器到水准尺连线的方向，并在离水准仪约 50 m 处竖立一水准尺；用圆水准器整平仪器，读取水准尺上的读数；旋转视线方向上的第三个脚螺旋，让气泡中心偏离圆水准器零点少许，读取水准尺上的读数；再次旋转该脚螺旋，使气泡向相反方向偏离零点并读数；重新整平仪器，旋转位于垂直于视线方向的两个脚螺旋，使圆水准器气泡分别向左和向右倾斜，并读数。如果仪器竖轴向前、向后、向左、向右倾斜时所得读数与仪器整平时所得读数之差不超过 2 mm，则可认为补偿器工作正常，否则应检查原因或进行校正。

检验时圆水准器气泡偏离的多少，应根据补偿器工作范围及圆水准器分划值（均可在仪器说明书中查得）决定。例如，补偿工作范围为 $\pm 5'$，圆水准器分划值为 $8'$（2 mm 弧长所对之圆心角值），则气泡偏离零点不应超过 1.3 mm。

（二）视准轴经过补偿后应与水平线一致的检验和校正

若视准轴经补偿后不能与水平线一致，则也会产生 i 角误差。这种误差的检验方法与微倾式水准仪 i 角误差检验方法相同，但校正时应校正十字丝。

第五节　水准测量的误差分析及三、四等水准测量方法

水准测量的误差源于仪器工具、观测者和环境，因此水准测量的误差可分为仪器误差、

观测误差和环境误差。下面分析水准测量的主要误差及其测量方法。

一、仪器误差

（一）仪器校正后的残余误差

水准管轴与视准轴不平行，虽经校正但仍然残存少量误差。这种误差与距离成正比，只要观测时注意使前、后视距离相等，便可消除或减弱此项误差。

（二）调焦误差

当转动调焦螺旋调焦时，调焦透镜的非直线移动改变了视准轴位置，产生调焦误差。因此，在进行观测时，只要尽量使前、后视距相等，前、后视观测时就可以不必重新调焦，这种误差就可消减。

（三）水准尺误差

由于水准尺刻划不准确、尺长变化、弯曲等会影响水准测量的精度，因此水准尺须经过检验才能使用。至于水准尺的零点差，可在一水准测段中使测站数为偶数的方法予以消除。

二、观测误差

（一）水准管气泡居中误差

由于观测者的视力有限，不能严格居中水准管气泡，从而导致视准轴不水平，产生读数误差。该项误差的大小与水准管分划值和视距成正比。

（二）读数误差

在水准尺上估读毫米数的读数误差，与人眼的分辨能力、望远镜的放大倍率以及视线长度有关。

（三）视差误差

当存在视差时，若眼睛观察的位置不同，便读出不同的读数，因而也会产生读数误差。

（四）水准尺倾斜误差

水准尺倾斜将使尺上读数增大，如水准尺倾斜 $3°30'$，在水准尺上 1 m 处读数时，将会产生 2 mm 的误差；若读数大于 1 m，误差将超过 2 mm。

三、环境误差（受外界条件的影响）

（一）仪器下沉

由于仪器下沉，视线降低，从而引起高差误差。若采用"后、前、前、后"的观测程序，可减弱其影响。

（二）尺垫下沉

如果在转点发生尺垫下沉，将使下一站后视读数增大，这将引起高差误差，采用往返观测的方法，取成果的中数，可以减弱其影响。

（三）地球曲率及大气折光影响

如果使前后视距离 D 相等，地球曲率和大气折光的影响将得到消除或大大减弱。

（四）温度影响

温度的变化不仅引起大气折光的变化，而且当烈日照射水准管时，由于水准管本身和管内液体温度的升高，气泡向着温度高的方向移动而影响仪器水平，产生气泡居中误差，观测时应注意撑伞遮阳。

四、三、四等水准测量方法

三、四等水准测量，除了用于国家高程控制网加密外，还常用作小区域的首级高程控制网，以及工程建设地区内工程测量和变形观测的基本控制网。在地形测量中常用的是四等和等外水准测量（图根水准测量）。三、四等水准网应从附近的国家一、二等水准点引测高程。

工程建设地区的三、四等水准点的间距可根据实际需要决定，一般为1～2 km，应埋设普通水准标石或临时水准标志，也可利用埋石的平面控制点作为水准点。

（一）技术要求

三、四等及等外水准测量的主要技术要求见表2-4，其主要限差要求见表2-5。

表2-4　三、四等及等外水准测量的主要技术要求

等级	每千米高差中误差/mm	路线长度/km	水准仪的型号	水准尺	与已知点联测	附合或闭合	平地限差/mm	山地限差/mm
三等	6	≤50	DS1	因瓦	往返各一次	往测一次	$\pm 12\sqrt{L}$	$\pm 4\sqrt{n}$
			DS3	双面				
四等	10	≤16	DS3	双面	往返各一次	往测一次	$\pm 20\sqrt{L}$	$\pm 6\sqrt{n}$
等外	20	≤5	DS10	单面	往返各一次	往测一次	$\pm 40\sqrt{L}$	$\pm 12\sqrt{n}$

注：表中 L 为附合或闭合路线长度以 km 为单位，n 为测站数

表2-5　三、四等及等外水准测量的主要限差

等级	标准视线长度/m	一测站前后视距差/m	累积视距差/m	红黑面读数互差/mm	红黑面高差互差/mm	检核间歇点高差互差/mm	视线高
三等	75	3.0	5.0	2.0	3.0	5.0	三丝能读数
四等	100	5.0	10.0	3.0	5.0	6.0	
等外	100	10.0	50.0	4.0	6.0	10.0	

（二）施测方法

三、四等水准测量通常采用双面尺法。其记录表格见表2-6。

（1）一个测站上的观测顺序。

照准后视尺黑面，读取下、上、中丝读数（1）、（2）、（3）；
照准前视尺黑面，读取下、上、中丝读数（4）、（5）、（6）；

照准前视尺红面，读取中丝读数（7）；

照准前视尺红面，读取中丝读数（8）。

这种"后、前、前、后"的观测顺序，主要是为抵消水准仪下沉产生的误差。四等及等外水准测量每测站也可采用"后、后、前、前"的观测顺序。

（2）一个测站的计算、检核。

①视距计算。

后视距：（9）=（1）-（2）；

前视距：（10）=（4）-（5）；

前后视距差：（11）=（9）-（10）；

前后视距累积差：本测站（17）= 前一测站（17）+ 本测站（11）。

②红黑面读数互差的计算。

前尺：（13）=（6）+ K_1 -（7）；

后尺：（14）=（3）+ K_2 -（8）；

其中，K_1、K_2 分别为前、后尺的红、黑面常数差。

表2-6 三、四等水准测量的记录表

测　　段：_____　　日期：_____　　仪器：_____
开始时间：_____　　天气：_____　　观测者：_____
结束时间：_____　　成像：_____　　记录者：_____

测站编号	点号	后尺 下丝 上丝	前尺 下丝 上丝	方向及尺号	标尺读数		K+黑-红	平均高差 /m	备注
					黑面	红面			
		后视距	前视距						
		视距差	累积视距差						
		（1）	（4）	后	（3）	（8）	（14）		
		（2）	（5）	前	（6）	（7）	（13）	（18）	
		（9）	（10）	后-前	（15）	（16）	（12）		
		（11）	（17）						
1	BM_A ~ TP_1	1 587	0 755	后	1 400	6 187	0		
		1 213	0 379	前	0 567	5 255	-1	+0.832	
		37.4	37.6	后-前	0.833	0.932	+1		
		-0.2	-0.2						
2	TP_1 ~ TP_2	2 111	2 186	后	1 924	6 611	0		
		1 737	1 811	前	1 998	6 786	-1	-0.074	
		37.4	37.5	后-前	-0.074	-0.175	+1		
		-0.1	-0.3						
3	TP_2 ~ TP_3	1 916	2 057	后	1 728	6 515	0		
		1 541	1 680	前	1 868	6 556	-1	-0.140	
		37.5	37.7	后-前	-0.140	-0.041	+1		
		-0.2	-0.5						

续表

测站编号	点号	后尺 下丝 上丝	前尺 下丝 上丝	方向及尺号	标尺读数 黑面	标尺读数 红面	K+黑−红	平均高差 /m	备注
		后视距	前视距						
		视距差	累积视距差						
4	TP_3	1 945	2 121	后	1 812	6 499	0	−0.174	
		1 680	1 854	前	1 987	6 773	+1		
		26.5	26.7	后−前	−0.175	−0.274	−1		
		−0.2	−0.7						
每页检核									

③高差计算。

黑面高差：(15) = (3) − (6)；

红面高差：(16) = (8) − (7)；

平均高差：(18) = $\frac{1}{2}$ {(15) + [(16) ±0.100]}。

观测时，若发现本测站某项限差超限，应立即重测，只有各项限差均检核无误后，方可搬站。

三、四等及等外水准测量的内业计算包括对外业记录的检查，计算并分配闭合差，最后算出各待定点的高程。

第六节 精密水准仪和精密水准尺简介

精密水准仪主要用于国家一、二等水准测量和高精度的工程测量中。例如，建筑物沉降观测、大型精密设备安装等测量工作。

一、精密水准仪和水准尺的构造

（一）精密水准仪的构造

精密水准仪的构造与DS3型水准仪基本相同，也由望远镜、水准器和基座三部分组成。其不同之处是：水准管分划值较小，一般为10″／（2 mm）；望远镜放大倍率较大，一般不小于38倍；望远镜的亮度好，仪器结构稳定，受温度的变化影响小等。

为了提高读数精度，精密水准仪设有光学测微器，其工作原理如图2-32所示。光学测微器由平行玻璃板、传动齿轮和齿条、测微螺旋和测微尺等部件组成。平行玻璃板装置在望远镜物镜前，其旋转轴位于水平方向，转动测微螺旋时，传动齿轮带动齿条使平行玻璃板俯仰旋转。瞄准水准尺的视线穿过倾斜的玻璃板时，产生平行移动，使原来并不对准尺上某一分划的视线能精确对准该分划,一个整分划的读数(视线的平移距)则可在测微尺上按读数指标读得。测微尺上的整个分划值即相当于水准尺上的一个基本分划,对于 10 mm 分划的水准尺,按读数指标从测微尺上可直接读 0.1 mm,估读至 0.01 mm。

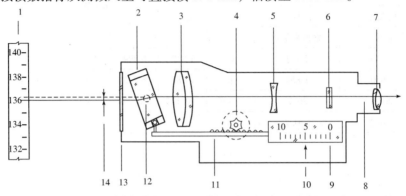

图 2-32 光学测微器工作原理

1—精密水准尺；2—平行玻璃板；3—物镜；4—测微螺旋；5—调焦透镜；
6—十字丝分划板；7—目镜；8—视准轴；9—测微尺；10—测微尺读数指标；
11—平行玻璃板传动齿条；12—平行玻璃板转动轴；13—保护镜片；14—视线平移量

图 2-33 为我国北京测绘仪器厂生产的 DS1 型水准仪。望远镜放大倍率为 40 倍,水准管分划值为 10″/(2 mm);配合使用的为 5 mm 基本分划的精密水准尺,转动测微螺旋,可以使水平视线在上下 5 mm 范围内做平移移动。测微器读数目镜在望远镜目镜的右下方,从里面可看到测微尺有 100 个分格,实际分格值为 0.05 mm。从目镜中看到的十字丝和水准尺影像如图 2-34 所示。

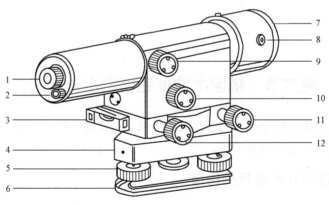

图 2-33 DS1 型水准仪

1—目镜；2—测微器读数目镜；3—粗平水准管；4—基座；5—脚螺旋；
6—基座底板；7—物镜；8—平板玻璃转轴螺钉；9—物镜对光螺旋；
10—测微轮；11—水平微动螺旋；12—微倾螺旋

(二) 精密水准尺的构造

精密水准仪必须配有精密水准尺。这种水准尺一般都在木质尺身的槽内引张一根因瓦合金带。在带上标有刻划,数字注在木尺上。精密水准尺的分划值有 10 mm 和 5 mm 两种,10

mm 分划的水准尺有两排分划,如图 2-34(a)所示,右边一排的注记数字,自 0～300 cm,称为基本分划;左边一排注记数字自 300～600 cm,称为辅助分划。同一高度线的基本分划和辅助分划有一差数 K(K = 3.015 50 m),称为基辅差。有的精密水准尺为 5 mm 分划,只有基本分划而无辅助分划,如图 2-34(b)所示,左边一排分划为奇数值,右边一排分划为偶数值,右边注记为米数,左边注记为分米数,小三角形表示半分米处,长三角形表示分米的起始线。厘米分划的实际间隔为 5 mm,尺面值为实际长度的 2 倍,因此,用此水准尺观测高差时,除以 2 才是实际高差值。

二、精密水准仪的使用方法

精密水准仪的使用方法与一般水准仪基本相同。不同之处是用光学测微器测出不足一个分格的数值,即在仪器精确整平(用微倾螺旋使目镜视场左边的符合水准气泡半像吻合)后,十字丝横丝往往不恰好对准水准尺上某一整分划线,这时就要转动测微轮使视线上、下平行移动至十字丝的楔形丝正好夹住一个整分划线,如图 2-35 所示,被夹住的整分划线读数为 1.94 m。视线在对准整分划线过程中平移的距离显示在目镜右下方的测微尺读数窗内,读数为 3.68 mm。所以水准尺的全读数为 1.94 + 0.003 68 = 1.943 68(m)。

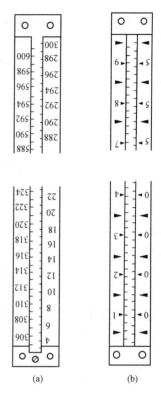

图 2-34 精密水准尺
(a)10 mm 分划水准尺;
(b)5 m 分划水准尺

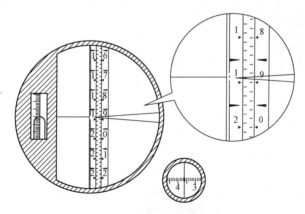

图 2-35 精密水准仪读数

三、精密水准仪与普通水准仪的主要区别

(1)精密水准仪采用了高精度的水准管,水准测量精度更高,也更可靠。

(2)精密水准仪配有测微器,可以估读到 0.01 mm,而普通水准仪只能估读到 1 mm,这从根本上决定了精密水准仪在高等级水准测量上的优势。

(3)精密水准仪配有精密水准尺。

（4）精密水准仪的十字丝分划板与普通水准仪有所不同。精密水准仪的十字丝采用三角形卡准装置，这也提高了水准观测的精度。

（5）一些精密水准仪的望远镜放大倍率较普通水准仪有较大提高，使之在复杂环境下具有一定的优势。

第七节　数字水准仪和条码尺简介

数字水准仪又称电子水准仪或数字电子水准仪，它是集计算机技术、电子技术、图像处理技术、编码技术于一体的新型水准仪。《水准仪》（GB/T 10156—2009）中将应用光电数码技术使水准测量数据采集、处理、存储自动化的水准仪命名为数字水准仪。1990年3月，徕卡公司推出世界上第一台数字水准仪NA2000。目前，瑞士徕卡、美国天宝、日本拓普康等公司，还有我国广州南方测绘仪器、北京博飞等公司都可以生产多种型号的数字电子水准仪和条码水准尺。图2-36为广州南方测绘仪器有限公司生产的DL2007型数字水准仪，图2-37为条码水准尺。

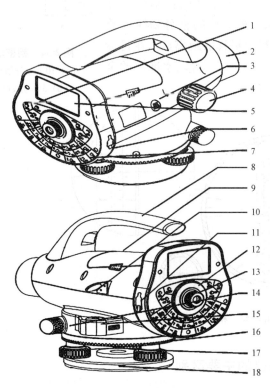

图2-36　DL2007型数字水准仪

图2-37　条码水准尺

1—开关按钮；2—物镜；3—测量键；4—调焦手轮；5—液晶显示屏；
6—通信接口；7—键盘；8—提柄；9—电池；10—圆水准器反射镜；
11—MICRO SD卡；12—目镜护罩；13—目镜；14—无限位水平螺旋（双向微动）；
15—圆水准器；16—水平度盘；17—脚螺旋；18—基座

一、数字水准仪的特点

数字水准仪和传统水准仪相比较，它们的相同点是：数字水准仪具有与传统水准仪基本相同的光学、机械和补偿器结构；光学系统也是沿用光学水准仪的；水准标尺一面具有用于电子读数的条码，另一面具有传统水准标尺的 E 型分划；既可用于数字水准测量，也可用于传统水准测量、摩托化测量、形变监测和适当的工业测量。它们的不同点：传统水准仪用人眼观测，数字水准仪用光电传感器（CCD 行阵即探测镜）代替人眼；数字水准仪与其相应条码水准标尺配合使用；仪器内装有图像识别器；采用数字图像处理技术，同一根编码标尺上的条码宽度不同，各型数字水准仪的条码尺有自己的编码规律，但均含有黑、白两种条块，这与传统水准标尺不同。另外，对于精密水准仪而言，传统水准仪利用测微器读数，而数字水准仪没有测微器。

二、数字水准仪的基本原理

数字水准仪利用电子工程学原理进行观测、信息处理和获取并自动记录每一个观测值。使用时，作业员只要粗略整平仪器，将望远镜对准标尺和调焦，然后按一下有关按键，即可触发仪器自动测量。仪器还使用高精度的补偿器自动完成对照准视线的水平校正。当不能用电子测量时，还可以使用本仪器配合常规标尺用传统的光学方法读取并用键盘输入高差读数，仪器能自动地精确测定视距和水平标尺读数。

标尺的条码作为参照信号保存在仪器内。在测量时，图像传感器捕获仪器视场内的标尺影像作为测量信号，然后与仪器的参考信号进行比较，便可求得视线高度和水平距离。与光学水准测量一样，测量时标尺要直立。只要把标尺照亮，仪器还可以在夜间进行测量（传感器的敏感范围从最高频率的可见光到红外线的频率）。

目前，数字水准仪有很多软件测量功能：可以利用软件进行点位和高程管理；平差计算；报表输出；导入观测文件与高程；手工输入观测数据；水准数据检验；上载数据以供放样；数据传输等。数字水准仪可以自动测量单一高差，也可以利用软件自动测量线路测量作业的全部测量要素。如果需要，用户可以利用"线路平差"软件直接将测得的成果与已知高程比较并进行平差。

三、数字水准仪的使用方法

数字水准仪的使用方法与一般水准测量大体相似，也包括安置仪器、粗略整平、瞄准目标、观测。

值得一提的是，观测只需按一下测量键，便可从数字水准仪的显示屏上看到读数。

四、数字水准仪使用注意事项

由于数字水准仪测量是采用条码图像进行处理来获取标尺读数，因此采取图像的质量会直接影响成果的精度。为保证成果质量和提高效率，需注意：

（1）精确调焦，多次观测取平均值。
（2）尽可能减少对标尺的遮挡。
（3）若标尺处于逆光或有强光对着目镜时，可使用物镜遮光罩，强烈阳光下应打伞。

(4) 安置仪器时踩紧三脚架,测量时轻按测量键,保证仪器稳定。
(5) 高精度测量前应先对电子 i 角进行检校。
(6) 前后视距尽量相等,减少仪器的调焦误差。
(7) 保持条码标尺清洁并使标尺竖直,以免影响测量精度。
(8) 视线距地面高度大于 0.5 m,减少大气折光的影响。

习题与思考题

1. 水准仪的使用步骤有哪些?
2. 什么是视差?它是怎样产生的?如何消除?
3. 水准测量的检核方式有哪些?
4. 根据图 2-38 中的水准测量观测数据(单位:m),求出点 B 的高程。

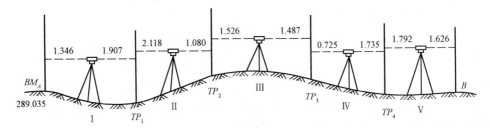

图 2-38　4 题图

5. 图 2-39 为一附合水准路线观测成果(单位:m),已知 $H_A = 241.225$ m, $H_B = 241.993$ m,求点 1、2、3 的高程,容许闭合差取 $\pm 12\sqrt{n}$ mm。

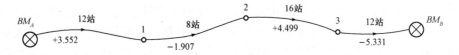

图 2-39　5 题图

6. 图 2-40 为一闭合水准路线观测成果(单位:m),已知 $H_A = 245.215$ m,求各点高程,容许闭合差取 $\pm 12\sqrt{n}$ mm。

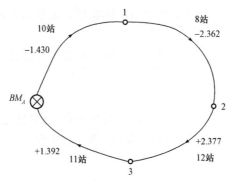

图 2-40　6 题图

7. 简述水准测量中的误差来源。
8. 微倾式水准仪有哪几条轴线？它们之间应满足什么几何条件？
9. 水准测量时，为什么要求前、后视距离应大致相等？
10. 使用数字水准仪的注意事项有哪些？

第三章

角度测量

角度测量分为水平角测量与竖直角测量。水平角测量用于求算点的平面位置，竖直角测量用于测定高差或将倾斜距离改化成水平距离。

第一节 角度测量原理

一、水平角测量原理

如图 3-1 所示，A、B、C 为地面上任意三点，B 为测站点（角顶点），A、C 为目标点，将 BA、BC 两方向线垂直投影在水平面 H 上，所形成的 $\angle abc$ 即为地面 BA 与 BC 两方向线的水平角。所以水平角是地面上一点到两目标的方向线垂直投影到水平面上的夹角，也可以说是过这两方向线所作两竖直面形成的二面角。

为了测出水平角，设想在过点 B 的铅垂线上放置一个带有刻度的水平圆盘，并使圆盘中心通过点 B 的铅垂线。过 BA、BC 各作一竖直面，它们在水平度盘上截得的读数为 α 和 γ，则所求水平角的值为

β = 右目标读数 γ - 左目标读数 α（不够减时，加 $360°$ 再减）

这就是水平角测量原理。

由水平角测量原理可知，测角仪器必须具备以下条件：

（1）应有一个度盘，度盘中心位于角顶点的铅垂线上并能方便地置平；

（2）应有一个照准目标的望远镜，不仅能在水平方

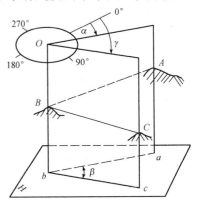

图 3-1 水平角测量原理

向左、右旋转，而且能在竖直方向上、下旋转，构成一个竖直面，以便照准不同方向、不同高度的目标。经纬仪就是根据这些要求而制成的一种精密测角仪器。

二、竖直角测量原理

在同一竖直面内，某一点至目标的方向线与水平线所夹的角度称为竖直角。如图 3-2 所示，瞄准目标的方向线 OA 在水平线的上方，该竖直角为正，称为仰角（$\alpha_A \geq 0$）；瞄准目标的方向线 OC 在水平线的下方，竖直角为负，称为俯角（$\alpha_c \leq 0$）。竖直角的取值范围是 $0° \sim \pm 90°$。

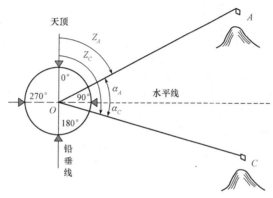

图 3-2 竖直角测量原理

竖直角 α 在带有刻划的竖直安置的度盘上获取，它是目标的方向值与水平线的方向值之差。在测量竖直角时，瞄准目标读取竖直度盘读数，就可以计算出竖直角。

第二节 经纬仪的构造

最常用的测量角度仪器是光学经纬仪和电子经纬仪。光学经纬仪按精度可分为普通仪器（如 DJ6、DJ30 等）和精密仪器（如 DJ07、DJ1、DJ2 等）。其中，D、J 分别是大地测量和经纬仪两词汉语拼音的首字母，数字表示仪器的精度指标，即观测某方向一测回的中误差。

一、光学经纬仪

光学经纬仪中最常用的测量角度仪器是 DJ6 型光学经纬仪（也称工程经纬仪）和 DJ2 型光学经纬仪。图 3-3、图 3-4 分别为 DJ6 型和 DJ2 型光学经纬仪。

（一）光学经纬仪的构造

经纬仪包括三个主要装置：对中整平装置，用以将水平度盘中心安置在地面点的铅垂线上，并使水平度盘处于水平位置；照准装置，用以瞄准目标的望远镜，它可以围绕横轴上下旋转以便瞄准高低不同的目标，也可以水平旋转以便瞄准不同方向的目标；读数装置，用以读取某一方向的水平度盘和竖直度盘读数。

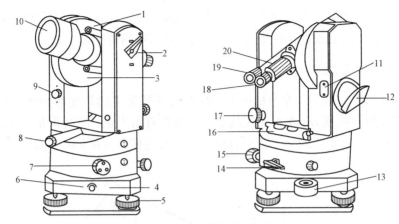

图 3-3 DJ6 型光学经纬仪

1—粗瞄器；2—望远镜制动螺旋；3—竖盘；4—基座；5—脚螺旋；
6—固定螺旋；7—度盘变换手轮；8—光学对中器；9—补偿器控制按钮；
10—望远镜物镜；11—指标差调位盖板；12—反光镜；13—圆水准器；
14—水平制动螺旋；15—水平微动螺旋；16—水准管；17—望远镜微动螺旋；
18—望远镜目镜；19—读数显微镜；20—调焦螺旋

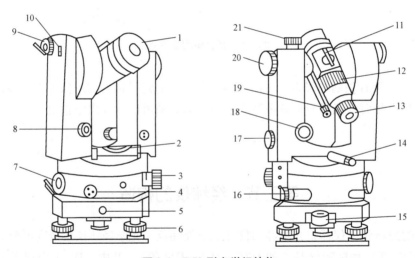

图 3-4 DJ2 型光学经纬仪

1—望远镜物镜；2—照准部水准管；3—度盘变换手轮；4—水平制动螺旋；
5—固定螺旋；6—脚螺旋；7—水平度盘反光镜；8—自动归零旋钮；
9—竖直度盘反光镜；10—指标差调位盖板；11—粗瞄器；12—调焦螺旋；
13—望远镜目镜；14—光学对中器；15—圆水准器；16—水平微动螺旋；17—换像手轮；
18—望远镜微动螺旋；19—读数显微镜；20—测微轮；21—望远镜制动螺旋

1. 对中整平装置

（1）基座：支撑仪器上部的构件，包括轴座与脚螺旋。轴座是连接仪器竖轴与基座的部件，轴座上有一个固定螺旋，放松这个螺旋，可将经纬仪水平度盘连同照准部从基座中取出，所以平时必须拧紧该螺旋，防止仪器坠落损坏。脚螺旋共有三个，用于整平仪器。

（2）三脚架：支撑整个仪器，常见的为木质或金属质，脚架可以伸缩。用于高精度仪器的脚架不能伸缩。

（3）垂球和光学对中器：都是用来使得仪器水平度盘中心对准地面点的部件。垂球挂在三脚架的连接螺旋上，利用垂球尖对准地面点来对中仪器。光学对中器不受风吹影响，对中精度较垂球高，可以从光学对中器目镜中的圆圈对准地面点来对中仪器。

（4）水准器：用来整平仪器。通常有圆水准器和水准管两种，前者用来粗略整平，后者用来精确整平。

2. 照准装置

（1）望远镜：经纬仪望远镜的作用和构造与水准仪类似，十字丝略有不同，如图 3-5 所示。

  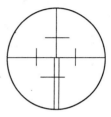

图 3-5　经纬仪望远镜的十字丝

（2）制动螺旋：包括照准部制动螺旋和望远镜制动螺旋两种，前者控制照准部在水平方向上的转动，后者控制望远镜在竖直方向上的转动。

（3）微动螺旋：包括照准部微动螺旋与望远镜微动螺旋两种。当照准部制动螺旋拧紧后，可利用照准部微动螺旋使照准部在水平方向上做微小的转动，以便精确瞄准目标。当望远镜制动螺旋拧紧后，可利用望远镜微动螺旋使望远镜在竖直方向上做微小的转动，便于精确瞄准目标。

3. 读数装置

（1）水平度盘：水平度盘通常用玻璃制成，安置在仪器基座的垂直轴套上，以便照准部转动时水平度盘不动，也可利用度盘变换手轮将水平度盘转到所需的位置上。在水平度盘圆周边上精细地刻有等间隔分划线，并按顺时针方向注记角值。

（2）经水平度盘的光路：如图 3-6 所示，外界光线由反光镜 1 反射进光窗 2 进入仪器内部，经棱镜 3 转向、透镜 4 聚光，照亮了水平度盘 5 的分划线，棱镜 6 再转向经过物镜组 7 和转向棱镜 8 后，水平度盘分划线在读数窗 10 的平面上成像，再经过棱镜 11 转向和透镜 12，在目镜 13 的焦平面上成像。这样，便能够读取水平度盘读数。

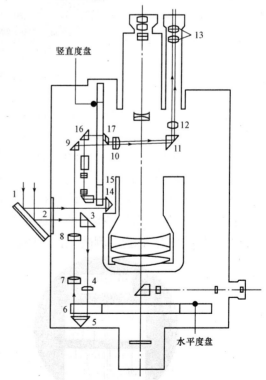

图 3-6　DJ6 型光学经纬仪光路图

(3) 经纬仪竖直度盘的光路：外界光线由反光镜 1 进入仪器内部后，经过棱镜 14 的两次反射，照亮了竖直度盘 15 的分划线，再经过棱镜 16、棱镜 17 的转向后，竖直度盘分划线在读数窗 10 的平面上成像，并与水平度盘的光路沿同一路线前进。

(4) 测微器：测微器是一种能在读数窗上测定小于度盘分划线的读数装置。

(二) 光学经纬仪的读数方法

不同光学经纬仪的读数方法不同，常见的有以下几种。

1. 分微尺读数法

图 3-7 为分微尺读数窗，大多数 DJ6 型光学经纬仪采用分微尺读数法。上面的读数窗是水平度盘及分微尺的影像，下面的读数窗是竖直度盘和分微尺的影像。每个读数窗上刻有 60 小格的分微尺，其长度等于度盘间隔 1°的两条分划线之间的宽度，因此，分微尺上一小格的分划值为 1′，通常估读到 0.1 格（6″）。

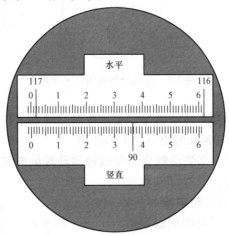

图 3-7 分微尺读数窗

测量读数时，先调节读数显微镜的目镜，以便能看清楚读数窗；然后读出位于分微尺中的度盘分划线的度数，再以度盘分划线为指标在分微尺上读取分数，并估读秒数。例如，图中水平度盘读数为 117°02′00″，竖直度盘读数为 90°36′24″。

2. 单平板玻璃读数法

图 3-8 为单平板玻璃读数窗。下面窗为水平度盘读数，中间窗为竖直度盘读数，上面窗为测微器读数。水平度盘和竖直度盘的分划值为 30′；测微器的数字为整分数，其间分 5 大格，每大格又分为三小格。因此，测微尺上一大格为 1′、一小格为 20″，可估读到 2″。

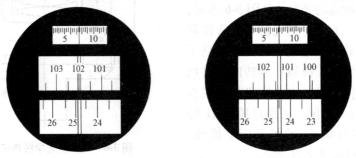

图 3-8 单平板玻璃读数窗

测量读数时，先转动测微轮，使度盘分划线精确地移动到读数窗中双指标线的中间，然后读出该分划线的度数30′，再读测微器上的分数、秒数，两者相加即得度盘读数。图3-8中，竖直度盘读数为102°07′30″，水平度盘读数为24°36′50″。

3. 对径符合读数法

上述两种读数方法，都是利用位于度盘一端的指标读数，如果度盘偏心则会产生读数误差。一些精度较高（如DJ2型以上）的仪器，都采用对径符合读数法（即度盘直径两端的指标读数），取其平均值来消除度盘偏心造成的误差。这种读数方法的仪器，在支架上有一个刻有一条直线的旋钮，当直线水平时，读数窗显示的是水平度盘读数；当直线竖直时，显示的是竖直度盘读数。

图3-9为对径符合读数窗。上面窗为度盘直径两端的分划线，标注的数字为度数，分划线之间的间隔为20′；下面窗为测微器读数窗，标注的数字为零分数及秒数。测量读数时，先旋转测微轮将上面窗度盘分划线上、下对齐；在上、下两排找到相差180°的标注值，并数出之间的间隔数（每间隔为10′）；在下面窗读出零分数和秒数；两者相加即完整读数。例如，图3-9中（a）、（b）的读数分别为96°49′28.0″和295°57′36.4″。

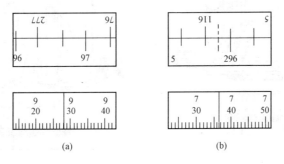

图3-9　对径符合读数窗

图3-10为数字化对径符合读数窗。中间小窗为度盘直径两端的影像，上面小窗可读取度数及10′数，下面小窗为测微器读数。测量读数时，先旋转测微轮，使中间小窗的上、下刻划线对齐；从上面小窗读出度数及10′数；从下面小窗读出不足10′的分数及秒数。图3-10中（a）的读数为176°38′25.8″，但在图3-10中（b）的0相当于60′，故读数应为177°03′35.8″。

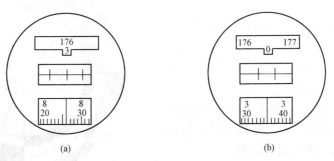

图3-10　数字化对径符合读数窗

二、电子经纬仪

电子经纬仪在 20 世纪 70 年代开始应用于测量工作中，之后它与光电测距仪、计算机、电子绘图仪相结合，使测量工作逐渐实现了自动化和内外业一体化。

电子经纬仪的基本构造、测角方法与光学经纬仪相似，主要差别在于测角原理。如图 3-11 所示，电子经纬仪采用电子测角系统，利用光电转换原理将通过度盘的光信号转变为电信号，再将电信号转变为角度值，并将结果以数字形式在显示窗口显示。电子经纬仪的测角原理按取得信号的方式不同可分为编码度盘测角、光栅度盘测角和动态测角三种。下面简要介绍三种测角原理。

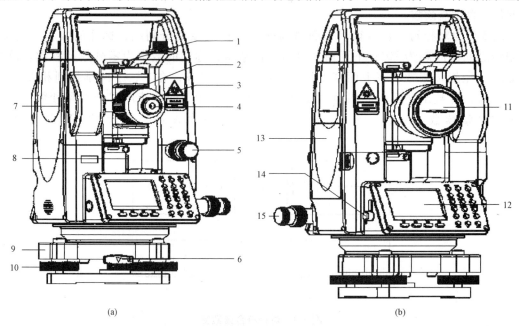

图 3-11 南方测绘 NT-023 型电子经纬仪

1—粗瞄准备；2—望远镜调焦螺旋；3—目镜调焦螺旋；4—目镜；5—垂直微制动；
6—基底固定钮；7—仪器中心标志；8—管水准器；9—圆水准器；10—脚螺旋；
11—目镜；12—显示屏；13—电池；14—RS-232 串口；15—水平微制动

（一）编码度盘测角基本原理

图 3-12 为二进制编码度盘，整个度盘圆周被均匀地分成 16 个区间，从里到外有 4 道环（称为道码），黑色部分为透光区（或称导电区），白色部分为不透光区（或称非导电区）。设导电为 1、不导电为 0，则根据各区间的状态可列出表 3-1 所示的编码表，根据不同区间的不同状态，便可测出该两区间的夹角。

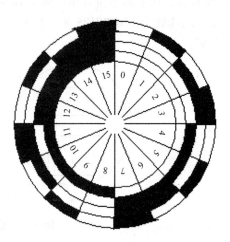

图 3-12 二进制编码度盘

表 3-1　四码道编码度盘编码表

区间	0	1	2	3	4	5	6	7	8	9	10	11	12	13	14	15
编码	0000	0001	0010	0011	0100	0101	0110	0111	1000	1001	1010	1011	1100	1101	1110	1111

识别望远镜照准方向属于哪个区间是编码度盘测角的关键问题。图 3-13 为度盘上的某方向，在 4 个码道的每个码道设置上、下两个固定接触片，一个可以发出信号，另一个可以接收信号并输出。测角时，当度盘随望远镜转到某方向后，接触片利用码道的导电或不导电状态，在输出端就得到该区间的电信号。图 3-13 的状态为 1001，它代表图 3-12 中的第 9 区间；如果照准部转到第二个目标，输出端的状态为 1110，即表示第 14 区间的状态；那么两目标间的角值就由 1001 和 1110 反映出第 9 至 14 区间的角度。

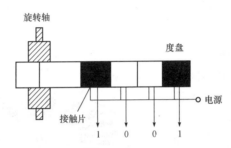

图 3-13　编码度盘光电读数原理

通常，在度盘上、下部的接触片分别为发光二极管、光电二极管，对于码道的透光区（即导电区），发光二极管的光信号能够通过从而使光电二极管接收到这个信号，并输出 1，反之输出 0。此外，编码度盘所得角度的分辨率与区间数、码道数有关，由于目前制造工艺水平有限，因此，直接利用编码度盘不易达到较高的测角精度。

（二）光栅度盘测角基本原理

光栅度盘是在光学圆盘上刻划由圆心向外辐射的等角距细线，如图 3-14 所示。相邻两线间的距离称为栅距；栅距所对应的圆心角称为栅距分划值。光栅度盘的栅距分划值越小，测角精度越高。但是，栅距虽然很小，分划值仍然较大。例如，在直径 80 mm 的度盘上刻有 12 500 条细线（刻划密度为 50 线/mm），栅距分划值仍有 $1'44''$。为了提高测角精度，必须对栅距进行细分，但难以做到，因此，在光栅度盘测角系统中采用莫尔条纹技术。

产生莫尔条纹的方法是取一块与光栅度盘具有相同密度的光栅（称指示光栅），将指示光栅与光栅度盘重叠，并使它们的刻划线之间相交得到一个很小的角度 θ（图 3-15）；在光栅度盘的上、下对称位置分别安装发光二极管（发出信号）和光敏二极管（接收信号）；指示光栅、发光二极管、光敏二极管的位置固定，而光栅度盘与望远镜一起转动；当发光二极管发出的光信号通过光栅度盘和指示光栅到达光敏二极管时，根据光学原理便会出现放大的明暗相间的莫尔条纹（即栅距由 d 放大到 w），从而可以对纹距进行进一步细分，以达到提高测角精度的目的。光栅度盘每转动一栅距，莫尔条纹就移动一个周期；当望远镜从一个方向转动到另一个方向时，莫尔条纹光信号强度变化的周期数就是两方向间的光栅数；由于栅距的分划值是已知的，所以可以计算并显示两方向之间的夹角。

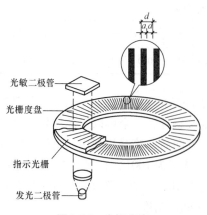
图 3-14 光栅度盘

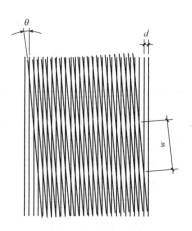
图 3-15 莫尔条纹

（三）动态测角基本原理

如图 3-16 所示，度盘由等间隔的明暗分划线构成，即透光区和不透光区；在度盘的内侧和外侧分别安装了一组光信号发射和接收系统（即 L_S 和 L_R），其中 L_S 固定不动，L_R 则随望远镜一起转动。L_S 和 L_R 是由发光二极管和光敏二极管构成，当度盘在电动机带动下以一定速度旋转时，光敏二极管可能收到穿过度盘的光信号，或未收到光信号，这样，L_S 和 L_R 间的夹角 φ 可以用仪器所带的微处理器计算得到。

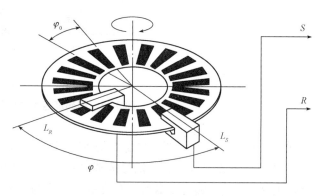
图 3-16 动态测角原理示意图

这种方法具有每测定一个方向值均利用度盘全部分划的特点，这样可以消除度盘刻划及偏心误差对测量值的影响。

三、激光经纬仪

激光经纬仪在结构、功能等方面与电子经纬仪类似，主要区别在于它能够提供一条可见的激光光束，大多为红光或绿光，如图 3-17 所示。

激光经纬仪主要用于标定出一条标准的直线，作为工程施工、放样的基准线。通常，激光经纬仪在电子经纬仪上设置一个半导体激光发射装置，将发射的激光导入望远镜的视准轴方向，从望远镜物镜端发射出去，并且激光光束与望远镜视准轴保持同轴。

图 3-17 激光经纬仪

第三节　测角仪器的使用方法

测角仪器（包括光学经纬仪、电子经纬仪、激光经纬仪及全站仪等）的基本操作方法类似，主要包括仪器安置、照准目标和读数三部分。

一、仪器安置

观测角度之前，需要把仪器安置在测站上，并进行对中和整平。对中的目的是使仪器的竖轴与测站点的标志中心在同一铅垂线上，通常使用光学对中器进行对中。整平的目的是使水平度盘处于水平状态，仪器的圆水准器用于粗略整平，水准管用于精确整平。

（一）**安置三脚架**

首先将三脚架打开，使三条腿等长并高低适中，如图 3-18 所示。采用目估或挂垂球方法，将三脚架头中心大致对准地面点，并使三个架腿大致呈等边三角形（边长约 1.2 m），架头大致水平；将仪器放在三脚架头上，并立即拧紧连接螺旋固定三脚架与仪器，避免仪器掉落。

（二）**对中与整平**

（1）旋转光学对中器的目镜和物镜，看清楚光学对中器分划板上的标志和地面测站点标志，然后固定一个三脚架腿，手持并移动另两个三脚架腿，直至光学对中器中的标志大致对准地面点后，放稳三个架腿。

图 3-18　仪器安置

（2）旋转脚螺旋，直至光学对中器中的标志对准地面点。

（3）根据圆水准气泡偏离情况，分别伸长或缩短三脚架腿，使气泡居中（仪器粗平）。

（4）旋转照准部使水准管与一对脚螺旋连线方向平行。如图 3-19 所示，双手以相反方向旋转这两个脚螺旋（气泡移动方向与左手大拇指移动方向一致），使气泡居中；再将照准部旋转 90°；如图 3-20 所示，转动另一个脚螺旋使气泡居中（仪器精平）。

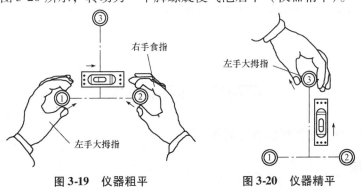

图 3-19　仪器粗平　　　　图 3-20　仪器精平

（5）检查仪器对中情况，若有偏移则拧松连接螺旋，在架头上平移仪器直至精确对中，再重复步骤（4）进行整平，直至对中（通常小于 1 mm）和整平（通常小于 1 格）均达到要求为止。

二、照准目标

仪器安置好（即整平对中）后，按照下列步骤照准目标。

（1）粗瞄目标：通过望远镜上的粗瞄器对准目标后，拧紧望远镜和照准部的制动螺旋。

（2）目镜调焦：用目镜调焦螺旋调清晰十字丝（其过程是：转动目镜调焦螺旋使得十字丝由不清晰到清晰，再变为不清晰后反向转动目镜调焦螺旋，重新调清晰十字丝。这样，能够清楚地了解十字丝的清晰程度）。

（3）物镜调焦：转动望远镜物镜调焦螺旋，使目标十分清晰。物镜调焦过程与目镜相同，目标影像也是由不清晰—清晰—不清晰—清晰。

（4）精确瞄准目标：转动水平微动及竖直微动螺旋，利用十字丝的竖丝精确对准目标，并尽量瞄准目标的底部，以便消除目标倾斜带来的误差，如图 3-21 所示。

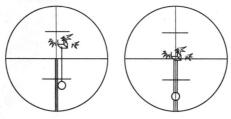

图 3-21　照准目标

照准第一个方向时，应进行目镜调焦，接着观测其他方向时就可以不再进行目镜调焦。由于目标有远有近，因此，照准每个方向时都应进行物镜调焦，以便能够看清楚目标。同时，应注意检查、消除视差。

三、读数

调整反光镜照亮读数窗，然后进行读数显微镜调焦，使读数窗中分划清晰，便可以进行读数。在竖直角读数前，如果仪器采用指标水准器，应先转动指标水准器微动螺旋使指标水准器气泡居中后再读数；如果采用自动补偿装置，应用补偿控制按钮打开补偿器后再读数。

第四节　水平角观测

水平角观测主要采用测回法和方向观测法。

一、测回法

测回法是观测水平角的一种最基本方法，常用以观测两个方向的单角。如图 3-22 所示，为了测出 $\angle BAC$ 的角度，观测步骤如下：

第一步：在测站点 A 安置仪器，对中、整平；

第二步：用盘左位置（竖直度盘在望远镜左侧，又称正镜）瞄准目标 B，读取水平读盘读数 b_1，设为 $0°10'24''$；

第三步：松开水平制动螺旋，顺时针转动照准部，瞄准目标 C，读取水平读盘读数 c_1，设为 $60°10'30''$；第二、三步称为上半测回，角值为右目标读数减左目标读数，即 $\beta_1 = c_1 - b_1 = 60°10'30'' - 0°10'24'' = 60°00'06''$；

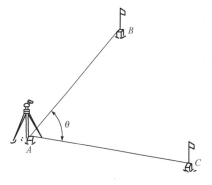

图 3-22　测回法观测水平角

第四步：纵转望远镜成盘右位置（竖直度盘在望远镜右侧，又称倒镜），瞄准 C 目标，读取读数 c_2，设为 $240°10'24''$；

第五步：逆时针方向旋转照准部再次瞄准 B 目标，读取读数 b_2，设为 $180°10'30''$。第四、五步称为下半测回，同法计算水平角，即 $\beta_2 = c_2 - b_2 = 240°10'24'' - 180°10'30'' = 59°59'54''$；

上、下半测回合称为一测回。一测回的角值为两半测回角值的平均数。即

$$\beta = \frac{1}{2}(\beta_1 + \beta_2) = 60°00'00''$$

测回法测角记录计算见表 3-2。

表 3-2　测回法测角记录

测站	度盘位置	目标	水平度盘读数 /° ′ ″	半测回水平角 /° ′ ″	一测回水平角 /° ′ ″
A	盘左	B	0 10 24	60 00 06	60 00 00
		C	60 10 30		
	盘右	B	180 10 30	59 59 54	
		C	240 10 24		

测回法用盘左、盘右观测，可以消除仪器某些系统误差对测角的影响，校核结果和提高观测成果的精度。对于 DJ6 型仪器，上、下半测回角值之差不得超过 $\pm 40''$，若超过此限，应重新观测。

当测角精度要求较高时，可观测多个测回，取其平均值作为最后结果。为减少读盘刻划不均匀误差对水平角的影响，各测回应利用仪器的复测装置或度盘变换手轮按 $180°/n$（n 为测回数）变换水平度盘位置。如果观测 3 测回，则每个测回的起始方向读数度盘变换值为 $60°$，即第一测回起始方向读数度盘位置为 $0°00'00''$ 左右，第二测回起始方向读数度盘位置为 $60°00'00''$ 左右，第三测回起始方向读数度盘位置为 $120°00'00''$ 左右。为读记方便，每次起始方向读数度盘位置一般大于 $0''$。

二、方向观测法

当测站上的方向观测数在 3 个或 3 个以上时，一般采用方向观测法，方向观测法也称全

圆测回法。现以图3-23为例介绍如下：

第一步：安置仪器于点O，选定起始方向A，用盘左位置，将水平度盘置于略大于$0''$的数值，瞄准A，读数，并记入表3-3第4栏。

第二步：顺时针方向依次瞄准点B、C、D，读数并记录。

第三步：继续顺时针转动照准部，再次瞄准A，读数并记录。此操作称为归零，A方向两次读数差称为半测回归零差。对于DJ6型经纬仪，归零差不应超过$18''$，否则应重新观测，上述观测称为上半测回。

第四步：纵转望远镜成盘右位置，逆时针方向依次观测点A、D、C、B、A，此为下半测回。

上、下半测回合称为一测回。如需观测多个测回，各测回仍按$180°/n$变换水平盘位置。

以点A方向为零方向的记录计算表格见表3-3。

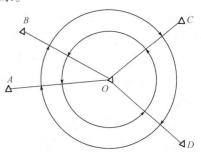

图3-23 方向观测法

表3-3 方向观测法记录计算表

测站	测回数	目标	水平度盘读数		$2c$ = 盘左读数 − (盘右读数 ±180°)	平均读数 = [盘左读数 + (盘右读数 ±180°)]/2	归零后方向值	各测回归零后方向值平均值
			盘左 /° ′ ″	盘右 /° ′ ″				
0	1	A	0 01 12	180 01 00	+12	(0 01 03) 0 01 06	0 00 00	0 00 00
		B	41 18 18	221 18 00	+18	41 18 09	41 17 06	41 17 02
		C	124 27 36	304 27 30	+6	124 27 33	124 26 30	124 26 34
		D	160 25 18	340 25 00	+18	160 25 09	160 25 06	160 24 06
		A	0 01 06	180 00 54	+12	0 01 00		
	2	A	90 03 18	270 03 12	+6	(90 03 09) 90 03 15	0 00 00	
		B	131 20 12	311 20 00	+12	131 20 06	41 16 57	
		C	214 29 54	34 29 42	+12	214 29 48	124 26 39	
		D	250 27 24	70 27 06	+18	250 27 15	160 24 06	
		A	90 03 06	270 03 00	+6	90 03 03		

第五步：方向观测法计算。

（1）计算两倍照准误差$2c$。

$2c$ = 盘左读数 − （盘右读数 ±180″）

将各方向$2c$记入表3-3的第6列，各方向$2c$互差不得大于表3-4中的规定。

（2）计算各方向的平均读数：

平均读数 = ［盘左读数 + （盘右读数 ±180°）］/2

由于存在归零读数，所以起始方向A有两个平均值，将这两个平均值再取平均值作为起始方向方向值，记入表3-3的第7列括号内。

(3) 计算归零后方向值。将各方向的平均读数减去括号内的起始方向平均值，即得各方向归零后方向值，记入表3-3第8列。

(4) 计算各测回归零后方向值平均值。将各测回同一方向归零后的方向值取平均数，作为各方向的最后结果，记入第9列。同一方向值各测回互差应满足表3-4的规定。

表 3-4 同一方向值

经纬仪型号	半测回归零差/″	测回内 $2c$ 互差/″	同一方向值各测回互差/″
DJ2	8	13	9
DJ6	18	—	24

第五节 竖直角观测

竖直角是照准目标的视线与其在水平面的投影之间的夹角。可见，要测定竖直角，需要读取视线及相应水平线在竖直度盘上的读数。

一、竖盘的构造

竖盘装置主要包括竖直度盘、指标水准管和指标等。竖盘固定在望远镜旋转轴一端，随望远镜一起在竖直面内转动，而指标和指标水准管则固定不动。竖盘注记有顺时针方向（图3-24）和逆时针方向（图3-25）两种。当指标水准管气泡居中时，指标应处于正确且唯一的位置，这时如果望远镜视准轴水平，则竖盘读数应为90°或270°。

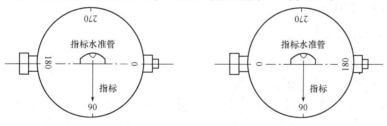

图 3-24 顺时针方向注记　　图 3-25 逆时针方向注记

根据竖直角测量原理，要求安装在水平轴一端的竖直度盘与水平轴相垂直，且两者的中心重合。度盘刻划按0°~360°进行注记，其形式有顺时针方向与逆时针方向注记两种；指标为可动式。图3-26为竖直度盘部分的构造示意图，其构造特点：

(1) 竖直度盘、望远镜、水平轴三者连成一体，望远镜上、下旋转时竖直度盘随之转动。竖直度盘上90°或90°的整倍数的刻划方向与视线方向一致或垂直。

(2) 指标、指标水准管、指标水准管微动螺旋连成一体，指标的方向与指标水准管轴垂直。当转动指标水准管微动螺旋使指标水准管气泡居中时，指标水准管轴水平，指标居于正确位置，可以进行读数。

（3）当视准轴水平，指标水准管气泡居中时，指标所指的竖直度盘读数应为90°或90°的整倍数。

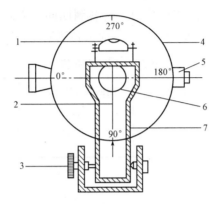

图 3-26 竖盘构造示意图

1—指标水准器；2—读数指标；3—指标水准管微动螺旋；
4—竖直度盘；5—望远镜；6—水平轴；7—框架

二、竖直角计算公式的确定

在计算竖直角之前，首先要判断计算公式。据竖直角测量原理知，竖直角是水平读数与目标读数之差。但哪个是减数，哪个是被减数，应按竖盘注记的形式来确定。为此，在观测之前，将望远镜大致放平，此时与竖盘读数最接近的90°的整倍数即水平读数。然后将望远镜上仰：若读数增大，则竖直角等于目标读数减去水平读数；若读数减小，则竖直角等于水平读数减去目标读数；对于图 3-27 这种刻划的竖盘，计算公式为

盘左：$\alpha = 90° - L = \alpha_L$

盘右：$\alpha = R - 270° = \alpha_R$

一测回竖直角：$\alpha = \dfrac{1}{2}(\alpha_L + \alpha_R)$

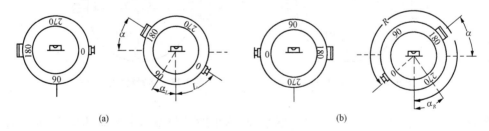

图 3-27 竖直角的观测

（a）盘左；（b）盘右

三、竖直角观测方法

（1）在测站上安置仪器（对中、整平）。

（2）盘左：照准目标，并使十字丝中部横丝切于目标标志，用指标水准器微动螺旋居

中气泡,读取竖盘读数 L,并记入表 3-5,即完成上半测回。

(3)盘右:照准目标,并使十字丝中部横丝切于目标标志,用指标水准器微动螺旋居中气泡,读取竖盘读数 R,并记入表 3-5,即完成下半测回。

(4)计算:以图 3-24 所示的竖盘注记形式,根据仰角为正的原则,可知:

盘左竖直角:$\alpha_L = 90° - L$

盘右竖直角:$\alpha_R = R - 270°$

一测回竖直角:$\alpha = \dfrac{\alpha_L + \alpha_R}{2}$

表 3-5 竖直角观测记录与计算

测站	目标	竖盘位置	竖盘度数 /° ′ ″	竖直角 /° ′ ″	一测回平均值 /° ′ ″	备注
O	A	左	87 23 42	02 36 18	02 36 36	$\alpha_R = R - 270°$ $\alpha_L = 90° - L$
		右	272 36 54	02 36 54		

当需要较精确的竖直角时,应测多个测回,最后观测成果取多个测回的平均值。另外,如果在一个测站上需要观测多个目标的竖直角,通常在盘左顺时针方向依次照准各目标,而在盘右则沿逆时针方向依次照准各目标,读数、记录及计算方法同上。

四、竖盘指标差

(一)竖盘指标差的概念

一般情况下,当指标水准管气泡居中且视线水平时,指标的位置有一定的偏差,如图 3-28 所示,竖盘读数与 90°或 270°有一个微小的差值 x(称竖盘指标差)。由于存在指标差 x,盘左读数 L 和盘左读数 R 都多读了一个 x,根据仰角为正的原则可知:

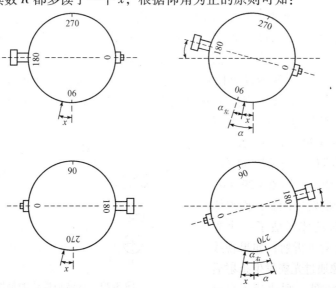

图 3-28 竖盘指标差示意图

盘左竖直角正确值：$\alpha = 90° - (L-x) = \alpha_L + x$

盘右竖直角正确值：$\alpha = (R-x) - 270° = \alpha_R - x$

一测回竖直角：$\alpha = \dfrac{\alpha_L + \alpha_R}{2}$

可见，考不考虑指标差竖直角的计算公式相同，即取盘左和盘右竖直角的平均值可以消除竖盘指标差 x 的影响。并且，α_R 与 α_L 相减，可以求得

$$x = \dfrac{1}{2}(L + R - 360°)$$

指标差可以用来检查观测质量。在同一测站上观测不同目标时，对 DJ6 型光学经纬仪来说，指标差变动范围为 25″。

（二）指标差的检验与校正

（1）检验方法：安置仪器整平后，用盘左、盘右两个位置瞄准高处同一目标，分别使竖盘指标水准管气泡居中，读取竖盘读数 L 和 R，计算出竖直角 α 和指标差 x。若 x 大于 1′，则须校正。

（2）校正方法：盘右瞄准原目标，转动竖盘指标水准管微动螺旋，使读数为 $R_{应} = R + x$，此时竖盘指标水准管气泡必然偏离，用校正针拨动竖盘指标水准管的上、下两个校正螺钉直至气泡居中。此项检验应反复进行。

如果不考虑观测误差，竖盘指标差 x 应当是一个固定值。但是，由于测量存在多种误差，因此，每测回竖直角观测的 x 都要发生变化，其变化值的大小表示观测精度。通常，x 的变化范围应小于 25″，否则须重测。

五、竖盘读数指标自动补偿装置

目前，为了提高竖直角的观测精度和效率，在仪器中安装了一个补偿器（也称竖盘读数指标自动归零装置）来代替竖盘指标水准管。这样，当仪器粗略整平时，通过补偿器就可以读取相当于竖盘指标水准管居中时的竖盘读数，即在照准目标后不用精确整平直接读取竖盘读数。竖盘读数指标自动归零装置通常利用重力作用使悬吊物体自然下垂或使液面自然水平的原理，通过光学折射补偿的方法使得竖盘读数指标自动处于正确位置。

以图 3-29 为例简要说明液体补偿器的补偿原理。补偿器为一个盛有透明液体的容器。如果仪器的竖轴位于铅垂位置，则容器内液面水平，这时液体相当于一块水平放置的平行玻璃板，通过液体补偿器的指标 I 成像不会发生折射，如图 3-29（a）所示；当视线水平时，指标成像于竖盘的 90°处。如果仪器存在较小倾斜，如图 3-29（b）所示，液体容器的底发生倾斜，而液体表面仍水平，这时液体形成了一个光楔，通过的光线会发生折射；如果视线水平，指标 I 的成像通过光楔发生折射后仍然成像于竖盘 90°处，则达到了自动补偿目的。

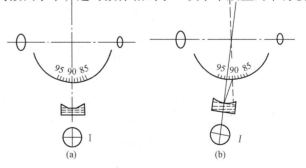

图 3-29　液体补偿器的补偿原理

（a）仪器竖轴铅垂；（b）仪器发生倾斜

第六节 测角仪器的检验与校正

由于仪器制造工艺水平的限制及在野外长期使用，其轴线关系可能发生变化，从而产生测量误差。因此，测量规范要求每次正式作业前应对仪器进行检验，必要时进行校正使之满足要求。通常，测绘仪器需要送到专门的检测部门进行校正。

一、测角仪器的主要轴线及相互关系

如图 3-30 所示，测角仪器的主要轴线有视准轴 CC_1、望远镜旋转轴 HH_1（简称横轴）、水准管轴 LL_1 和仪器旋转轴 VV_1（简称竖轴）。根据测角原理，测角仪器在进行测角时应满足：①竖轴竖直；②水平度盘水平且其分划中心应在竖轴上；③望远镜上、下转动时，视准轴扫出的视准面是竖直面。因此，测角仪器必须满足下列条件：

（1）照准部水准管轴垂直于竖轴（$LL_1 \perp VV_1$）；
（2）视准轴垂直于横轴（$CC_1 \perp HH_1$）；
（3）横轴垂直于竖轴（$HH_1 \perp VV_1$）；
（4）十字丝纵丝垂直于横轴。

二、光学经纬仪的检验与校正

经纬仪的检验和校正应按一定的顺序进行，确定顺序的原则是：如果某项校正会影响其他项时，则该项先做；如果不同项要校正同一部位会互相影响时，则应将重要项放在后边检校。

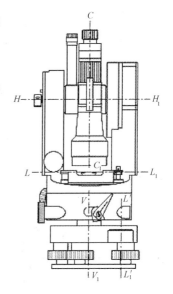

图 3-30 经纬仪的主要轴线

（一）水准管轴垂直于竖轴的检验与校正

检校的目的是保证竖轴铅直时，水平度盘保持水平。

（1）检验：调节圆水准器将仪器粗略整平；转动照准部使水准管平行于任一对脚螺旋的连线，如图 3-31（a）所示，调节两脚螺旋使水准管气泡居中。然后将照准部旋转 180°，若气泡居中，则说明仪器满足条件；气泡通常偏离 1 格，应进行校正。

（2）校正：如图 3-31（a）所示，若水准管轴与竖轴不垂直，水准管气泡居中时，竖轴与铅垂线夹角为 α；当照准部旋转 180°，如图 3-31（b）所示，水准管轴与水平面夹角为 2α，这个夹角将反映在气泡中心偏离的格值上。校正时，可调整脚螺旋使水准管气泡退回偏移量的一半（α），如图 3-31（c）所示。再用校正针调整水准管校正螺钉，使气泡居中，如图 3-31（d）所示。此项检校应反复进行，直到满足要求为止。

（二）视准轴垂直于横轴的检验与校正

若视准轴与横轴不垂直，存在偏差 c（图 3-32），则望远镜旋转时视准轴的旋转面是一个圆锥面。若用该仪器测量同一铅垂面内不同高度的目标时，则水平度盘读数不同，产生测

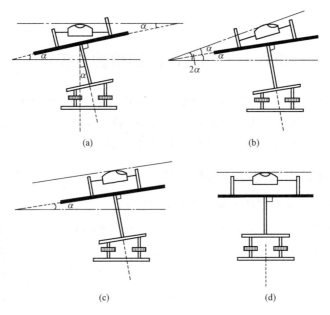

图 3-31 水准管轴垂直于竖轴的检验与校正

角误差。

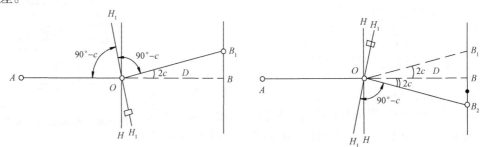

图 3-32 视准轴垂直于横轴的检验
（a）盘左；（b）盘右

检验：在平坦地区选择相距 60 m 左右的点 A、B；在其中间点 O 安置仪器，在点 B 横放一根直尺；盘左瞄准点 A 后，纵转望远镜，在 B 处读数为 B_1；盘右照准点 A 后，纵转望远镜，在 B 处读数为 B_2。若 B_1 和 B_2 重合，表示视准轴垂直于横轴，否则条件不满足。

由图 3-32 可知，$\angle B_1OB_2 = 4c$，即 4 倍照准差。而 $c = \dfrac{B_1B_2}{4D}\rho''$，其中，$D$ 为点 O 到 B 尺之间的平距，$\rho = 206\ 265''$。当 DJ6 型仪器的 $c > 60''$ 时，应进行校正。

校正：先旋下目镜护盖，用校正针转动十字丝校正螺钉，直到满足要求后，旋上护盖。

（三）横轴垂直于竖轴的检验与校正

检验：在距墙约 30 m 处安置仪器；盘左位置瞄准墙上一个高处明显点 P（图 3-33），将望远镜大致放平，在墙上标出十字丝中点所对位置 P_1；盘右再瞄准点 P，同法在墙上标出点 P_2。若 P_1 与 P_2 重合，表示横轴垂直于竖轴，否则条件不满足，需要进行校正。

校正：用望远镜瞄准 P_1、P_2 直线的中点 P_M；抬高望远镜至点 P 附近；若十字丝交点与 P 不重合，打开支架护盖，调节校正螺钉，直到十字丝交点对准点 P。

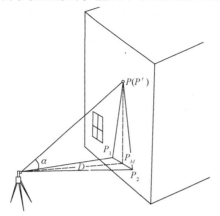

图 3-33　横轴垂直于竖轴的检验

（四）十字丝纵丝垂直于横轴的检验与校正

检验：用十字丝中心精确瞄准一个清晰点 P（图 3-34）；利用望远镜微动螺旋使望远镜上、下微动。如果点 P 移动时始终不离开纵丝，则满足条件，否则需进行校正。

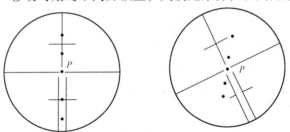

图 3-34　十字丝纵丝垂直于横轴的检验

校正：打开十字丝分划板护罩，松开固定螺钉转动十字丝分划板，直至点 P 始终在纵丝上移动，旋紧固定螺钉。

（五）竖盘指标差的检验与校正

由前面介绍可知，用盘左、盘右观测值计算竖直角可以消除竖盘指标差 x 的影响。但是，当 x 超出规范要求时，则需要进行校正。

检验：安置好仪器，用盘左、盘右两个镜位观测某个清晰目标，读取竖盘读数 L 和 R，并计算出指标差 x。通常，当 $x \geq 1'$ 时，则需要进行校正。

校正：盘右照准目标点；转动竖盘指标水准管微动螺旋，使竖盘读数为正确值 $R-x$，此时竖盘指标水准管气泡不再居中；用校正针拨动竖盘指标水准管校正螺钉，使气泡居中。

（六）光学对中器的检验与校正

检验：安置好仪器，在仪器正下方地面上安放一块白色纸板；将光学对点器十字丝中心投影到纸板上得点 P，如图 3-35（a）所示；将照准部旋转 180°，再绘出十字丝中心 P'，如

图3-35（b）所示。若 P 与 P'重合，则表示条件满足。反之，如果 P 与 P'的距离大于 2 mm 则应进行校正。

校正：在纸板上画出点 P 与点 P'连线的中点 P"；调节光学对点器校正螺钉，使点 P'移至点 P"即可。

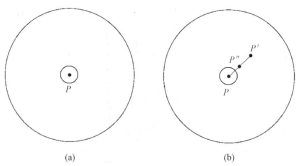

图 3-35　光学对中器的检验

三、电子经纬仪的检验与校正

电子经纬仪虽然是由机械、电子、光学构成的精密仪器，但其精度仍然受到制造工艺的影响。电子经纬仪虽然可以通过应用软件对某些轴系误差进行修正，能够减小对测角精度的影响，但不能完全消除这些误差。电子经纬仪除了应满足光学经纬仪要求的主要轴之间的关系外，还应满足度盘的分划无系统误差等要求。

可以利用与光学经纬仪相同的方法来检校电子经纬仪水准管轴、视准轴误差、横轴、竖轴及竖盘指标差等项目。目前，大部分电子经纬仪采用专门的软件来检校视准轴误差和竖盘指标差等，并自动对观测值进行改正。通常，电子经纬仪的度盘分划等重要检校项目应当送到专门的测量仪器检校机构进行检校，此处不再叙述。

第七节　角度测量误差分析及注意事项

角度测量过程中存在着各种误差来源，并对角度的观测精度有不同程度的影响。研究这些误差产生的原因、性质和大小，并采用一定的测量方法来减少其对测量成果的影响，有助于评定测量成果质量和提高测量成果精度。

角度测量工作是在一定的观测条件下进行，测角误差源于测角仪器、观测者及外界条件三个方面。

一、仪器的主要误差及减弱方法

（1）照准部偏心差：由于仪器照准部旋转中心与水平度盘分划中心不完全重合，存在照准部偏心差。由于照准部偏心差对度盘对径方向（即相差180°方向）读数的影响大小相等，而符号相反，因此，可以采用对径方向两个读数取平均值的方法，消除照准部偏心差对水平角的影响。DJ2 型仪器采用对径分划符合读数，在一个位置就可以读取度盘对径方向读数的平均值，消除照准部偏心差的影响。DJ6 型仪器取同一方向盘左、盘右读数的平均值，也相当于同一方向在度盘对径读数，因此，也可以消除照准部偏心差的影响。

（2）视准轴误差：理论上视准轴应与横轴垂直，但是，实际上视准轴不完全垂直于横轴而产生视准轴误差。这样，望远镜绕横轴旋转时形成的轨迹不是一个铅垂平面，而是一个圆锥面，这样，当望远镜瞄向不同高度目标时，视线方向在水平度盘上的投影值不同，从而引起水平方向观测误差。由于视准轴误差在盘左、盘右观测时，大小相等而符号相反，则取盘左、盘右观测的平均值可以消除。

（3）横轴误差：横轴在理论上应与竖轴垂直，这样当竖轴铅垂时，横轴就处于水平位置。如果横轴倾斜会使视准轴轨迹为一斜面，与视准轴误差一样，不同高度的视线方向在水平度盘上的读数不同，引起水平角观测误差。由于盘左、盘右观测同一目标时，横轴不水平引起的水平度盘读数误差大小相等、方向相反。因此，取盘左、盘右读数的平均值，可以消除横轴误差对水平方向读数的影响。

（4）竖轴误差：竖轴误差是由于照准部水准管轴不垂直于竖轴或照准部水准管气泡不严格居中而引起的误差，此时，竖轴偏离垂直方向，从而引起横轴倾斜和水平度盘倾斜，产生测角误差。由于在一个测站上竖轴的倾斜角度不变，竖轴的倾斜误差不能通过盘左、盘右观测取平均值的方法消除。

二、观测者的主要误差及减弱方法

（1）仪器对中误差：观测者在进行仪器对中时，仪器中心与测站标志中心不在一条铅垂线上，由此产生仪器对中误差。通过分析可以知道，测角误差与对中偏差值成正比，还与测站至目标的距离成反比。因此，在短边上测角时应更加注意仪器的对中。

（2）瞄准目标误差：观测者照准目标点时，由于标杆偏斜或没有准确瞄准目标就会产生瞄准目标误差。同样可知，目标标志偏斜地面点位或瞄准目标不准确对测角的影响也与距离成反比，距离越短影响也越大。因此，目标标杆应尽量立在地面点中心且竖直，照准时应尽可能瞄准标杆底部。边长较短时，可采用垂球对点，用垂球线代替标杆。同时，观测时应尽量选择好天气或时段，调清晰十字丝和目标影像，准确地瞄准目标下部中心位置。

（3）读数误差：读数误差与读数设备、照明情况和观测者的技术水平有关。在进行估读时，应熟悉并调清晰读数窗内的读数分划。电子经纬仪及全站仪不存在读数误差。

三、外界条件的主要误差及减弱方法

外界条件对测角精度有直接且复杂的影响。这些外界条件主要是指温度变化、风力、气压、雾气、太阳光照射、地形、地物和视线高度等。大气的运动会影响目标成像的清晰度与稳定性，导致不能准确瞄准目标；温差使得大气密度不均匀引起大气折光，从而使观测视线产生弯曲；日照使得目标产生明亮面和阴暗面，在瞄准目标时可能仅瞄准目标明亮面的中心位置。另外，太阳光直射会使仪器脚架发生热胀冷缩而扭转，影响测角精度。

因此，应选择良好的观测时间，如能见度高、微风，没有强烈的日照及气流；避免在日出和日落前后、大雨前后及云雾天气观测。选点时应使观测视线尽量远离地面及地物，如山坡、建筑物、火墙和烟囱等，以及近距离通过水域、林地和荒地等，以便减小大气折光的影响。在瞄准目标时，观测者应仔细辨别觇标的实际轮廓，也可以采用上午、下午分别观测来进行抵偿。另外，不要使太阳光线直射三脚架，应注意打伞遮阳。

习题与思考题

1. 什么是水平角？什么是竖直角？观测水平角和竖直角有哪些异同点？
2. 简述电子经纬仪的主要特点，它与光学经纬仪的主要区别是什么？
3. 水平角观测中，对中和整平的目的是什么？
4. 简述经纬仪测回法观测水平角的步骤。
5. 根据表 3-6 的观测数据完成的计算工作。

表 3-6 观测数据

测回	测站	目标	竖盘位置	读数 /° ′ ″	半测回角值 /° ′ ″	一测回角值 /° ′ ″	平均角值 /° ′ ″	备注
1	O	A	左	00 01 06				
		B		78 49 54				
		A	右	180 01 36				
		B		258 50 06				
2	O	A	左	90 08 12				
		B		168 57 06				
		A	右	270 08 30				
		B		348 57 12				

6. 什么是竖盘指标差？怎样计算竖盘指标差 x？
7. 经纬仪的检校包括哪些内容？取盘左、盘右读数的平均值，可以消除哪些仪器误差？

第四章

距离测量与直线定向

距离是空间信息的一项重要信息，因此，距离测量也是空间信息采集的基本工作之一。在这一章讲的距离主要是水平距离，水平距离是将两点之间的空间斜距投影到地球参考椭球面上的距离。在点位确定中还有一项基本量就是直线方向，因此，这一章也讲述直线定向。

水平距离测量原理如图 4-1 所示，S_{AB} 表示点 A、B 之间的空间斜距，D_{AB} 表示将点 A、B 之间的空间斜距沿铅垂线投影到水准面上而形成的水平距离，h_{AB} 表示将点 A、B 之间的空间斜距沿水准面投影到铅垂线上的高差。水平距离的测量就是指 D_{AB} 的测量。其测量原理是过点 A、B 作铅垂线，并在两条铅垂线上找出同高点 a、b，最后量出 a、b 之间的距离就是 A、B 之间的水平距离 D_{AB}。

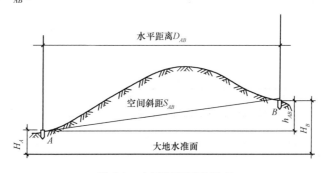

图 4-1　水平距离测量原理

根据所使用的仪器工具不同，距离测量方法又分为钢尺量距、光学视距法测距、电磁波测距等。

第一节　钢尺量距

一、钢尺量距的基本工具

钢尺量距的主要工具是钢卷尺，钢卷尺简称钢尺，钢尺的长度为 50 m、30 m 和 20 m 等，宽度通常为 10~15 mm，厚度为 0.2~0.4 mm。卷于尺盒内的钢尺称为盒式钢尺，如图 4-2（a）所示；卷于尺架上的钢卷尺称为架式钢尺，如图 4-2（b）所示；钢卷尺根据其零端位置而又分为端点尺 ［零点位于尺端，如图 4-2（c）所示］ 和刻线尺 ［零点不位于尺端，如图 4-2（d）所示］。

配合钢尺量距的其他工具有测钎 ［图 4-3（a）］、标杆 ［图 4-3（b）］、垂球等，精度要求较高时，还需要弹簧秤 ［图 4-3（c）］ 及温度计 ［图 4-3（d）］、经纬仪、水准仪等。测钎用来标志所量尺段的起、止点和尺段数。标杆也称花杆，用于标定直线，通常长 2~3 m，直径 3~4 cm，杆上每 20 cm 用红白漆相间涂漆，方便看清，杆的下端装有尖铁角，便于插入土内。垂球用于不平坦地区将尺子端点垂直投影投影到地面。弹簧秤用于拉直尺子时施加规定拉力。温度计用于测定钢尺量距时的温度以进行温度改正。经纬仪用于标定直线。水准仪用于测定尺段高差以进行倾斜改正。

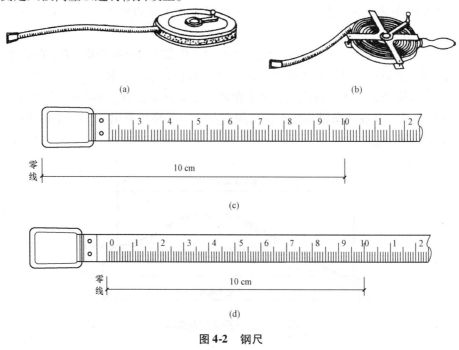

图 4-2　钢尺
（a）盒式钢尺；（b）架式钢尺；（c）端点尺；（d）刻线尺

二、钢尺量距的步骤

（一）直线定线

当地面两点之间的距离较长（超过钢尺长度）或地势起伏较大时，为了量距方便，需

第四章　距离测量与直线定向

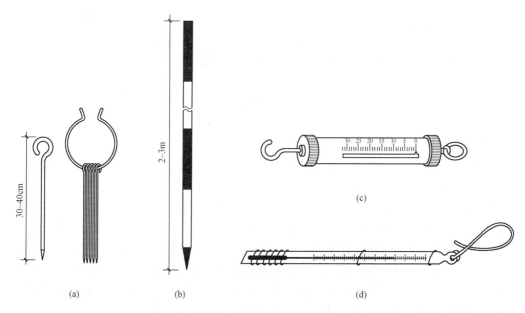

图 4-3　钢尺量距的辅助工具

（a）测钎；（b）标杆；（c）弹簧秤；（d）温度计

将所量距离分成若干个尺段分别丈量，这就需要在直线的方向上定出若干个分段点，并使这些分段点位于同一直线上，这项工作称为直线定线。

直线定线的方法有目估定线和经纬仪定线两种。一般情况下，可用标杆目估定线，如果精度要求较高或距离很远，则需要采用经纬仪定线。

1. 目估定线

目估定线如图 4-4 所示。首先在待测距离两个端点 A、B 上竖立标杆，作业员甲立于端点 A 后约 1 m 处，瞄 A、B，并指挥持杆作业员乙左右移动标杆，直到三个标杆在一条直线上，然后将标杆竖直插下，同法可定出其他点。直线定线一般由远至近进行。

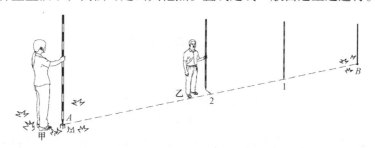

图 4-4　目估定线

2. 经纬仪定线

如图 4-5 所示，先清理场地，然后安置仪器于点 A 上，对中、整平，瞄准点 B 的标杆，使标杆或测钎底部位于望远镜竖丝上，固定照准部，位于指挥点 A、B 间某处的持杆作业人员，左右移动标杆，直至标杆被望远镜竖丝平分。精度要求较高时，标杆应用直径更小的测钎代替，或用觇牌代替。

· 69 ·

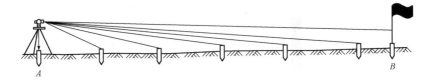

图 4-5 经纬仪定线

(二) 平坦地区水平量距

在平坦地区量距时,钢尺可沿地面整尺段丈量。如果丈量的距离较长,丈量前应先进行定线,当丈量的距离较短时,可边定线边丈量。

如图 4-6 所示,欲测定点 A、B 的距离时,先在直线的两端点设立标杆,后尺手持钢尺的零端立于点 A,前尺手持钢尺末端和测钎沿 AB 方向前进,至一整尺(钢尺的长度)处的 1 点,后尺手将钢尺零端分划线对准点 A,两人同时以均匀的拉力将钢尺拉平拉直,前尺手将测钎对准末端分划线垂直插入土中(如为硬性地面,可用测钎或铅笔在地面画线做记号),这样就量完了第一尺段。接着,前、后尺手举起钢尺同时向前移动,在后尺手走至插测钎的点 1 处停下来,按上法继续丈量,直至点 B。每量完一整尺后,后尺手依次拔出前尺手所插的测钎,最后一段不足一整尺段的长度,称为余长,由前尺手按终点 B 在钢卷尺上所对准的分划线,读出尾数,读好后,由后尺手拔出测钎。

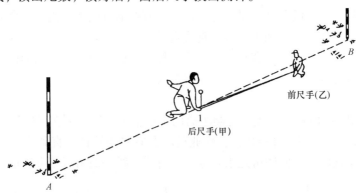

图 4-6 平坦地区水平量距

直线 AB 的全长为

$$D = 钢尺长 L \times 整尺段数 N + 尾数 \Delta L$$

即

$$D = NL + \Delta L \tag{4-1}$$

为了发现错误和提高丈量的精度,从点 A 丈量到点 B 后,还应从点 B 再丈量到点 A,合起来称为往返测。令往测距离为 $D_{往}$,返测距离为 $D_{返}$,往返测数值的较差与直线全长的比值 K 称为相对误差,即

$$K = \frac{|D_{往} - D_{返}|}{D_{平均}} = \frac{1}{M} \tag{4-2}$$

其中,$D_{平均} = \dfrac{D_{往} + D_{返}}{2}$ 为两点间的水平距离。

例如,距离 AB,往测为 150.02 m,返测为 149.98 m,平均值为 150.00 m,其相对误

差为

$$K = \frac{|150.02 - 149.98|}{150.00} = \frac{1}{3\,750}$$

平坦地区钢尺量距相对误差不应大于 1/3 000，困难地区相对误差不应大于 1/1 000。在限差以内，取往返测的平均数作为丈量的最后结果。

（三）倾斜地区量距

1. 平量法

在倾斜不大的地区量距时，可将尺子拉成水平后进行丈量。丈量时，前、后尺手在规定的拉力下拉紧钢尺，并使钢尺两端保持同高，同时用垂球把钢尺两端点投影到地面上，用测钎做出标记，如图 4-7（a）所示，分别量得各段水平距离 l_i 后取其总和，得到 AB 的水平距离 D。当地面高低不平向一个方向倾斜时，可只抬高钢尺的一端，然后抬高的一端用垂球投影，如图 4-7（b）所示。

2. 斜量法

当地面倾斜比较均匀，基本形成一等倾斜地面时，可以沿倾斜地面量出斜距 L，测出地面倾斜角 α 或测出点 A、B 间的高差 h，再通过式（4-3）或式（4-4）求出水平距离。由图 4-8 可知，水平距离为

$$D = L\cos\alpha \tag{4-3}$$

或

$$D = \sqrt{L^2 - h^2} \tag{4-4}$$

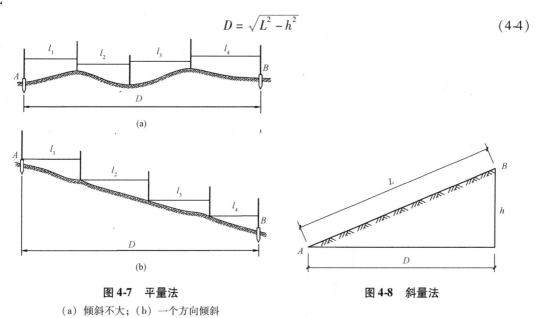

图 4-7　平量法
（a）倾斜不大；（b）一个方向倾斜

图 4-8　斜量法

三、钢尺量距的误差及注意事项

钢尺量距的误差源与水准测量和角度测量相同，仍然是仪器导致的误差、环境导致的误差以及人为操作带来的误差。

钢尺本身存在尺长误差、零点误差以及刻划不均匀的误差等。尺长误差就是尺子的标称长度与尺子真实长度的差值。按规定，国产 30 m 长的钢尺，其尺长误差不应超过 ±8 mm。如用

未经检定的钢尺量距,以其名义长进行计算,则包含尺长误差。对于 30 m 长的距离而言,误差最大可达 ±8 mm。而且有些钢尺的实际误差还超过了国家规定。因此,一般都应对所用钢尺进行检定,使用时加入尺长改正。若尺长改正数未超过尺长的 1/10 000,丈量距离又较短,则一般可不考虑尺长改正数。

环境导致的误差主要是温度导致的误差,当温差较大、距离很长时,影响也很大。故精密距离应进行温度改正。

人为操作带来的误差有定线误差、平量法时钢尺倾斜误差、拉力导致的误差、钢尺下悬误差以及对点和读数误差等。所以在进行精密钢尺量距时要进行倾斜改正。

第二节 光学视距法测距

光学视距法测距是一种间接测距法,它是根据几何光学原理利用视距装置同时测出两点之间的水平距离和高差的方法。这种方法相对于钢尺量距来说,具有方便、快捷、不受地面高低起伏限制等优点。精度可达到 1/200~1/300,虽然精度较低,但能达到地形测图测定碎部点位置的精度要求,因此,广泛应用于碎部测量中。

一、光学视距法测距的原理

光学视距法测距可以在视线水平和倾斜两种状态下进行,且可以同时获得水平距离和高差。

(一) 视线水平时的距离与高差计算

如图 4-9 所示,欲测定点 A、B 间的水平距离 D 及高差 h,可在点 A 安置经纬仪,在点 B 竖立视距尺,设望远镜视线水平,瞄准点 B 视距尺,此时视线与视距尺垂直。尺上点 M、N 成像在十字丝分划板上的两根视距丝 m、n 处,MN 的长度就是上、下视距丝读数之差 l,上、下丝读数之差 l 称为视距间隔或尺间隔。p 为上、下视距丝间的距离,f 为物理焦距,δ 为物镜至仪器中心的距离。

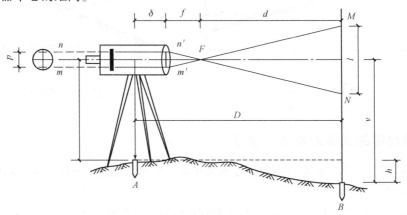

图 4-9 视线水平时光学视距法测距原理图

显然,图中三角形 $m'n'F$ 与三角形 MNF 相似,故

$$\frac{d}{f} = \frac{l}{p}$$

$$d = \frac{f}{p}l$$

而

$$D = d + f + \delta = \frac{f}{p}l + f + \delta$$

令

$$K = \frac{f}{p}, \quad C = f + \delta$$

则

$$D = Kl + C \tag{4-5}$$

式中 K——视距乘常数

C——视距加常数。

设计时使 $K = 100$,C 接近于 0,所以式(4-5)可改写为

$$D = Kl \tag{4-6}$$

同时,由图 4-9 可以看出 AB 的高差:

$$h = i - v \tag{4-7}$$

式中 i——测站点到仪器横轴中心的高度;

v——十字丝中丝在尺上的读数。

(二)视线倾斜时的水平距离与高差计算

在地面起伏较大的地区进行光学视距法测距时,必须使视线倾斜才能读取视距间隔,如图 4-10 所示。由于视线不垂直于视距尺,所以不能直接应用上述公式。如果能将视距间隔 MN 换算为与视线垂直的视距间隔 $M'N'$,这样就可以按式(4-6)计算倾斜距离 L,再根据 L 和竖直角 α 算出水平距离 D 及其高差 h。因此解决这个问题的关键在于求出 MN 与 $M'N'$ 之间的关系。

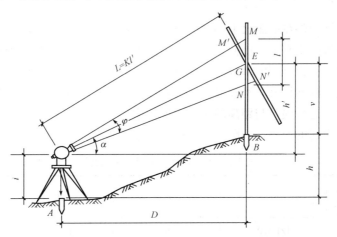

图 4-10 视线倾斜时光学视距法测距原理图

图 4-10 中 φ 很小,故可把 $\angle GM'M$ 和 $\angle GN'N$ 近似地视为直角,而 $\angle M'GM = \angle N'GN = \alpha$,因此 MN 与 $M'N'$ 的关系如下:

$M'N' = M'G + GN' = MG\cos\alpha + GN\cos\alpha = (MG + GN)\cos\alpha = MN\cos\alpha$,设 $M'N'$ 为 l',则 $l' = l\cos\alpha$。

根据式（4-6）得倾斜距离 L，得

$$L = Kl' = Kl\cos\alpha$$

所以 AB 的水平距离

$$D = L\cos\alpha = Kl\cos^2\alpha \tag{4-8}$$

由图中看出，AB 间的高差 h 为

$$h = h' + i - v \tag{4-9}$$

式中，h' 为初算高差，可按下式计算

$$h' = L\sin\alpha = Kl\cos\alpha\sin\alpha = \frac{1}{2}Kl\sin2\alpha$$

根据式（4-8）计算出 AB 间的水平距离 D 后，高差 h 也可按式（4-10）计算，得

$$h = D\tan\alpha + i - v \tag{4-10}$$

在实际工作中，应尽可能使瞄准高 v 等于仪器高 i，以简化高差 h 的计算。

二、光学视距法测距的观测与计算

如图 4-10 所示，施测时，安置仪器于点 A，量出仪器高 i，转动照准部瞄准点 B 视距尺，分别读取上、下、中三丝的读数 M、N、v，计算视距间隔 $l = M - N$。再使竖盘指标水准管气泡居中（如为竖盘指标自动补偿装置的经纬仪则无此项操作），读取竖盘读数，并计算竖直角 α。然后按式（4-6）或式（4-8）计算出水平距离，按式（4-7）或式（4-10）用计算器计算高差。

三、光学视距法测距误差及注意事项

光学视距法测距的精度较低，在较好的条件下，测距精度为 1/200～1/300。

（一）误差

读数误差：用视距丝在视距尺上读数的误差，与尺子最小分划的宽度、水平距离的远近和望远镜放大倍率等因素有关，因此，读数误差的大小，视使用的仪器、作业条件而定。

垂直折光影响：视距尺不同部分的光线是通过不同密度的空气层到达望远镜的，越接近地面的光线受折光影响越显著。经验证明，当视线接近地面在视距尺上读数时，垂直折光引起的误差较大，并且这种误差与距离的平方成比例增加。

视距尺倾斜所引起的误差：视距尺倾斜误差与竖直角有关，见表 4-1。

表 4-1 视距尺倾斜所引起的误差

$\dfrac{M_D}{B}$ δ α	30′	1°	2°	3°
5°	1/1 310	1/655	1/327	1/218
10°	1/650	1/325	1/162	1/108
20°	1/315	1/150	1/80	1/50
30°	1/200	1/100	1/50	1/30

表4-1中，δ 为视距尺倾斜角，α 为竖直角，m'_D 为视距尺倾斜时所引起的距离误差。由表4-1可以看出，尺身倾斜对视距精度的影响很大。

另外，视距乘常数 K 的误差、视距尺分划的误差、竖直角观测的误差以及风力使尺子抖动引起的误差等，都将影响视距测量的精度。

（二）注意事项

（1）为减小垂直折光的影响，观测时应尽可能使视线离地面 1 m 以上；
（2）作业时，视距尺应竖直，尽量采用带水准器的视距尺；
（3）要严格测定视距常数，K 应在 100±0.1 之内，否则应加以改正；
（4）视距尺应是厘米刻划的整体尺，如果使用塔尺，应注意检查各节尺的接头是否准确；
（5）要在成像稳定的情况下进行观测。

第三节 电磁波测距

钢尺量距是一项十分繁重的工作，在山区或沼泽地区使用钢尺进行距离测量更困难，且光学视距法测距的精度又太低。为了提高距离测量速度和精度，在20世纪50年代，人们研制成功了光电测距仪。20世纪60年代初，随着激光技术、电子技术的迅速发展，各种类型的光电测距仪相继出现。电磁波测距仪因具有测程远、速度快、受地形影响小和测量精度高等特点，已逐渐代替常规量距方法。

一、电磁波测距的基本原理和分类

如图4-11所示，欲测定点 A、B 之间的距离 D，可在点 A 安置能发射和接收电磁波的光电测距仪，在点 B 设置反射棱镜，电磁波测距仪发出的光束经棱镜反射后，又返回到测距仪。通过测定电磁波在 A、B 之间传播的时间 t，根据电磁波在大气中的传播速度 c，按下式计算距离 D：

$$D = \frac{1}{2}ct \tag{4-11}$$

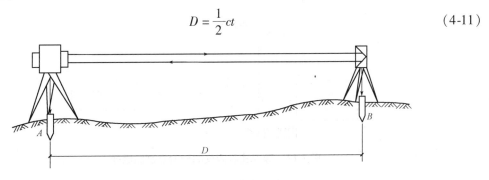

图 4-11 电磁波测距的基本原理

由式（4-11）可知，测定距离的精度，主要取决于测定时间的精度。根据测定时间 t 的方式，光电测距仪分为直接测定时间的脉冲式测距仪和间接测定时间的相位式测距仪。高精度的测距仪,一般采用相位式。根据测距仪测程的不同将测距仪又分为短程测距仪、中程测距仪和远程测距仪。短程测距仪的测程为 3 km 以内,中程测距仪的测程为 3~15 km,远程测距仪的测程在 15 km 以上。根据测距仪 1 km 测距精度的不同将测距仪分为Ⅰ级测距仪、Ⅱ级测距仪、Ⅲ级测距仪和Ⅳ级测距仪。Ⅰ级测距仪 1 km 的测距中误差小于 2 mm,Ⅱ级测距仪 1 km 的测距中误差为 2~5 mm,Ⅲ级测距仪 1 km 的测距中误差为 5~10 mm,Ⅳ级测距仪 1 km 的测距中误差为 10~20 mm。根据载波的不同将测距仪分为激光测距仪、红外测距仪和微波测距仪。

二、测距仪测时及测距原理

(一)脉冲式测距仪

脉冲式测距仪的测时及测距原理,如图 4-12 所示。由光脉冲发射器发射一束光脉冲,经发射光学系统投射到被测目标。同时,由取样棱镜取出一小部分光脉冲送入光电接收系统,并由光电接收器转换为电脉冲,称为主脉冲,作为计时的起点。而后从被测目标反射回来的光脉冲也通过接收系统,被光电接收器接收,并转换为电脉冲,此为回波脉冲,作为计时的终点。可见,主脉冲和回波脉冲之间的时间间隔就是光脉冲在测线上往返传播的时间 Δt,为了测定时间 t,将主脉冲和回波脉冲送入门电路,分别控制"电子门"的"开门"和"关门"。由时标脉冲振荡器不断产生具有一定时间间隔 T 的电脉冲(称为时标脉冲)作为时间计数的标准来计数出"开门"和"关门"之间的时间。在测距之前,"电子门"是关闭的,时标脉冲不能通过"电子门"进入计数系统。测距时,在主脉冲把"电子门"打开以后,时标脉冲一个接一个地通过"电子门"进入计数系统,计数系统便计数时标脉冲的个数,在回波脉冲将"电子门"关闭以后,时标脉冲就不能进入计数系统,计数终止。这时计数系统就数出了时标脉冲的周期数 n。则光脉冲的传播时间为 $t = nT$。那么待测距离就为

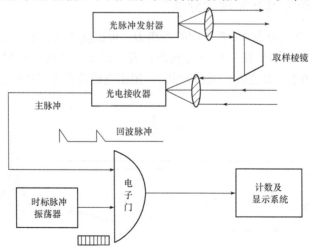

图 4-12 脉冲式测距仪的测时及测距原理

$$D = \frac{1}{2}ct = \frac{1}{2}c \cdot nT$$

若令 $L = \frac{1}{2}c \cdot T$,则有 $D = nL$。

上式可以理解为，计数系统每记录一个时标脉冲就等于记下一个单位距离 L。由于测距仪中的 L 是预先选定的，因此计数系统在计数通过"电子门"的时标脉冲个数 n 之后，就可以把待测距离 D 通过显示器显示出来。

计数器只能记忆整数个时钟脉冲，不足一周期的时间被丢掉了。测距精度较低，一般在"米"级，最好的达"分米"级，所以多用于激光雷达、微波雷达等远距离测距上。

（二）相位式测距仪

相位式测距仪的测时及测距原理如图 4-13 所示。发射器测距光经过调制后，成为光强随高频信号变化的调制光，射向测线另一端的反射器，经反射器反射回来后被接收器接收，然后由比相器（相位计）将发射信号（也称参考信号或基准信号）与接收信号进行相位比较，得出两信号之间的相位差。这个相位差是测距光信号在待测距离上往返所产生的相位滞后，如果将测距光信号在待测距离上以反光镜为中心对称展开，就形成如图 4-14 所示的波形。

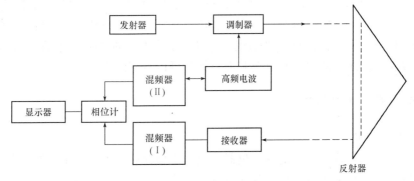

图 4-13 相位式测距仪的测时及测距原理

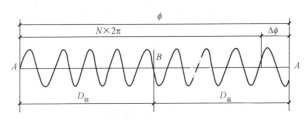

图 4-14 相位式测距仪的发射接收相位差

由图 4-14 所示，在调制光往返时间 t 内，其相位变化了 N 个整周及不足一周的余数 $\Delta\phi$，对应 $\Delta\phi$ 的不足整周期为 ΔT、不足整周为 ΔN，则

$$t = NT + \Delta T$$

而 $\Delta\phi$ 与时间 ΔT 的对应关系为

$$\Delta T = \frac{\Delta\phi}{2\pi} \cdot T = \Delta N \cdot T$$

由式（4-11），则相位法测距的基本公式为

$$D = \frac{1}{2}ct = \frac{1}{2}c\left(NT + \frac{\Delta\phi}{2\pi}T\right) = \frac{1}{2}cT\left(N + \frac{\Delta\phi}{2\pi}\right) = \frac{\lambda}{2}(N + \Delta N) \quad (4\text{-}12)$$

式中，$\lambda = cT$。

在式（4-12）中，可以将$\frac{\lambda}{2}$看作一把"光尺"（类似钢尺），N为整尺段数，ΔN为不足一整尺段之余数，则被测距离为尺长的整倍数和不足一个尺长的余数之和。

由于测距仪的测相系统（相位计）只能测出不足整周（即2π）的尾数$\Delta\phi$，而不能测定整周数N。为了解决测程与精度的矛盾，测距仪采用多个调制频率（多把"光尺"）的方式来测定距离，其基本思想为：用长波长的调制光（称为粗尺）测定距离的大数，以满足测程要求；用短波长的调制光（称为精尺）测定距离的尾数，以保证测距精度；再将粗尺、精尺的结果相加，则得到长距离、高精度的距离值。例如：

粗测尺结果　　0323
精测尺结果　　3.817
最后距离值　　323.817 m

这种测距方式类似钟表，用时针和分针表示较长时间尺度，用秒针表示精确时间尺度，合成后得到时间。另外，光电测距使用的反射棱镜是一个直角三棱锥体，可以将测距仪发射的信号按原方向反射回去，而近年来出现了免棱镜测距仪，能够在无合作目标（棱镜）的条件下进行高精度的距离测量，只需要瞄准目标就可以直接测定距离。

三、光电测距仪及反射器

（一）光电测距仪

早期时，光电测距仪是单独的测量仪器，仪器小型化后，可架设于经纬仪上方、成为测角和测距的联合体，后来将测距仪中的光电发射和接收系统以及计时装置等微电子元件和经纬仪的瞄准望远镜组装在一起，而成为同时可以测距和测角的电子全站仪。由于实际测量很少使用单独的测距仪，因此具体的光电测距操作将在第五章中介绍。

（二）反射器

反射器为测距仪的配套部件。反射器分为全反射棱镜［图4-15（a）、（b）］和反射片［图4-15（c）］两种。前者经常用于控制测量中长距离的精密测距，后者用于近距离的测距，如地形测量和工程测量。

图4-15　反射器
（a）单棱镜；（b）三棱镜；（c）反射片

（三）测距成果计算

在测得初始斜距值后，一般均自动进行仪器常数改正、气象改正和倾斜改正等计算，并可以同时输出平距和斜距。

1. 仪器常数改正

测距仪的仪器常数有加常数 C 和乘常数 K 两项。

加常数 C：由于仪器的发射中心、接收中心与仪器旋转轴不一致而引起的测距偏差值。通常 C 与距离无关，预置于仪器内自动改正。

乘常数 K：由于测距频率偏移而产生的测距偏差值 ΔS，该值与所测距离 S 成正比，即 $\Delta S = KS$。通常，在仪器中预置乘常数以便自动改正。

2. 气象改正

测距仪标称的测尺长度是在一定的气象条件下确定的。通常，在野外测距时的气象条件与确定全站仪标称测尺长度时的气象条件不同，因此，测距时的实际测尺长度就不等于标称的测尺长度，使得测距值产生与距离长度成正比的系统误差。

气象条件主要指温度和气压。在测距时测定出当时的温度 t 和气压 p，再利用距离测量值 S 及厂家提供的气象改正公式计算出气象改正值。例如，如某全站仪的气象改正公式为

$$\Delta S = \left(283.37 - \frac{106.2833\, p}{273.15 + t}\right) S \text{（mm）}$$

3. 倾斜改正

距离的倾斜观测值经过仪器常数改正和气象改正后得到改正后的斜距 S。当测得斜距的竖直角 δ 后，则可以计算出水平距离 $D = S\cos\delta$。

（四）测距仪测距标称精度与误差分析

1. 测距标称精度

测距误差的主要来源有大气折射率误差、测距频率误差、相位差测量误差、仪器加常数检定误差等。其中，大气折射率误差和测距频率误差对测距误差的影响与被测距离成比例关系，被称为比例误差；相位差测量误差和仪器加常数检定误差与被测距离长度无关，被称为固定误差。

通常，将测距仪的标称精度表述为：$m_D = a \pm b\text{ppm} \cdot D$，其中 a 为固定误差，b 为比例误差 [一般以百万分率（ppm）表示]，D 为被测距离（km）。例如：某测距仪的标称精度为 $3\text{ mm} + 2\text{ppm} \cdot D$，说明该测距仪的固定误差为 3 mm，比例误差为 2 mm/km。a、b 的数值越小，测距仪的精度级别越高。

2. 测距仪测距误差分析

（1）大气折射率误差：由于测距仪测距时气象条件的测定误差，以及在测站测定的气象条件并不能完全代表测线沿线上的实际值，所以，由此计算的大气折射率具有一定的偏差，在对所测距离进行气象改正时必然导致测距误差。大气折射率误差与测线沿线的地形、距离长短及气象条件相关，并且这些因素往往难以控制。因此，它是影响测距精度的主要因素。

（2）测距频率误差：包括频率校准误差和频率漂移误差。前者称为频率的准确度，后者称为频率的稳定度。在测距仪的长期使用过程中，由于元器件老化、温度变化、电源电压

变化等因素，导致测距频率误差，该项误差的大小主要取决于仪器的质量。

（3）相位测量误差：主要是指由于仪器本身的测相误差和外界条件变化引起的相位测量误差，它是决定仪器测距精度的主要因素之一。相位测量误差主要包括：相位计误差，相位计具有一定的分辨率则会产生测相误差；幅相误差，即因测距信号强度变化而引起的测相误差；测相误差，发光管相位不均匀，引起的测相误差；周期误差，由于仪器内部光信号、电信号之间的串扰所引起的成周期性变化的误差；仪器常数改正误差，由于检定场基线本身距离的准确性对仪器常数的检定会产生误差，特别是乘常数的误差对测距精度的影响较大。

四、光电测距系统的检定

为了顺利地获取正确的观测数据，对于新购置或经过修理的测距仪，在使用之前，一般要进行全面检定，其检定项目主要有：

（1）功能检视：查看仪器各部分的功能是否正常。
（2）调制光相位的均匀性。
（3）幅相误差。
（4）周期误差。
（5）测尺频率。
（6）加常数和乘常数。
（7）内外部符合精度、标称精度的综合评定。
（8）最大测程。

这些检定项目均应在常温、气象条件相对稳定、气压温度变化对测距的影响小于 1 mm/km 的情况下进行。其中的周期误差、加常数和乘常数属于三项主要系统误差，下面讨论如何进行这几个项目的检定工作。

（一）周期误差的检定

周期误差是指以一定距离为周期重复出现的误差。其主要源于仪器内不固定的串扰信号，如发射信号通过电子开关、电源线等通道串到接收部分，此时相位计测得的相位值就不单是测距信号的相位值，而且还含有串扰信号的相位值，这就使测距产生误差。由于测量相位的方式不同，所以其误差来源也不同。一般来说，周期误差的周期取决于精测尺长。

为了保证仪器的精度，仪器在出厂时都会将电子线路调整好，使周期误差的振幅压低到仪器标称精度50%之内。但由于外界条件、电子元件参数变化等原因，周期误差也随之变化，所以必须测定周期误差，当其振幅超过仪器标称精度50%，并且数值较为稳定时，则在测距结果中加入周期误差改正数。

检定方法：在平坦场地上设置一平台，平台的长度应大于仪器精测尺长度（常见仪器的测尺长有 10 m、20 m、30 m）。若建造永久性的通用平台，一般取 35 m。仪器安置如图 4-16 所示。在长形平台上放置基线尺，长度应大于仪器精测尺长度。准确度优于 2×10^{-5}，最小分度小于或等于仪器精测尺长的 1/40，基线尺的零点与平台起始点对准并固定，另一端拉一个与该尺检定时拉力相符的重锤或弹簧秤。平台的平直度应优于 5×10^{-5}，检测起始点与仪器墩（或脚架）的高差不大于 2 mm 且应在同一方向线上。

将测距仪（全站仪）与反射镜分别对中、整平，从平台上基线尺的零点开始观测，反射镜由近而远移动，每次移动的距离为测尺长的 1/40 或 1/20，各点的对中误差不大于

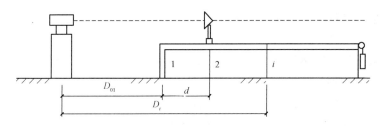

图 4-16 周期误差检定平台

0.2 mm，每移动一次反射器进行一次距离测量，取 5 次读数平均值作为所测距离值，一次测完 40 或 20 个点（包括起始点）。然后由远而近进行返测，取往返测平均值作为相应各点距离。

周期误差对观测距离的修正值为

$$\Delta D_i = A\sin\left(\varphi_0 + \frac{D_i}{U} \times 360°\right) \quad (4\text{-}13)$$

其中

$$A = \sqrt{x^2 + y^2} \quad (4\text{-}14)$$

$$\varphi_0 = \tan^{-1}\left(\frac{y}{x}\right) \quad (4\text{-}15)$$

$$x = -\frac{2\sum_{i=1}^{n}[-\sin(\frac{D_i}{U} \times 360°)\lambda_i]}{n} \quad (4\text{-}16)$$

$$y = -\frac{2\sum_{i=1}^{n}[-\cos(\frac{D_i}{U} \times 360°)\lambda_i]}{n} \quad (4\text{-}17)$$

$$\lambda_i = D_{01} + (i-1)d - D_i \quad (4\text{-}18)$$

式中　A——周期误差的振幅；

　　　φ_0——周期误差的初相角；

　　　D_i——测距仪测定的距离值；

　　　D_{01}——测距仪与基线尺零点间的距离；

　　　d——反射器移动的间隔；

　　　n——观测反射器的点数；

　　　U——受检测距仪测尺的长度；

　　　x、y——平差方程参数；

　　　λ_i——平差方程常数项；

　　　i——1、2、3、…、n。

（二）仪器加常数和乘常数的检定

仪器加常数是由于仪器的电子中心与其机械中心不重合而形成的，乘常数是由于测距频率偏移产生的。仪器加常数实际包括仪器加常数和棱镜加常数，棱镜加常数由厂家按不同型号标出，一般为 $P_C = 0$ 或 $P_C = -30$ mm。

仪器加常数在出厂时进行了检验，并在机内做了修正，使 $C = 0$，但不可能完全为 0，也就是存在残余值,又称剩余加常数。它与被测距离的大小无关,检定后可以在测距成果中加入加常数改正。

仪器乘常数与被测距离的大小成正比,又称比例因子,通过一定的检定方法可以求得,必要时在测距成果中加入乘常数改正。

仪器常数很少发生变化,但建议此项检验每年进行 1~2 次。

此项检验适合在标准基线上进行,也可以按下述方法进行。

1. 简便方法求加常数

(1) 选一平坦场地在点 A 安置并整平仪器,用竖丝仔细在地面标定同一直线上间隔约 50 m 的点 A、B 和点 B、C,并准确对中地安置反射器。

(2) 仪器设置了温度与气压数据后,精确测出 AB、AC 的平距。

(3) 在点 B 安置仪器并准确对中,精确测出 BC 的平距。

(4) 可以得出仪器测距加常数 $C = S_{AC} - (S_{AB} + S_{BC})$。$C$ 应接近等于 0,若 $|C| > 5$ mm,应送标准基线场进行严格的检验,然后依据检验值进行校正。

2. 基线比较法(六段解析法)

(1) 原理。基线比较法是在野外已知标准长度的基线场上进行的,将仪器观测距离值与已知长度相比较,用间接平差法求得仪器的仪器加常数 C 和乘常数 K。

设置一条基线,长度为几百米到 2 km,将其分为 d_1、d_2、$\cdots$、d_n 段,如图 4-17 所示。

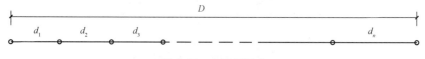

图 4-17 六段解析法

经观测可得 D 及各分段 d_i 的观测值,设仪器的加常数为 C,则

$$D + C = (d_1 + C) + (d_2 + C) + \cdots + (d_n + C)$$

$$C = \frac{D - \sum_{i=1}^{n} d_i}{n - 1} \tag{4-19}$$

一般基线场分为 6 段,又称六段解析法。为提高测距精度,需增加多余观测,所以采用全组合法得 21 个距离观测值。

(2) 基线场要求。备有检定测距仪的基线场的单位才具有检定资格;基线场应选择在环境安静、不受外界干扰、能稳固埋设观测墩(六段解析法可埋 7 个墩)的地方;观测墩的顶部,预埋安置仪器和棱镜的连接螺钉,并位于同一直线和同一水平面上;各观测墩距离应准确测定,准确度优于 2×10^{-5},并定期进行检测。

(3) 检定步骤。

①将基线场各观测墩依次按 0、1、2、$\cdots$、6 编号。

②将仪器置于 0 号墩,棱镜依次安置于 1、2、$\cdots$、6 号墩,各级线上的观测均为一次照准,取 5 次读数求平均值,分别测得各基线段的距离观测值 d_{01}、d_{02}、$\cdots$、d_{06}。

③将仪器分别置于 1、2、3、4、5 测定的距离观测值如下,为了全面考察仪器的性能,最好将 21 个被测距离长度大致均匀地分布于仪器最佳测程之内。

$$d_{01} \quad d_{02} \quad d_{03} \quad d_{04} \quad d_{05} \quad d_{06}$$
$$d_{12} \quad d_{13} \quad d_{14} \quad d_{15} \quad d_{16}$$
$$d_{23} \quad d_{24} \quad d_{25} \quad d_{26}$$
$$d_{34} \quad d_{35} \quad d_{36}$$
$$d_{45} \quad d_{46}$$
$$d_{56}$$

（4）加常数、乘常数的计算。设第 i 段基线长度值为 D_i^0，用测距仪观测的距离经气象改正后的平面距离为 d_i，仪器加常数为 C，仪器乘常数为 K，则仪器加常数、乘常数的计算公式为

$$C = \sum_{i=1}^{n} l_i Q_{11} + \sum_{i=1}^{n} d_i l_i Q_{12} \qquad (4\text{-}20)$$

$$K = \sum_{i=1}^{n} l_i Q_{12} + \sum_{i=1}^{n} d_i l_i Q_{22} \qquad (4\text{-}21)$$

式中　l_i——第 i 段基线长与测量值之差，即 $l_i = D_i^0 - d_i$；

　　　Q——按严密平差得到协因数阵中要素（此内容可参阅《测量平差》间接平差部分内容），此处忽略其推导过程，直接用结论。

$$Q_{11} = \frac{\sum_{i=1}^{n} d_i d_i}{n \sum_{i=1}^{n} d_i d_i - \left(\sum_{i=1}^{n} d_i \right)^2}$$

$$Q_{12} = Q_{21} = \frac{\sum_{i=1}^{n} d_i}{n \sum_{i=1}^{n} d_i d_i - \left(\sum_{i=1}^{n} d_i \right)^2}$$

$$Q_{22} = \frac{n}{n \sum_{i=1}^{n} d_i d_i - \left(\sum_{i=1}^{n} d_i \right)^2}$$

第四节　直线定向

在工程测量中确定点位的坐标时，除了要知道水平距离以外，还要知道直线的方向。

一、直线定向的概念

直线定向就是定量地确定地面直线的水平方向，即确定地面直线水平投影与标准方向之间的关系。因此，要解决直线定向问题，必须首先规定标准方向线，还要确定表征直线方向的元素和方法。

二、直线定向中的标准方向

测量是对待认识量定量认识的过程。在对待测量的定量认识中标准量是必不可少的。在

直线方向的确定中标准量（标准方向）也是必不可少的。工程上常用的标准方向有三个：真子午线方向、磁子午线方向和坐标纵轴方向。

（一）真子午线方向

通过地面某点作该点处真子午线的切线即该点的真子午线方向。真子午线指向地极的南北极，如果不考虑极移，则可以认为某点的真子午线方向总是不变的。真子午线的方向可以通过天文测量或陀螺经纬仪直接测定。但是除赤道上各点以外，地球上各点的真子午线彼此不相平行，相互之间存在子午线收敛角。

（二）磁子午线方向

地面某点处磁子午线的切线方向为该点处的磁子午线方向。它可以用罗盘直接测定。由于地壳浅层岩石或矿藏的磁性分布和较深层的电磁特性与地热分布的不均匀性，地面上各点的磁子午线方向不仅因地而异，还随时间有长期变化、周年变化、周月变化以及非周期变化。因此磁子午线是一种不稳定的标准方向线，只能用于直线的概略定向。

（三）坐标纵轴方向

为了克服在椭球面上计算的不便，在投影三维定位中，通常都是将观测值投影到平面上，在平面直角坐标系中进行计算，此时是用坐标纵轴方向作为直线定向的标准方向线。在高斯平面直角坐标系中坐标纵轴即该投影带的中央子午线。由于各点处的坐标纵轴方向相互平行。因此，同一投影带内各点的标准方向线是一致的，这将给方向计算带来很大方便。

三、标准方向之间的关系

上述三个北方向通常称为"三北"方向。在一般情况下，它们是不一致的，如图4-18所示，由于地球磁场的南、北极与地球的南、北极不一致，因此某点的磁子午线方向和真子午线方向间有一夹角，这个夹角称为磁偏角，用δ表示。磁子午线偏向真子午线以东为东偏，δ为正，以西为西偏，δ为负。我国各地磁偏角的变化范围为$-10°\sim 6°$。

磁偏角的大小随地点的不同而变化，在同一地点因受外界条件的影响而会有变化。所以，采用磁子午线方向作为标准方向，其精度是比较低的。

地球表面某点的真子午线北方向与该点坐标纵轴北方向之间的夹角，称为子午线收敛角，用γ表示。坐标纵线偏向真子午线以东为东偏，以西为西偏，东偏为正，西偏为负，如图4-19所示。

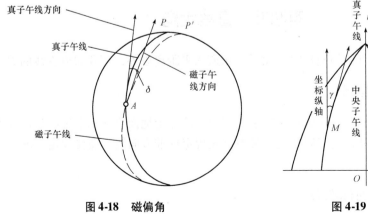

图4-18　磁偏角　　　　　　图4-19　收敛角
P—北极；P'—磁北极

子午线收敛角有严密的计算公式,在普通测量中可按如下近似公式计算:
$$\gamma = \Delta L \sin B$$
式中,ΔL 为某点与中央子午线的经度差,B 为某点纬度。

四、表示直线方向的方法

在测量中,常用方位角或象限角表示直线的方向。

(一) 方位角

由标准方向的北端顺时针方向量到某直线的夹角,称为该直线的方位角。方位角的变化范围为 0°~360°。由于标准方向有三个,所以方位角也有三个不同的定义。以真子午线方向为标准方向的,称为真方位角,用 A 表示;以磁子午线方向为标准方向的,称为磁方位角,用 A_m 表示;以坐标纵轴方向为标准方向的,称为坐标方位角,简称方位角,用 α 表示,如图 4-20 所示。三种方位角之间的关系为

$$\left. \begin{array}{l} A = A_m + \delta \\ A = \alpha + \gamma \end{array} \right\} \tag{4-22}$$

由于任何地点的坐标纵轴方向都是相互平行的,因此任何直线的正坐标方位角(如 α_{AB})和它的反方位角均互差 180°,如图 4-21 所示。即

$$\alpha_{AB} = \alpha_{BA} \pm 180° \tag{4-23}$$

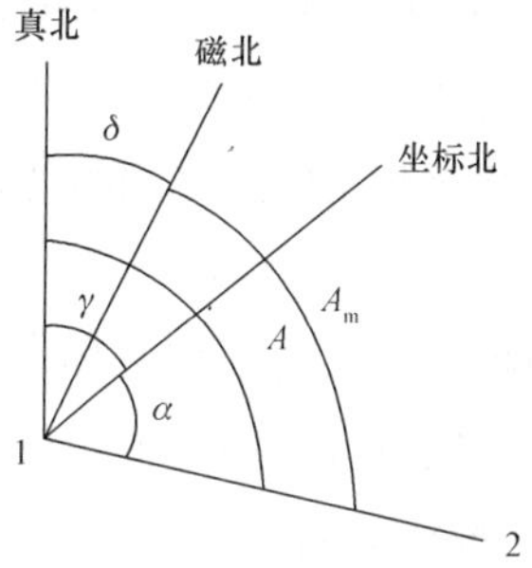

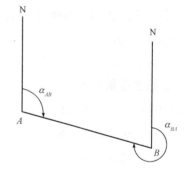

图 4-20 三种方位角之间的关系

图 4-21 正坐标方位角

由于真子午线之间与磁子午线之间相互不平行,所以真方位角和磁方位角不存在上述关系。正因如此,坐标方位角用起来更方便,人们平时所说的方位角就是坐标方位角。

(二) 象限角

从标准方向线的南北两端顺时针或逆时针量到直线方向所形成的锐角称为象限角,如图 4-22 所示。

象限角的取值范围为 0°~90°,用 R 表示。象限角的表示不仅要注明其角度,而

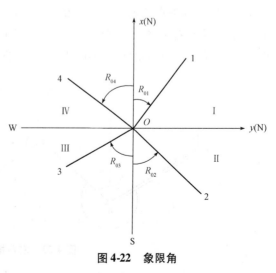

图 4-22 象限角

且要注明所在象限,四个象限的名称分别为:第一象限是北东,第二象限是南东,第三象限是南西,第四象限是北西。

(三)坐标方位角和象限角之间的关系

由于坐标方位角和象限角都是定量表示直线的方向的量。所以它们之间存在一定的转换关系,见表4-2。

表4-2 坐标方位角和象限角之间的关系

象限		由方位角 α 计算象限角 R	由象限角 R 计算方位角 α
编号	名称		
1	北东	$R = \alpha$	$\alpha = R$
2	南东	$R = 180° - \alpha$	$\alpha = 180° - R$
3	南西	$R = \alpha - 180°$	$\alpha = 180° + R$
4	北西	$R = 360° - \alpha$	$\alpha = 360° - R$

五、坐标方位角的获取方法

目前在工程中,坐标方位角的获取方法有以下三种。

(一)由真方位角得到

通过直接测定点 A、B 之间的真方位角 A_{AB},利用真方位角 A_{AB} 和坐标方位角 α_{AB} 的关系 $\alpha_{AB} = A_{AB} - \gamma$ 计算出所要的 α_{AB}。在这种方法中,真方位角的测量有两种方法:一种是利用天文观测的方法测定两点之间的真方位角;另一种是利用陀螺经纬仪测定两点之间的真方位角。

(二)由磁方位角得到

通过直接测定点 A、B 之间的磁方位角 A_{mAB},利用磁方位角 A_{mAB} 和坐标方位角 α_{AB} 的关系 $\alpha_{AB} = A_{mAB} + \delta - \gamma$ 计算出所要的 α_{AB}。在这种方法中磁方位角可以通过罗盘仪来测定。

(三)由已知方位角和观测水平角,用几何学的关系推导得到

如图4-23所示,若 AB 边的坐标方位角 α_{AB} 已知,又测定了 AB 边和 $B1$ 边所夹的水平角(也称连接角)和各点的转折角 β_1、β_2、β_3,可以推算折线上其他各边的坐标方位角。在推算时 β_i 有左角和右角之分,其公式也不同。所谓左角(右角)是指位于以编号顺序为前进方向的左(或右)边的角度。图4-23中 β_i 都是左角,图4-24中 β_i 都是右角。

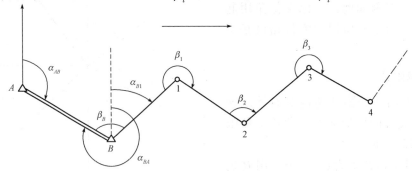

图4-23 左角推算方位角

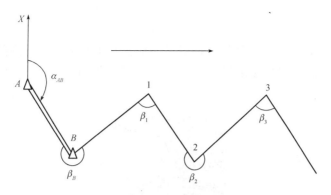

图 4-24 右角推算方位角

$$\alpha_{B1} = \alpha_{AB} + \beta_B - 180°$$
$$\alpha_{12} = \alpha_{B1} + \beta_1 - 180° = \alpha_{AB} + \beta_B + \beta_1 - 2 \times 180°$$
$$\alpha_{23} = \alpha_{12} + \beta_2 - 180° = \alpha_{AB} + \beta_B + \beta_1 + \beta_2 - 3 \times 180°$$
$$\vdots$$
$$\alpha_{ij} = \alpha_{AB} + \sum \beta - n \times 180°$$

如果用右角推算坐标方位角，则推算公式为

$$\alpha_{B1} = \alpha_{AB} - \beta_B + 180°$$
$$\alpha_{12} = \alpha_{B1} - \beta_1 + 180° = \alpha_{AB} - \beta_B - \beta_1 + 2 \times 180°$$
$$\alpha_{23} = \alpha_{12} + \beta_2 + 180° = \alpha_{AB} + \beta_B + \beta_1 + \beta_2 + 3 \times 180°$$
$$\vdots$$
$$\alpha_{ij} = \alpha_{AB} - \sum \beta + n \times 180°$$

上述公式的一般形式为

$$\alpha_{前} = \alpha_{后} \pm \beta \binom{左}{右} \mp n \times 180° \tag{4-24}$$

式中 β 如果是左角，其前就用"+"，β 如果是右角，其前就用"-"，180°前的加减号和 β 前边的加减号相反。

因方位角的角值范围在 0°~360°，推算中若某边方位角的角值小于 0°，则应加上 360°；若某边方位角的角值大于 360°，则应减去 360°。总之，将各边方位角归算在 0°~360°范围内。

第五节 罗盘仪及其使用

一、罗盘仪的结构

罗盘仪（图 4-25）是用于测定直线的磁方位角或磁象限角的仪器。其种类很多，但其结构大同小异，主要部件有磁针、度盘和瞄准设备等部分组成。

（一）磁针

图4-26为罗盘的剖面图，磁针用人造磁铁制成，其中心装镶着玛瑙的圆形球窝。在度盘的中心装有顶针，磁针球窝支在顶针上。为了减轻顶针尖的磨损，装置了杠杆和螺旋 P。磁针不用时，用杠杆将磁针升起，使它与顶针分离，把磁针压在玻璃盖下。

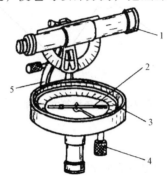

图4-25 罗盘仪

1—望远镜；2—磁针；3—度盘；4—制动螺旋；5—支架

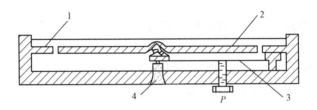

图4-26 罗盘的剖面图

1—刻度盘；2—磁针；3—杠杆；4—顶针

（二）度盘

度盘为铜制或铝制的圆环，最小分划为1°或30′，每隔10°有一注记，按逆时针方向从0°注记到360°。

（三）瞄准设备

罗盘仪的瞄准设备，现在大都采用望远镜，老式仪器采用觇板。

二、磁方位角测量

观测时，先将罗盘仪安置在直线的起点，对中、整平，松开螺旋 P，放下磁针，然后转动仪器，通过瞄准设备去瞄准直线另一端的标记。待磁针静止后，读出磁针北端所指的读数，即该直线的磁方位角。

习题与思考题

1. 钢尺量距的工具有哪些？各有什么作用？
2. 什么是直线定线？如何用经纬仪进行直线定线？

3. 设 AB 的往返实测距离分别为 125.980 m 和 125.955 m，CD 的往返实测距离分别为 387.235 m 和 387.190 m，试求这两段距离的结果，并比较其精度。

4. 简述光电测距的基本原理。

5. 何谓直线定向？直线定向中有几种标准方向？

6. 如图 4-27 所示，已知 $\alpha_{AB} = 128°30'$，实测值标注在图上相应位置，试求多边形各边的坐标方位角和象限角。

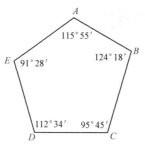

图 4-27 6 题图

7. 如图 4-28 所示，已知 $\alpha_{AB} = 15°36'27''$，实测值 $\beta_1 = 49°54'56''$，$\beta_2 = 203°27'36''$，$\beta_3 = 82°38'14''$，$\beta_4 = 62°47'52''$，$\beta_5 = 114°48'25''$，试推算 2-3 边的正方位角和 CD 边的坐标方位角。

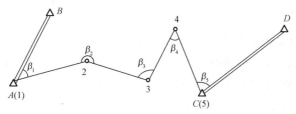

图 4-28 7 题图

第五章

全站仪及其使用

第一节 全站仪概述

一、全站仪简介

测量工作的一项重要内容是如何快速测定地面点的三维坐标。在还没有电子测绘仪器时，人们提出"速测法"（也称速测术）来解决这一问题。速测法是指在同一测站点上，用一种仪器同时测定待测点平面位置和高程的方法。速测法的具体做法是利用光学经纬仪进行视距测量、水平角测量以及竖直角测量，然后利用三角高程测量原理解算待测点的高程，利用水平角和已知边的方位角推算测站点到待测点的坐标方位角，再利用坐标正算公式计算待测点的平面位置。由于速测法快速、简易、方便，速测法在短距离（100 m 以内）、低精度（1/200、1/500）的测量中（如碎部点测量）具有较大优势，因此得到了广泛的应用。

随着电子测距技术、光电测角技术、微处理器技术、电子存储技术、传感器技术以及软件技术的发展，测绘仪器应用速测法成为可能。全站仪就是依据速测法，为实现待测量的快速、自动化、高精度而制造的一种测绘仪器。全站仪用电磁波测距代替了光学经纬仪的光学视距法测距，用电子经纬仪测角代替光学经纬仪测角，用自动补偿系统提高测量数据质量，用微处理器控制仪器运行及数据计算。全站仪是一种集高程测量、角度测量、距离测量以及测量数据计算于一体的电子测绘仪器。

目前市场上全站仪的品牌和型号非常的多，国外的品牌和型号有徕卡（Leica）的 TS 系列、天宝（Trimble）的 RTS 系列、拓普康（Topcon）的 GTS 系列、索佳（Sokkia）、尼康（Nikon）等。我国国产的品牌和型号有南方的 NTS 系列、博飞的 BTS 系列、苏州一光的 RTS 系列、中海达的 ZTS 系列等。无论哪种品牌和型号的全站仪，总体上来说，全站仪的发展趋势是精度越来越高、操作越来越简单。

二、全站仪的构成

（一）全站仪的基本构成

全站仪由电子测角部分、电子测距部分、自动补偿部分、中央处理器、电源五个部分组成。全站仪是一个具有特殊功能的计算机控制系统，其中央处理器部分由中央处理器、存储器、输入及输出四个部分组成。中央处理器对仪器获得的气温、气压、棱镜常数、电磁波传播时间、水平度盘读数、竖直度盘读数、竖轴倾斜误差、视准轴误差、横轴误差、竖盘指标差等信息进行综合处理，从而获得各项改正后的观测数据和计算数据。仪器的存储部分存储了测量程序，测量的部分过程及计算由程序完成。仪器构成框架如图5-1所示。

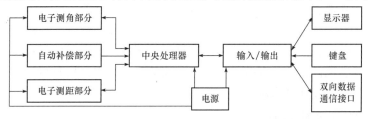

图5-1 仪器构成框架

其中：
（1）电源一般为可充电电池，其作用是为其他组成部分提供电能；
（2）电子测角部分为电子经纬仪，其作用是测定水平角、竖直角以及设置方位角；
（3）电子测距部分为光电测距仪，其作用是测定两点之间的距离；
（4）自动补偿部分由电子水准器等传感器及相关程序组成，其作用是改正由于竖轴倾斜、视准轴与横轴不正交、横轴不水平以及竖盘指标差等误差对水平度盘读数及竖直度盘读数的影响；
（5）中央处理器部分是全站仪进行仪器控制和数据处理的核心构件。

（二）电子水准器

在全站仪的自动补偿系统中，有一个非常重要的设备就是电子水准器（倾斜传感器）。电子水准器的作用是测定全站仪未能完全整平时仪器竖轴所存在的倾斜量。电子水准器类型很多，这里主要介绍常用的电容式电子水准管，其构造原理如图5-2所示。

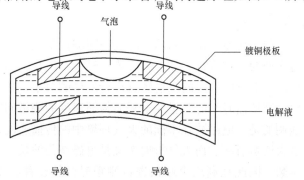

图5-2 电容式电子水准管原理图

电容式电子水准管是在水准管两端对称地安装四个电极，水准管同一端的一对电极会形成一个电容器，最终在水准管上会存在两个电容器。当水准管的气泡居中时，两个电容器电极之间的物质相同，从而导致两端的两个电容器电容相同。如果气泡不居中，两端的两个电容器电极之间的物质就会有差异，从而导致两端的两个电容器电容不相等。所以通过测量水准管两端的电容器的电容差值，依据电容差值与水准管倾斜量之间的函数关系就可以得到电容式电子水准管的倾斜量。但要注意，水准管的倾斜量与两端电容器的电容差值之间的函数关系在一定的范围内是近似线性的，超过这一范围就是非线性的。

三、全站仪的基本功能

全站仪的基本功能有角度测量和斜距测量两项。例如，点的三维坐标测量、地表某一范围的面积测量、地表某一范围的土方测量、对边的长度与高差测量、一物体的悬高测量等测量功能都是通过全站仪直接测得的角度和距离计算得到的。由于各种品牌和型号的全站仪的操作有一定的差异，因此在这一部分不介绍全站仪的具体操作，只介绍利用全站仪进行角度测量和距离测量的步骤及注意事项。

（一）全站仪的角度测量功能

利用全站仪进行角度测量的操作步骤与利用经纬仪进行角度测量的步骤基本相同。只是由于全站仪及电子经纬仪拥有自动补偿系统，所以在补偿系统没问题的情况下，测量角度时应将补偿器设置为打开状态，以减弱半测回方向观测值的误差。同时，尽管全站仪有自动补偿系统对度盘测得值进行改正，但人们仍应该对角度进行盘左、盘右观测，以抵消补偿器补偿不完全时残余误差对角度测量的影响。

利用全站仪进行角度测量时仍然存在度盘刻划不均匀误差对角度测量的影响，但利用全站仪的置盘或锁定功能进行的多测回测量是不能减弱度盘刻划不均匀误差对水平角测量的影响的。因为光学经纬仪配置度盘的本质是通过调整度盘与读数系统的相对位置关系，从而利用度盘的多个位置对同一角度进行多测回的测量，最后通过求各测回平均值将度盘刻划不均匀误差加以减弱。可是，全站仪的置盘或锁定功能并没有改变度盘与光电转换器（光电读数装置）之间的相对位置关系，只是通过全站仪的内置程序改变了水平度的显示值，所以利用置盘或锁定功能进行的多测回测量并未实现利用水平度盘多个位置对同一角度进行测量的目的。另外，现在的动态光栅测角实质上就是利用度盘的多个位置对角度进行测量，所用到的度盘位置的多少与仪器中安装的光电转换器（读数装置）的多少有关系。

（二）全站仪距离测量功能

全站仪的第二项基本测量功能就是空间两点之间斜距测量功能。全站仪进行斜距测量是利用电磁波测距的功能实现的。在进行全站仪斜距测量时，必须在测站点对全站仪进行严格的对中、整平，并在目标点上对电磁波的反射装置进行严格的对中、整平。电磁波测距是将斜距测量问题转换为电磁波传播时间的测量和电磁波传播速度的测量问题。对于时间的测量第四章已讲述。需要强调的是，电磁波在不同的大气环境中的传播速度是不一样的，影响电磁波传播速度的主要是大气折射率。而大气折射率又是电磁波的波长、电磁波传播路径上的气温、气压、湿度的函数。因此在利用全站仪进行测距时必须设置电磁波传播路径上的气温、气压这两项大气参数。同时，气温会影响电磁波发射器所发射的电磁波的频率。

在利用全站仪进行距离测量时，全站仪的加常数和棱镜常数也会影响斜距测量的质量。在全站仪设计制造过程中，一般会尽可能地将仪器的加常数设计为零。仪器制造中导致的仪器加常数的残余误差会计算在棱镜常数中。全站仪和棱镜是配套使用的，在实际生产中应尽可能避免将不同品牌的全站仪和与其不配套的棱镜混合使用（除非对组合使用的全站仪与棱镜进行过严格的加常数和乘常数测定）。

第二节 NTS-312 型全站仪简介

一、NTS-312 型各部分名称及键盘

NTS-312 型全站仪是由常州市新瑞得仪器有限公司生产的经典型全站仪。仪器外形及各部分的名称如图 5-3 和图 5-4 所示。NTS-312 型全站仪除了具有角度测量和斜距测量的基本功能外，还具有坐标测量、坐标放样、距离放样、偏心测量、对边测量、悬高测量、自由设站、面积测量、道路测量等测量程序，同时具有数据存储功能、数据传输功能、参数设置功能等强大功能。NTS-312 型全站仪适用于各种专业测量和工程测量。

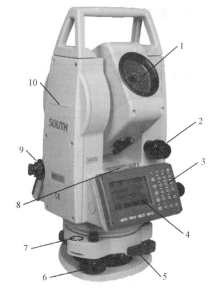

图 5-3 NTS-312 全站仪各部分的名称（一）

1—物镜；2—垂直微制动手轮；3—键盘；
4—显示屏幕；5—基底锁定钮；6—整平脚螺旋；
7—圆水准器；8—管水准器；
9—光学对光器；10—仪器中的标志

图 5-4 NTS-312 全站仪各部分的名称（二）

1—粗瞄器；2—望远镜把手；3—目镜；
4—USB 数据线接口；5—SD 卡插口；
6—RS-232 电缆接口；7—水平微制动手轮；
8—电池盒

NTS-312 型全站仪的望远镜的放大倍数为 30 倍，望远镜的视场角为 1°30′，望远镜的最短视距为 1.5 m。其安装的倾斜传感器为双轴传感器，补偿范围为 ±4′。NTS-312 全站仪

安装了激光对点器,可进行激光对中。NTS-312 型全站仪支持 SD 卡,数据传输支持 USB 数据接口。NTS-312 型全站仪测角精度为 2 s,度盘是绝对编码度盘。NTS-312 全站仪测距功能有棱镜、反射片和无合作目标三种方式。各种测距方式的测程有一定的差异,使用棱镜方式测距时的测程会比其他两种方式的测程长,还有使用棱镜方式测距时的测距精度也会比其他两种测距方式的测距精度高。使用棱镜时测距精度可以达到 $(2+2\times10^{-6}D)$ mm。

NTS-312 型全站仪显示界面与键盘如图 5-5 所示。键盘上各按键的名称和功能列于表 5-1 中,仪器显示器上所显示符号的含义列于表 5-2 中。

图 5-5 NTS-312 全站仪显示界面与键盘

表 5-1 NTS-312 型全站仪键盘上各按键的名称和功能

按键	名称	功能
ANG	角度测量键	进入角度测量模式
◁	距离测量键	进入距离测量模式(在斜距界面与平距界面之间循环显示)
⊿	坐标测量键	进入坐标测量模式
S.O	坐标放样键	进入坐标放样界面
ESC	退出键	退回上一级状态或返回测量模式
ENT	Enter 键	对所做操作进行确认
M	菜单键	进入菜单模式
T	转换键	测距模式转换
★	星号键	进入星号键模式或直接打开显示器背景灯

续表

按键	名称	功能
⏻	电源开关键	打开或关闭全站仪
F1 ~ F4	软键	对应于显示的软键信息
0 ~ 9	数字字母键	输入数字和字母
—	负号键	输入负号，开启电子气泡功能
·	点号键	开启或关闭激光指向功能，输入小数点

表 5-2　NTS－312 型全站仪屏幕显示符号的含义

显示符号	含义
V	竖直角或天顶距
V%	视线坡度
HR	水平度盘读数（相当于水平度盘顺时针刻划状态下的读数）
HL	水平度盘读数（相当于水平度盘逆时针刻划状态下的读数）
HD	视线对中的水平距离
VD	测站点与目标点之间的高差
SD	视线长度
N	北方向坐标 X
E	东方向坐标 Y
Z	高程
*	EDM（电子测距）正在进行
m/ft	长度单位米与英尺之间的转换
M	以米为单位
S/A	气象改正与棱镜常数设置
PSM	棱镜常数，以毫米为单位
PPM	大气改正

二、NTS－312 型全站仪的基本操作

在进行任何角度和距离测量之前，NTS－312 型全站仪都是需要在测站点上进行对中和

整平的。对中与整平前需要按 ⏻ 键打开仪器电源,再按★键进入星号键模式,在星号键模式中按 F4 键打开激光对点器开关界面,在激光对点器开关界面中按 F1 键打开激光对点器,接下来严格按照经纬仪对中和整平的方法进行对中和整平。当对中和整平完成以后,按两次 ESC 键就可退到角度测量界面。

(一) 水平角测量

在全站仪对中、整平结束之后,利用全站仪进行水平角测量的方法和过程与利用经纬仪进行水平角测量的方法和过程基本相同。在进行角度测量时,全站仪上显示的界面如图 5-6 所示。从图 5-6 可知角度测量界面共有三页。每页界面显示的各功能按钮(按 F1~F4 键实现)的含义列于表 5-3 中。

在角度测量开始时,先按 F4 键翻页到角度测量界面的第二页,再按 F1 键打开倾斜补偿器开关界面,在倾斜

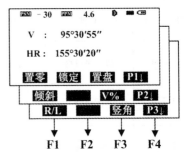

图 5-6　NTS-312 型全站仪角度测量界面

补偿器开关界面中按相应的键打开倾斜补偿器,以便提高半测回测量数据的质量。在补偿器打开以后,按两次 ESC 键退回到角度测量界面,就可以开始按照经纬仪角度测量的方法和过程开始角度测量了。

表 5-3　NTS-312 型全站仪角度测量界面各功能按钮的含义

页数	软键	显示符号	功能
P1	F1	置零	水平方向的读数设置为 0°00′00″
	F2	锁定	照准部旋转时,水平方向读数保持不变
	F3	置盘	通过键盘输入设置水平方向的读数
	F4	P1↓	角度测量界面翻页
P2	F1	倾斜	打开倾斜补偿器开关界面
	F2	—	—
	F3	V%	垂直角显示格式在原格式与坡度之间切换
	F4	P2↓	角度测量界面翻页
P3	F1	R/L	水平方向读数在右转增大与左转增大方式之间切换
	F2	—	—
	F3	竖角	竖盘显示值在竖直角与天顶距之间切换
	F4	P3↓	角度测量界面翻页

(二) 竖直角测量

利用全站仪进行竖直角测量的方法和过程与利用经纬仪进行竖直角测量的方法和过程基本相同。只是在利用全站仪进行竖直角测量时,不再需要手工计算半测回竖直角,只需将角度测量界面翻到第三页,按竖角功能按钮(对应软键 F3)就可使竖盘显示值在竖直角与天顶距之间转换。在利用此功能进行竖直角测量时,要注意判断竖盘显示值是天顶距还是竖直角。指标差和一测回竖直角的计算仍需手工完成。在进行竖直角测量时,也应确保倾斜补偿器处于打开状态,以便自动补偿系统自动提高半测回竖直度盘的读数。

（三）距离测量

在利用全站仪棱镜模式进行距离测量时，需要在目标点上对棱镜进行严格的对中和整平。在测站点的全站仪以及目标点的棱镜对中、整平完成之后，就可以对全站仪的距离测量功能进行设置了。NTS-312型全站仪距离测量功能的显示界面如图5-7所示。从图5-7可知距离测量界面有两页，每页显示的功能按钮的含义列于表5-4中。在进行距离测量时需要对距离单位、电磁波传播路径上的气温、气压、棱镜常数、测距模式以及倾斜改正等进行设置。距离测量功能键 ∟ 可使距离测量界面在斜距界面与平距界面间切换显示。

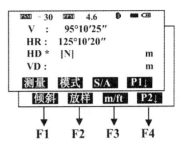

图5-7　NTS-312型全站仪距离测量界面

表5-4　NTS-312型全站仪距离测量界面各功能按钮的含义

页数	软键	显示符号	含义
P1	F1	测量	启动距离测量
	F2	模式	设置测距模式为：单次精测/连续精测/连续跟踪
	F3	S/A	打开温度、气压、棱镜常数等参数设置界面
	F4	P1↓	翻页
P2	F1	倾斜	打开倾斜补偿器开关界面
	F2	放样	打开距离放样界面
	F3	m/ft	设置距离单位为米/英尺
	F4	P2↓	翻页

三、NTS-312型全站仪数据采集与点位放样

NTS-312型全站仪有丰富的测量程序，能满足不同用户的需要。其中有两项测量程序使用得非常广泛，它们是数据采集和点位放样。这两项功能使用时有一点特别需要强调，那就是要在水平度盘的方向值显示为HR的情况下执行这两项功能。如果操作人员对水平角HR模式和HL模式非常熟悉也可在HL模式下执行，但需要对涉及的方位角进行变换。

（一）数据采集

数据采集程序的功能是将测量过程中所获得的各种原始数据以及由原始数据计算得到的部分数据保存到全站仪存储器中的文件内。这些数据包括目标点点号、目标点编码、竖直度盘读数、水平度盘读数、仪器高、目标高、目标点的三维坐标等。这些数据中有些是测量数据，有些是利用测量数据计算得到的计算数据。所以在数据采集中用到的文件分为两类：一类是测量数据文件（文件名为□.RAW）；另一类是坐标数据文件（文件名为□.PTS）。

在测站点上，将全站仪对中、整平完成以后，利用NTS-312型全站仪进行数据采集工作的流程如下：

第一步：调出数据采集功能—创建（或选择已有）数据采集文件（测量文件和坐标文

件）—对数据采集功能进行适当设置（注意要设置为自动转换坐标、先输测点、需要存储、单次精测等）—将控制点坐标输入创建的坐标文件内。

第二步：设置测站点。内容有输入（或从坐标文件中调出）测站点坐标；量取并输入仪器高（不需要待测点的高程时，可以不输入仪器高），输入气温、气压、棱镜常数，打开仪器倾斜补偿器。测站点设置的本质是让全站仪知道自己目前处在测量所用坐标系的什么位置。

第三步：设置后视。分为两种情况，如果已知测站至后视点的坐标方位角，那么输入坐标方位角进行后视设置；如果已知后视点坐标，那么输入（或从坐标文件调出）后视点坐标进行后视设置。后视设置的本质是将全站仪水平度盘 0°00′00″ 的刻划线与过测站的坐标北方向相重合。

第四步：对测站设置和后视设置的结果进行检查。其方法是：在现有的全站仪设置条件下，对某已知控制点进行坐标测量，并将测得的坐标与已知坐标进行比较，如果差异在工程允许的范围内，说明前边的测站点设置和后视设置是正确的。如果差异超出工程允许的范围，就需要找出原因，并重新进行测站点与后视设置，直到检查通过才可进行第五步的工作。

第五步：对待测点进行测量。本步骤需要输入待测点的点名、待测点上棱镜的镜高（不需要待测点的高程时，可以不输入待测点的镜高）以及待测点的编码（可根据工程需要确定是否需要输入）。当某些待测点不好直接测定其位置时，数据采集功能提供了偏心测量的功能来测定这些待测点，关于偏心测量的原理及使用方法可参考全站仪操作说明书，这里不再赘述。需要强调的是，由于操作仪器会导致全站仪的对中、整平、后视方位有一定程度的变化，所以需在测定了一定数量（如 50 个）的点以后，重新检查及调整仪器的对中、整平和后视定向。

第六步：将全站仪中的数据导出到其他设备。关于全站仪与计算机之间的数据传输，请参考全站仪操作说明书中有关数据传输的部分。

（二）点位放样

点位放样，就是将设计人员设计的建筑物（或构筑物）的特征点在生产现场标定出来的过程。利用全站仪进行点位放样的方法非常多，如可以利用全站仪进行平面直角坐标放样、平面角度交会法放样、高程放样和平面极坐标放样等。这里只讲授利用全站仪进行平面极坐标放样的流程。

第一步：调出坐标放样功能—选择（或跳过）待放样文件—依据工程需求设置格网因子。

第二步：设置测站点。内容有输入（或从坐标文件中调出）测站点坐标，量取并输入仪器高（不需要放样待放样点的高程时，可以不输入仪器高），输入气温、气压、棱镜常数，打开仪器倾斜补偿器。测站点设置的本质是将全站仪目前处在测量所用坐标系的什么位置。

第三步：设置后视。分为两种情况，如果已知测站至后视点的坐标方位角时，就输入坐标方位角进行后视设置，如果已知后视点坐标，就输入（或从坐标文件调出）后视点坐标进行后视设置。后视设置的本质是将全站仪水平度盘 0°00′00″ 的刻划线与过测站的坐标北方向相重合。

第四步：对测站点设置和后视设置的结果进行检查。其方法是：在现有的全站仪设置条件下，对某已知控制点进行坐标测量并将测得的坐标与已知坐标进行比较，如果差异在工程允许的范围内，说明前边的测站点设置和后视设置是正确的。如果差异超出工程允许的范围，就需要找出原因，并重新进行测站点与后视设置，直到检查通过才可进行第五步的工作。

第五步：指挥持镜人员在现场移动执行放样。本步骤需要输入（或从坐标文件调出）待放样点的坐标、输入待放样点上棱镜的镜高（不需要放样待放样点的高程时，可以不输入待放样点的镜高）。当某些待放样点不能从已知的控制点上直接放样时，放样功能为人们提供了"新点"功能来测设这些待放样点，关于"新点"测设的原理及使用方法可参考全站仪操作说明书，这里不再赘述。当全站仪显示器上显示 dHR = 0°00′00″、dHD = 0 m、dZ = 0 m 时，指挥持镜人员在现场标定待放样点。需要强调的是，由于操作仪器会导致全站仪的对中、整平、后视方位有一定程度的变化，所以需在测设了一定数量（如50个）的点以后，重新检查和调整仪器的对中、整平和后视定向。

NTS–312 型全站仪坐标放样界面显示字母的含义见表5-5。

表 5-5 　 NTS–312 型全站仪坐标放样界面显示字母的含义

显示符号	含义
HB	测站点至后视点的坐标方位角
dHR	dHR = 实际水平方向 – 待放样水平，当 dHR = 0°00′00″ 时，放样方向正确
dHD	dHD = 实际水平距离 – 待放样水平距离，当 dHD = 0 m 时，放样距离正确
dZ	dZ = 实际高程 – 待放样高程，当 dZ = 0 m 时，放样高程正确

习题与思考题

1. 在利用全站仪（或电子经纬仪）进行角度测量时，如何减弱度盘刻划不均匀误差对角度测量的影响？
2. 全站仪是由哪几个部分组成的？
3. 全站仪自动补偿系统的作用是什么？
4. 简述数据采集功能和放样功能的区别与联系。

第六章
测量误差及数据处理的基本知识

第一节 测量误差概述

测量工作中将对某一客观存在的量 L（例如两点之间的高差或距离）进行一系列观测获得的值称为观测值，通常记为 l_1、l_2、…、l_n。记客观存在的量具有真实值 $\tilde{l}$，则误差定义为

$$\Delta_i = l_i - \tilde{l} \qquad i = 1, 2, \cdots, n \tag{6-1}$$

Δ 称为误差或者真误差，其值 Δ_i 为观测值与真实值的差异。

海森贝格测不准原理和测量生产实践表明，观测值总是含有误差。实际上，人们在生产活动中获取的各种数据一般都含有误差。误差是十分普遍的。

一、测量误差的来源

测量误差的来源可以归纳为以下三个方面。

（一）仪器

由于测量过程中采用的仪器、相关的工具和设备的精确度总是有限的，致使观测值含有误差，称为仪器误差。例如，水准测量中采用的水准尺磨损和弯曲导致中丝读数含有误差。

（二）观测者

由于观测者（包括观测员、记录员和司尺员等所有参与测量的人员）的感官能力存在局限性，致使观测值含有误差，称为观测误差。例如，四等水准测量时观测员估计毫米位不准的误差，记录员将读数听错或记错都会产生观测误差，司尺员立尺不铅垂也会产生观测误差。

（三）外界环境

在进行测量工作时，所处的外部环境的变化也会对测量结果产生影响。例如，空气的温

度和湿度、风力风向、阳光的角度和强度等时刻在发生变化，可能导致测量值发生变化，从而产生误差。例如，气温升高，钢尺产生膨胀，使钢尺量测值偏大；阳光的角度改变，大气折光使目标瞄准有偏差等。

仪器、观测者和外界环境都会引起测量的误差，人们将这三方面合称为测量时的观测条件。

二、测量误差的分类

测量误差多种多样，例如，钢尺尺长误差、度盘刻划误差、调焦误差、估读误差和听错记错产生的误差等。为了便于分析和处理测量数据，按性质将测量误差分为三大类：偶然误差、系统误差和粗差。

（一）偶然误差

在相同的条件下，对某一量进行一系列观测，得到一系列的观测值。如果观测值的误差时正时负，时大时小，表面上无法看出误差的变化有何规律，这种误差称为偶然误差。所谓"偶然"，是指每个误差的大小、正负完全随机变化，呈现出偶然性。例如水准测量中，估读毫米位读数时时大时小；水平角测量中，瞄准目标时左时右，它们产生的误差就是偶然误差。

（二）系统误差

在相同的条件下，对某一量进行一系列的观测，得到一系列的观测值。如果观测值的误差在数值或正负上相同，或者按某种规律变化，这种误差称为系统误差。例如，某钢尺名义长度为 50 m，而实际长度为 49.900 m，则用该钢尺量距，每量 49.900 m 都会产生 0.1 m 的误差，并且总是量长了，误差符号相同，且与实际长度成正比，这种误差即系统误差。系统误差具有积累性。

（三）粗差

除上述两种常见的误差外，测量工作中，还可能发生错误，导致观测值含有粗差。粗差一般表现为误差的绝对值很大，远远大于偶然误差。例如，观测员瞄准目标错误，记录员将上丝读数记为中丝读数，立尺员将标尺立在错误的点上等。现代高科技的测量仪器也可能偶发故障（如银行取款机可能不停地吐钱一样）使测量结果含有粗差。又如，雨量监测时，可能一阵龙卷风将雨量计里的水吸走，导致所测的雨量有粗差。

有的教材将误差分为两类：偶然误差和系统误差。同时指出，粗差一般是由于观测者粗心大意引起的，应该可以避免。现代的测量手段丰富，可获得海量的观测值，其中难免含有粗差，并不能保证及时被发现并重新观测。粗差虽然不常见，但一旦出现，对测量成果影响是非常大的，不能忽视。另一方面，粗差的性质与偶然误差、系统误差不同，宜单独列为一类。

三、偶然误差的统计特性

每一个观测值必然含有偶然误差，为了研究如何根据观测值求出未知量的最或然值，以及考察观测结果的质量，必须深入讨论偶然误差的性质。从单个偶然误差来看，其大小和正负号完全没有规律可循，但若对大量的偶然误差进行分析，可发现一些明显的规律，即统计特性。统计的偶然误差的个数越多，规律越明显，越稳定。下面结合某观测实例说明偶然误差的统计特性。

在某项测绘工程中,在相同的观测条件下,共观测了 100 个三角形的全部内角。由于三角形内角和为 180°,则可计算得 205 个三角形闭合差 Δ($L-180°$),它们是真误差。按照误差的大小分区间统计(本例区间间隔为 0.5″),结果见表 6-1。

表 6-1 三角形测量偶然误差统计表

误差所在区间	正误差个数	负误差个数	总数
0″~0.5″	17	18	35
0.5″~1.0″	12	14	26
1.0″~1.5″	8	9	17
1.5″~2.0″	6	5	11
2.0″~2.5″	4	3	7
2.5″~3.0″	2	1	3
3.0″~3.5″	1	0	1
3.5″以上	0	0	0
	50	50	100

由表 6-1 可见:
(1)小误差出现的频率较大,大误差出现的频率较小;
(2)绝对值相等的正负误差出现的频率大致相等;
(3)最大误差在 3.5″以内。

大量的实验结果表明,特别是观测次数很多时,偶然误差体现出如下统计特征:
(1)有界性:在一定的观测条件下,偶然误差落在一个有限区域内,误差落在该区域外的概率为零;
(2)递减性:绝对值小的误差比绝对值大的误差出现的概率大;
(3)对称性:绝对值相等的正负误差出现的概率相等;
(4)归零性:同一量的等精度观测,其偶然误差的算术平均值,随着观测次数的无限增加而趋于零:

$$\lim_{n \to \infty} \frac{[\Delta]}{n} = 0$$

即偶然误差的数学期望(即理论平均值等)为零。

第一个特性说明偶然误差出现的范围;第二个特性说明偶然误差绝对值大小的规律;第三个特性说明误差绝对值出现的规律;第四个特性可由前三个特性导出,说明偶然误差具有相互抵消的特性。

频率直方图(图 6-1)是表 6-1 中数据的直观表达。图 6-1 中横坐标为三角形内角和的偶然误差值,按 0.5″分成一些小区间;纵坐标为每个误差区间内误差出现的相对个数(频率)除以区间间隔(0.5″)。

显然,图 6-1 中所有矩形的面积总和等于 1,而每个矩形面积表示在该区间内偶然误差出现的频率。例如,图中有阴影的矩形的面积,即表示误差为 +0.5″~1.0″的频率。由于横坐标代表偶然误差的数值,所以各矩形上部的折线能比较形象地表示出偶然误差的分布情况。

第六章 测量误差及数据处理的基本知识

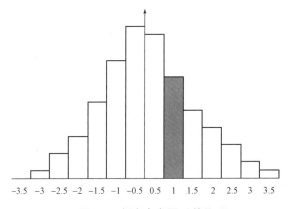

图 6-1 频率直方图（单位：″）

在图 6-1 中，在相同的观测条件下，观测更多的三角形内角，可以预见：随着观测个数的不断增多，误差出现在各区间的频率就趋向一个稳定值。

当观测次数无限多时，如将误差区间无限缩小，则图 6-1 各矩形的上部折线，就趋向于一条以纵轴为对称轴的光滑曲线，此光滑曲线称为误差概率分布曲线。数理统计称之为正态分布密度曲线。高斯根据偶然误差的四个特性，推导出该曲线的方程

$$f(\Delta) = \frac{1}{\sqrt{2\pi}\sigma}\exp\left(-\frac{\Delta^2}{2\sigma^2}\right) \tag{6-2}$$

式中 σ——与观测条件有关的参数。

实践证明，偶然误差不能用计算改正或用一定的观测方案简单地加以消除，只能根据偶然误差的特性，增加观测次数，并合理地处理观测数据，以减弱偶然误差对测量成果的影响。

第二节 评定精度的指标

在一定的观测条件下进行观测，获得一组观测值，含有的一组误差，对应着一个确定的误差分布。如果观测值或者误差的分布较为密集，即离散度较小，则意味着该组观测值质量较高，或者说观测精度较高。如果观测值或者误差分布较为散乱，即离散度较大，则意味着该组观测值质量较低，或者说观测精度较低。因此，精度是指误差分布的离散程度。

为了衡量观测值精度的高低，可以通过绘制直方图，画出误差分布曲线进而比较离散度。但是这样做有时较为麻烦，而且可能会出现分歧，因此，人们需要寻找衡量精度的定量标准，即评定精度的指标。该指标能够反映误差分布离散度的大小，且易于得到，没有主观分歧。评定精度的指标有多种，下面介绍几种常用的评定精度的指标。

一、中误差与方差

偶然误差服从正态分布，其密度函数见式（6-2）。统计学中，称 σ 为标准差或中误差，σ^2 为方差。由式（6-2）可知：

$$\sigma^2 = \int_{-\infty}^{\infty} \Delta^2 f(\Delta, \sigma) d\Delta = E(\Delta^2) \tag{6-3}$$

也就是说，方差为偶然误差平方的期望，即

$$\sigma^2 = E(\Delta^2) = \lim_{n \to \infty} \frac{1}{n} \sum_{i=1}^{n} \Delta_i^2 \tag{6-4}$$

这是一个理论值，实际上，n 是有限的，根据有限个数的误差只能得到方差的估计值：

$$m^2 = \hat{\sigma}^2 = \frac{[\Delta\Delta]}{n} = \frac{1}{n} \sum_{i=1}^{n} \Delta_i^2 \tag{6-5}$$

测量中，为了书写方便，有时用方括号表示求和，用 m 表示中误差的估计值：

$$m = \sigma = \sqrt{\frac{[\Delta\Delta]}{n}} \tag{6-6}$$

在实际工作中，在不需要强调估计值和理论值的区别时，也称 m 为中误差，m^2 为方差。式（6-5）和式（6-6）是根据一组等精度真误差计算 m^2 和 m 的基本公式。

设有两组误差，对应两个误差分布，其密度函数分别为 $f(x, 1) = \frac{1}{\sqrt{2\pi}} \exp\left(-\frac{x^2}{2}\right)$ 和 $f(x, 3) = \frac{1}{\sqrt{2\pi} \times 3} \exp\left(-\frac{x^2}{2 \times 3^2}\right)$。

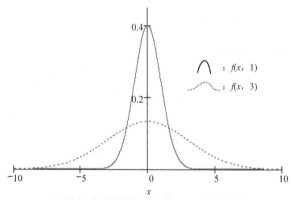

图 6-2 两个误差分布的密度函数

密度函数图像如图 6-2 所示。从图 6-2 可见：第一组误差分布较密集，第二组误差分布较分散。根据精度的含义，第一组观测值精度较高，第二组精度较低。对比两组误差对应的密度函数，可以发现中误差是一个合理的衡量精度的定量标准。第一组误差分布的密度函数的中误差为 1，第二组误差分布的密度函数的中误差为 3。依据这个参数的数值大小就可以衡量两组误差的精度高低。显然，中误差越大，精度越低。

二、极限误差

中误差是一个统计概念，它代表一组相同观测条件下得到的观测值的精度，并不表示某个误差的大小。中误差越小，表示误差分布越密集，即绝对值小的误差占比越大。如果要考察个别误差的大小，常用到极限误差的概念。

由式（6-2）可计算得

$$\left.\begin{array}{l}P(-\sigma<\Delta\leqslant\sigma)=\int_{-\sigma}^{\sigma}\frac{1}{\sqrt{2\pi}\sigma}\exp\left(-\frac{\Delta^{2}}{2\sigma^{2}}\right)\mathrm{d}\Delta=0.683\\P(-2\sigma<\Delta\leqslant2\sigma)=\int_{-2\sigma}^{2\sigma}\frac{1}{\sqrt{2\pi}\sigma}\exp\left(-\frac{\Delta^{2}}{2\sigma^{2}}\right)\mathrm{d}\Delta=0.955\\P(-3\sigma<\Delta\leqslant3\sigma)=\int_{-3\sigma}^{3\sigma}\frac{1}{\sqrt{2\pi}\sigma}\exp\left(-\frac{\Delta^{2}}{2\sigma^{2}}\right)\mathrm{d}\Delta=0.997\end{array}\right\} \quad (6\text{-}7)$$

式中，$P(-\sigma<\Delta\leqslant\sigma)$ 表示误差落在 $(-\sigma,\sigma]$ 内的概率，其他类似。

观察式（6-7）可知：误差落在 2 倍中误差内的概率为 95.5%。换句话说，误差绝对值大于 2 倍中误差的概率为 4.5%；特别是误差绝对值大于 3 倍中误差的概率为 0.3%，这是概率接近 0 的小概率事件。一般而言，人们认为，小概率事件在一次试验中不会发生。因此，通常以 3 倍中误差作为偶然误差的极限值，称之为极限误差。

$$\Delta_{限}=3\sigma \quad (6\text{-}8)$$

在实际工作中，也有采用 2σ 作为极限误差的。

在生产实践中，极限误差通常用来判断某个观测值是否正常。测量规范给出了很多限差，就是极限误差的应用。如果某个误差超过了限差，可以认为它是由某种错误产生的，相应的观测值应舍弃。

三、相对误差

对于某些观测值，中误差还不能完全反映其质量的高低。例如，测定某段距离，其中误差为 5 mm，它的质量如何？如果该段距离为 100 km，5 mm 的中误差是非常小的，观测值的质量非常高；如果该段距离为 1 cm，5 mm 的中误差就很大了，观测值的质量很低。这种现象引出了相对中误差的概念。

相对中误差为观测值中误差与观测值之比。相对中误差一般写作 $1/N$ 的形式，它是一个无量纲数。例如，上一段提及的两个距离测量值，相对中误差分别为 0.05 m/100 000 m = 1/2 000 000 和 0.05 m/0.10 m = 1/2。用相对中误差可以评价距离观测值的质量。

对应于真误差和极限误差，也有相对真误差、相对极限误差的概念。例如，距离往返测得到的相对闭合差，就是相对真误差；一级导线测量中，全长相对闭合差限差为 1/15 000。这就是一个相对极限误差。

第三节 误差传播定律及其应用

前面已经介绍了评价一组相同观测条件下获得的观测值的精度指标。在实际工作中，人们接触到的大量数据并不是直接观测得到的原始数据，而是做了一定处理的数据，如根据函数关系由原始数据计算得到。例如，进行水平角测量时获得的角度观测值，其实是两个水平度盘读数值之差。两个水平度盘读数的误差决定了由它们计算出的水平角的误差，两个水平度盘读数的中误差也决定了由它们计算出来的水平角的中误差。对于一般的函数关系 $y=f(x)$，若 x 有误差，则 y 也有误差，且两者之间的误差和中误差有确定的关系。阐述中误差之间的函数关系的定律称为误差传播定律或误差传播律。

一、误差传播定律

设有一般函数
$$Z = f(X, Y) \tag{6-9}$$

式中，X、Y 为直接观测量，Z 为由 X、Y 按某种函数关系计算得到的量。由于 X、Y 含有误差，导致 Z 也含有误差。

$$X = x + \Delta x, \quad Y = y + \Delta y, \quad Z = z + \Delta z \tag{6-10}$$

考虑全微分公式
$$\mathrm{d}z = \frac{\partial f}{\partial x}\mathrm{d}x + \frac{\partial f}{\partial y}\mathrm{d}y \tag{6-11}$$

式中，$\frac{\partial f}{\partial x}$ 为 f 关于 x 的偏导函数在 (x, y) 点处的取值，当 x、y、f 已知时，$\frac{\partial f}{\partial x}$ 可计算出具体数值，设 $k_1 = \frac{\partial f}{\partial x}$，同理可设 $k_2 = \frac{\partial f}{\partial y}$。

由于相较于观测值来说误差一般是微小量，实际上可用误差代替微分：
$$\Delta z \approx \frac{\partial f}{\partial x}\Delta x + \frac{\partial f}{\partial y}\Delta y = k_1 \Delta x + k_2 \Delta y \tag{6-12}$$

式（6-12）是一个近似公式，省略了高阶微小量。现在需要根据 x 和 y 的方差求 z 的方差。假设进行了无数次观测，得观测值 (x_i, y_i)，$i = 1、2、\cdots、\infty$，则

$$\left.\begin{array}{l}\Delta z_1 \approx k_1 \Delta x_1 + k_2 \Delta y_1 \\ \Delta z_2 \approx k_1 \Delta x_2 + k_2 \Delta y_2 \\ \quad \vdots \\ \Delta z_n \approx k_1 \Delta x_n + k_2 \Delta y_n \\ \quad \vdots\end{array}\right\} \tag{6-13}$$

注意到 k_1、k_2 由观测值计算得到，观测值不同，其值有微小差异。在实际工作中，如果有多组观测值时，可先取平均值，以平均值计算 k_1、k_2。强调指出，尽管式（6-12）、式（6-13）均有一定程度的近似，但由于方差计算时要取平均并求极限，这些近似都可忽略。

将式（6-13）两边平方，得

$$\left.\begin{array}{l}\Delta z_1^2 \approx k_1^2 \Delta x_1^2 + k_2^2 \Delta y_1^2 + 2 k_1 k_2 \Delta x_1 \Delta y_1 \\ \Delta z_2^2 \approx k_1^2 \Delta x_2^2 + k_2^2 \Delta y_2^2 + 2 k_1 k_2 \Delta x_2 \Delta y_2 \\ \quad \vdots \\ \Delta z_n^2 \approx k_1^2 \Delta x_n^2 + k_2^2 \Delta y_n^2 + 2 k_1 k_2 \Delta x_n \Delta y_n \\ \quad \vdots\end{array}\right\} \tag{6-14}$$

再求和，取平均，求极限，得

$$\lim_{n\to\infty}\frac{1}{n}\sum_{i=1}^{n}\Delta z_i^2 = k_1^2 \lim_{n\to\infty}\frac{1}{n}\sum_{i=1}^{n}\Delta x_i^2 + k_2^2 \lim_{n\to\infty}\frac{1}{n}\sum_{i=1}^{n}\Delta y_i^2 + 2k_1 k_2 \lim_{n\to\infty}\frac{1}{n}\sum_{i=1}^{n}\Delta x_i \Delta y_i \tag{6-15}$$

根据方差和协方差的定义，得

$$\sigma_z^2 = k_1^2 \sigma_x^2 + k_2^2 \sigma_y^2 + 2 k_1 k_2 \sigma_{xy} \tag{6-16}$$

当 X、Y 相互独立时，$\sigma_{xy}=0$，式（6-16）可简写为

$$\sigma_z^2 = k_1^2 \sigma_x^2 + k_2^2 \sigma_y^2 \tag{6-17}$$

将式（6-16）、式（6-17）扩充到多个自变量的情况。若 $Z=f(X_1, X_2, \cdots, X_n)$，则

$$\sigma_z^2 = \sum_{j=1}^n k_j^2 \sigma_j^2 + \sum_n k_i k_j \sigma_{ij} \tag{6-18}$$

当 X_i 之间相互独立时（若无特别声明，本书以后内容均假设自变量之间是两两独立的），上式简化为

$$\sigma_z^2 = \sum_{j=1}^n k_j^2 \sigma_j^2 \tag{6-19}$$

考虑到方差和中误差的关系，显然有

$$m_z = \sqrt{\sum_{j=1}^n k_j^2 m_j^2} \tag{6-20}$$

根据误差传播定律，可以由观测值的中误差求得其函数值的中误差，从而可以评定其精度，考察数据质量。

二、误差传播定律的应用

误差传播定律是测绘领域中一个非常重要的定律，不仅在理论研究中有重要意义，而且在生产实践中有广泛应用。下面举例说明其应用方法。

【例6-1】 在 1∶500 的地形图上量取点 A、B 的距离为 200 mm，其中误差为 0.2 mm。求点 A、B 间实地水平距离及其中误差。

解：$D_{AB} = 500 \times d_{AB} = 500 \times 0.2 = 100$（m）

为求其中误差，应用误差传播定律，注意到式（6-20）中，对于本题而言，$n=1$，$k_1=500$，则

$$m_{AB} = \sqrt{500^2 \times 0.2^2} = 100 \text{（mm）} = 0.1 \text{ m}$$

一般将结果写为 $D_{AB} = (100 \pm 0.1)$ m。

【例6-2】 水平角观测中，设每个方向的中误差为 $2''$，求计算的角度的中误差。

解：角度为两个方向之差，可写为

$$\beta = a - b$$

为求角度的中误差，应用误差传播定律，注意到式（6-20）中，对于本题而言，$n=2$，$k_1=1$，$k_2=-1$，则

$$m_\beta = \sqrt{1^2 m_a^2 + (-1)^2 m_b^2} = 2\sqrt{2}''$$

即计算的角度中误差为 $2\sqrt{2}''$。

【例6-3】 为了测量某长方形房间面积，测得其长为 8 m，中误差为 0.05 m；测得宽为 6 m，中误差为 0.04 m。求房间面积及其中误差。

解：依题意
$S = a \times b = 48 \text{ m}^2$

为求 S 的中误差，求全微分：$dS = a \times db + b \times da$。

应用误差传播定律，注意到式（6-20）中，对于本题而言，$n = 2$，$k_1 = a$，$k_2 = b$，则

$$S = m_S = \sqrt{a^2 m_b^2 + b^2 m_a^2} = \sqrt{64 \times 0.0016 + 36 \times 0.0025} = 0.44 \text{（m}^2\text{）}$$

一般将结果写为 $S = (48 \pm 0.44) \text{ m}^2$。

第四节 算数平均值及其中误差

前文已述及，在测量工作中，误差尤其是偶然误差是不可避免的。为了保证测量成果的质量，必须进行重复观测。重复观测利于发现和剔除粗差，同时也可以减弱偶然误差对测量成果的影响，提高成果精度。

由于误差的存在，重复观测获得的一系列观测值之间难免存在差异。为了消除这些差异，提供一个确定的或者最好的成果，需要依据一定的数据处理原则，采用合理的计算方法，对观测值加以适当调整或者改正，这一过程称为测量平差。以下介绍一些基本的平差方法。

一、等精度直接观测值的最或然值——算数平均值

在相同的观测条件下进行重复测量得到的观测值精度相等。直接观测值，如水准尺的某个读数。间接观测值，如用视距丝读数差计算的视距。等精度的直接观测值是相互独立的，间接观测值可能是不独立的。对于等精度的、重复的直接观测值，考虑到偶然误差的统计特性，其最或然值为其算数平均值。

设对某量 X 进行了 n 次直接观测，得到 n 个含有误差 Δ_i 的观测值 l_i，则其最或然值为

$$\hat{x} = \bar{l} = \frac{l_1 + l_2 + \cdots + l_n}{n} = \frac{[l]}{n} \tag{6-21}$$

观测值与最或然值之差，称为残差：

$$v_i = l_i - \bar{l} \tag{6-22}$$

将所有残差相加，有

$$[v] = [l] - n\bar{l} = 0 \tag{6-23}$$

即所有残差之和为 0。式（6-23）可用于计算检核。

二、等精度直接观测值的中误差及其算数平均值的中误差

设对某量 X 进行了 n 次等精度的直接观测，得到 n 个含有误差 Δ_i 的观测值 l_i，根据中误差的定义，可以由式（6-6）估计 m_i 的中误差

$$m_i = \sqrt{\frac{[\Delta\Delta]}{n}} \tag{6-24}$$

一般来说，真误差未知。考虑到

$$\Delta_i = l_i - X = (l_i - \bar{l}) + (\bar{l} - X) = v_i - \varepsilon \tag{6-25}$$

式中，$\varepsilon = \bar{l} - X$。

将式（6-25）两边平方并求和，得

$$[\Delta\Delta] = [vv] + n\varepsilon^2 - 2\varepsilon[v] \tag{6-26}$$

由式（6-23），得式（6-26）中最后一项为 0。又

$$n\varepsilon^2 = n(\bar{l} - X)^2 = \frac{1}{n}([l] - nX)^2$$

$$= \frac{1}{n}[(l_i - X)]^2 = \frac{1}{n}[\Delta\Delta] + \frac{1}{n}\sum_{\substack{i=1\\i\neq j}}^{n}\Delta_i\Delta_j \tag{6-27}$$

等精度的直接观测值是相互独立的，则协方差为 0，即

$$\frac{1}{n}\sum_{\substack{i=1\\i\neq j}}^{n}\Delta_i\Delta_j \approx 0 \tag{6-28}$$

于是，式（6-26）可写为

$$[\Delta\Delta] = [vv] + \frac{[\Delta\Delta]}{n} \tag{6-29}$$

由式（6-29）可解得

$$[\Delta\Delta] = \frac{n}{n-1}[vv] \tag{6-30}$$

再由式（6-24）可得等精度直接观测值的中误差公式：

$$m_i = \sqrt{\frac{[vv]}{n-1}} \tag{6-31}$$

式（6-31）为由残差估计中误差的公式，称为白塞尔公式。

【例 6-4】 设用钢尺直接丈量了某段距离 5 次，观测值列于表 6-2 中。试求观测值及其平均值的中误差。

表 6-2　观测值及其平均值的中误差计算

观测值/m	$v = l - \bar{l}$/mm	v^2	
10.001	-2	4	观测值的中误差
10.003	0	0	
10.007	4	16	$m_i = \sqrt{\frac{[vv]}{n-1}} = 2.3$ mm
10.002	-1	1	平均值的中误差
10.002	-1	1	$m_{\bar{l}} = \sqrt{\frac{[vv]}{n(n-1)}} = 1.0$ mm
$\bar{l} = \frac{[l]}{n} = 10.003$	$[v] = 0$	$[vv] = 22$	

解： 依式（6-31）可计算观测值的中误差。为求平均值的中误差，应用误差传播定律，注意到式（6-20）中，对于平均值而言，$k_i = \frac{1}{n}$，$m_i = \sqrt{\frac{[vv]}{n-1}}$，则平均值的中误差为

$$m_{\bar{l}} = \sqrt{\sum_{i=1}^{n} k_i^2 m_i^2} = \sqrt{\frac{[vv]}{n(n-1)}} \tag{6-32}$$

计算过程及结果见表 6-2。

第五节 权、加权平均值及其中误差

一、权的定义

上节介绍了等精度观测的最或然值及其中误差的求法。但是实际工作中，常常会遇到不等精度观测的问题。例如，对同一段距离，不同组同学丈量的次数不同，因此各组观测的精度不等。再如，通过不同路线观测两点间的高差，路线的长度不同，高差的精度不等。在精度不等的情况下，需要引入"权"的概念，以便求最或然值并评定精度。

权指力量，观测值精度高则权大，观测值精度低则权小。对于某个量的真值来说，其权应为无穷大，因为不管观测多少次，都不会改变真值，影响真值的力量。注意到真值的方差为0，观测值的方差大于等于0，所以测量误差理论中，按下式定义权：

$$p_i = \frac{c}{m_i^2} \tag{6-33}$$

式中，p_i 为第 i 个观测值的权，m_i^2 为第 i 个观测值的方差，c 为正常数。

当权等于1时，称为单位权。此时 $c = m_i^2$，通常称单位权对应的方差为单位权方差，单位权对应的中误差为单位权中误差，常常用 m_0 表示。因此，通常将式（6-33）写为

$$p_i = \frac{m_0^2}{m_i^2} \tag{6-34}$$

由式（6-34）可得方差的另一种表达式：

$$m_i^2 = \frac{m_0^2}{p_i} \tag{6-35}$$

依上述表达式，误差传播的公式（6-19）可写为

$$p_z = \sum_j \frac{1}{p_j} k_j^2 \tag{6-36}$$

上式通常称为权倒数传播律的公式。

二、加权平均值及其中误差

下面从一个简单的例子出发讨论加权平均值。

设丈量某段距离时，甲组同学丈量三次，得 l_1、l_2、l_3；乙组同学丈量两次，得 l_4、l_5，且 l_i 的精度相同。按上节的算法，得最或然值：

$$\bar{l} = \frac{1}{5}(l_1 + l_2 + l_3 + l_4 + l_5) \tag{6-37}$$

现在假设两组同学已经分别计算了算术平均值：

$$l_甲 = \frac{1}{3}(l_1 + l_2 + l_3), \qquad l_乙 = \frac{1}{2}(l_4 + l_5)$$

人们要根据 $l_甲$、$l_乙$ 来计算最或然值。自然，相同的原始数据，不同的计算过程，最或然值应该是唯一的。因此，由式（6-37）得

$$\bar{l} = \frac{1}{5}(l_1 + l_2 + l_3 + l_4 + l_5) = \frac{3l_甲 + 2l_乙}{3 + 2} \tag{6-38}$$

不妨设每次丈量的中误差为单位权中误差，则

$$p_甲 = \frac{m_0^2}{m_甲^2} = 3, \quad p_乙 = \frac{m_0^2}{m_乙^2} = 2 \tag{6-39}$$

则式（6-38）可写为

$$\bar{l} = \frac{p_甲 l_甲 + p_乙 l_乙}{p_甲 + p_乙} \tag{6-40}$$

上式称为不等精度观测值的加权平均值公式。容易扩展到一般形式：

$$\bar{l} = \frac{[pl]}{[p]} \tag{6-41}$$

为了考察加权平均值的方差，根据式（6-41），利用误差传播律，可得

$$m_{\bar{l}}^2 = \sum_{i=1}^{n}\left(\frac{p_i}{[p]}\right)^2 m_i^2 = \sum_{i=1}^{n}\frac{p_i}{[p]^2}m_0^2 = \frac{m_0^2}{[p]} \tag{6-42}$$

再根据权的定义，可得加权平均值的权：

$$p_{\bar{l}} = [p] \tag{6-43}$$

即加权平均值的权为各观测值的权之和。

三、单位权方差的计算

由式（6-42）可见，为了求加权平均值的方差，必须知道单位权方差。下面简单介绍如何利用一系列不等精度观测值来估计单位权方差。

由权的定义式可得

$$m_0^2 = p_i m_i^2$$

对上式两边求和，取平均，得估计式：

$$m_0^2 = \frac{1}{n}[pm^2]$$

如果观测值的真值已知，通常可用 $[p\Delta\Delta]$ 代替 $[pm^2]$，即

$$m_0^2 = \frac{1}{n}[p\Delta\Delta] \tag{6-44}$$

利用残差及改正数估计单位权的公式为

$$m_0^2 = \frac{1}{n-1}[pvv] \tag{6-45}$$

【例 6-5】某班实验钢尺量距，分为 3 组，丈量成果列于表 6-3 中。求距离的最或然值及其中误差。

解：计算结果列于表 6-3 中。特别指出，在不等精度时，[pv] = 0。

表 6-3 加权平均值及其中误差计算表

组号	丈量次数	各组均值 l/m	权 p	pl	v/mm	pv	pvv
1	2	10.000	2	20.000	−3	−6	18
2	4	10.003	4	40.012	0	0	0
3	3	10.005	3	30.015	2	6	12
	9		9	90.027		0	30
加权平均值: $\bar{l} = \dfrac{[pl]}{[p]} = \dfrac{90.027}{9} = 10.003$（m） 单位权方差: $m_0^2 = \dfrac{1}{n-1}[pvv] = \dfrac{30}{2} = 15$ 加权平均值方差: $m_{\bar{l}}^2 = \dfrac{m_0^2}{[p]} = \dfrac{15}{9} = 1.7$ 加权平均值中误差: $m_{\bar{l}} = \sqrt{1.7} = 1.3$（mm）							

习题与思考题

1. 为什么测量误差不可避免?

2. 偶然误差能否消除? 为什么?

3. 观测值的精度含义是什么?

4. 权的定义和作用是什么?

5. 用 J2 型经纬仪测水平角,要求角度的精度达到 1″。请问至少要测几个测回?

6. 某教室地面由 10 块 × 10 块同样规格的正方形瓷砖铺成。若测量其中一块瓷砖的某个边来计算面积,若边长测定的中误差为 m,求面积的中误差。

7. 某教室地面由 10 块 × 10 块同样规格的正方形瓷砖铺成。若测量其中每块瓷砖的边长,其中误差为 m,并求和计算教室的长度,求教室长度的中误差。

8. 设四等水准测量中每个读数的中误差为 1 mm,求测站高差的中误差。

9. 设四等水准测量中每个读数的中误差为 1 mm,求红黑面高差之差的限差。

第七章

小区域控制测量

第一节 控制测量概述

为了限制误差的累积和传播,保证测图和施工的精度和效率,测量工作必须遵循"从整体到局部,先控制后碎部"的原则。即先对整个测区进行控制测量,再进行碎部测量。在测量工作中,首先在测区内选择一些具有控制意义的点,组成一定的几何图形,形成测区的骨架,用相对精确的测量手段和计算方法,在统一坐标系中,确定这些点的平面坐标和高程,然后以它们为基础来测定其他地面点的点位或开展其他测量工作。其中,这些具有控制意义的点称为控制点;由控制点组成的几何图形称为控制网;对控制网进行布设、观测、计算,确定控制点位置的工作称为控制测量。

控制测量应由高等级到低等级逐级加密进行,直到最低等级的图根控制测量,再在图根控制点上安置仪器进行碎部测量和测设工作。控制测量的作用是限制测量误差的传播和积累,保证必要的测量精度,使分区的测图能拼接成整体,整体设计的工程建筑物能分区施工放样。控制测量的实质就是测定控制点的平面位置和高程。测定控制点的平面位置工作,称为平面控制测量;测定控制点的高程工作,称为高程控制测量。

一、平面控制测量

(一)建立平面控制网的方法

平面控制测量的任务就是用精密仪器采用精密方法测量控制点间的角度、距离要素,根据已知点的平面坐标、方位角,从而计算出各控制点的坐标。建立平面控制网的方法有导线测量、三角网测量、三边测量、全球导航卫星定位系统(GNSS)控制测量等。目前,GNSS控制测量和导线测量是平面控制测量的主要方法。

1. GNSS 控制测量

全球导航卫星定位系统是具有在海、陆、空进行全方位实时三维导航与定位能力的新一代卫星导航与定位系统。GNSS 以全天候、高精度、自动化、高效率等显著特点,广泛地应用于工程控制测量。GNSS 控制测量是在一组控制点上安置 GNSS 卫星接收机接收 GNSS 卫星信号,测得控制点到相应卫星的距离,再通过一系列数据处理取得控制点的坐标。

2. 导线测量

导线测量是在测区内选定若干个控制点,把相邻且互相通视的控制点用折线连接起来,构成导线网,如图 7-1 所示。这些控制点称为导线点,点间的折线边称为导线边,相邻导线边之间的夹角称为转折角,与坐标方位角已知的导线边相连接的转折角称为连接角。导线测量就是用精密仪器和精密测量方法依次测定导线的边长和导线的转折角,然后根据已知点坐标和已知边方位角,推算其余各边的方位角,从而求出各未知导线点的坐标。导线的布设形式按测区情况可分为闭合导线、附合导线、支导线三种形式。在建筑物密集的建筑区和平坦、通视条件较差的小地区平面控制测量常采用导线测量。

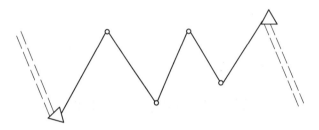

图 7-1 导线测量

3. 三角网测量

三角网测量是在测区内选定若干个控制点,把相邻互相通视的点连成连续的三角网,如图 7-2 所示。构成三角网的控制点称为三角点。三角网测量是用精密测量方法丈量三角网中一条或几条边的长度(称基线),并测出各三角形的内角,经过计算求出全网各三角形的边长,最后根据其中一点的已知坐标和一边的已知方位角,计算出各三角点的坐标。

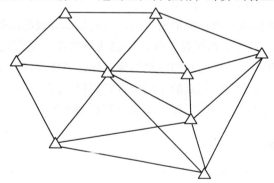

图 7-2 三角网测量

4. 三边测量

三边测量是用全站仪或光电测距仪,采取测边方式来测定各三角形顶点平面位置的方法。三边测量是建立平面控制网的方法之一,其优点是较好地控制了边长方面的误差,工作效率高。

(二) 国家平面控制网的概念

在全国范围内布设的平面控制网称为国家平面控制网。国家平面控制网的布设原则是分级布网、逐级控制，按其精度由高级到低级分一、二、三、四共四个等级，主要采用三角网测量法布设，在西部困难地区采用导线测量法。一等三角网是在全国范围内沿经线和纬线方向布设的，是全国平面控制网的骨干，作为低级三角网的基础，也为研究地球形状和大小提供资料。二等三角网是布设在一等三角锁环内，形成国家平面控制网的全面基础。三、四等三角网是以二等三角网为基础进一步加密，用插点或插网形式布设。

国家三角网示意如图 7-3 所示。

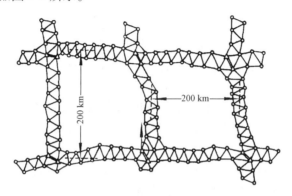

图 7-3 国家三角网示意

二、高程控制测量

国家高程控制网是用精密的水准测量方法建立的，它是全国各种比例尺测图和工程建设的基本控制点。布设的原则类似平面控制网，也遵循由高级到低级、从整体到局部的原则。高程控制网分为一、二、三、四等四个等级。各等级水准网一般要求自身构成闭合环线或闭合于高一级水准路线上并构成环形。国家一、二等水准网采用精密水准测量建立，是研究地球形状、地球大小、海水面变化的重要资料。

一等水准网是沿平缓的交通路线布设成周长约 1 500 km 的环形路线。一等水准网是精度最高的高程控制网，它是国家高程控制的骨干，同时也是地学科研工作的主要依据。二等水准网是布设在一等水准环线内，形成周长为 500～750 km 的环线。它是国家高程控制网的全面基础。三等水准网一般布置成附合在高级点间的附合水准路线，长度不超过 200 km。四等水准网均为附合在高级点间的附合水准路线，长度不超过 80 km。三、四等水准网直接为地形测图或工程建设提供高程控制点。

在国家水准测量的基础上，城市高程控制测量通常分为二、三、四等。城市控制网一般是以国家控制网为基础，根据测区的大小和施工测量的要求，布设不同等级的平面控制网和高程控制网，作为地形测图、城市规划、建筑设计和施工放样的依据。城市首级高程控制网可布设成二等或三等水准网，用三等或四等水准网进一步加密。在四等水准网以下，再布设直接为测绘大比例尺地形图所用的图根水准测量，或为某一工程建设所用的工程水准测量。

城市和工程高程控制，凡有条件的都应采用国家高程系统。

（一）水准点

水准路线测量工作主要包括水准路线的测量、布设及施测和相关结果的处理。测量人员不仅需要在测量中严格按照相关的技术标准施测，还需要对测量的结果进行科学合理的分析，保证测量的有效性。首先根据需要，在地面上选定点位并埋设测量标志，然后用水准测量方法来测定其高程，以作为后期确定其他地面点高程的依据，这样建立的一些高程控制点称为水准点。水准点应按照水准路线等级，根据不同性质的土壤并结合现场实际情况和需要而设立。国家水准点标石的制作材料、规格和埋设要求，在《国家一、二等水准测量规范》（GB/T 12897—2006）中都有具体的规定和说明。关于工程测量中常用的普通水准标石是由柱石和盘石两部分组成，标石可用混凝土浇制或用天然岩石制成。水准标石上面嵌设有铜材或不锈钢金属标志。

（二）水准测量路线的布设

从一个水准点到另一个水准点所经过的水准测量线路称为水准路线。水准路线的布设形式一般有附合水准路线、支水准路线、闭合水准路线等几种。

1. 附合水准路线

如图7-4（a）所示，这种由一个已知高程的水准点出发，经过各待定高程水准点后附合到另一个已知高程水准点上的水准路线，称为附合水准路线。

2. 支水准路线

如图7-4（b）所示，这种由一个已知控制点出发，既不附合另一控制点，又不闭合于原来的起始控制点，这种水准路线称为支水准路线。

3. 闭合水准路线

如图7-4（c）所示，这种由一个已知高程的水准点出发，经过各待定高程水准点又回到原已知高程水准点上的水准测量路线，形成一个闭合多边形，称为闭合水准路线。

水准网由若干条单一水准路线相互连接构成，如图7-5所示。

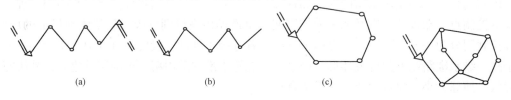

图7-4 水准路线布设形式　　　　　　图7-5 水准网
（a）附合水准路线；（b）支水准路线；（c）闭合水准路线

（三）水准测量路线的计算

水准测量路线计算的目的是检查外业观测成果质量，消除观测数据中的系统误差，对偶然误差进行平差处理，对观测成果和平差结果进行精度评定。其步骤如下：

（1）按照规范要求对外业观测成果进行检查与核算，确保无误并符合限差要求。

（2）经过各项改正计算，消除观测数据中的系统误差。其中包括水准标尺1 m长度的改正和对三等以上的观测高差加入正常位水准面不平行改正，从而计算出消除系统误差后的观测高差。

（3）对观测精度进行评定，其中包括计算附合路线闭合差、往返测不符值，进而计算每千米高差中数的偶然中误差和全中误差。

（4）以消除系统误差后的观测高差为观测数据，对水准路线或水准网进行平差计算，求出高差的平差值和各待定点平差后的高程值。

（5）对平差后的高差和高程进行精度评定，计算出高差和高程的中误差。

水准网平差的基本方法有以最小二乘原理为基础的条件平差法、间接平差法和单一水准路线平差法等。

三、小区域控制网

在小于 10 km² 的范围内建立的控制网，称为小区域控制网。在这个范围内，水准面可视为水平面，采用平面直角坐标系计算控制点的坐标，不需将测量成果归算到高斯平面上。小区域平面控制网应尽可能与国家控制网或城市控制网联测，将国家或城市高级控制点坐标作为小区域控制网的起算和校核数据。无条件联测时，可建立测区独立控制网。

在地形测量中，为满足地形测图精度的要求所布设的平面控制网，称为地形平面控制网。地形平面控制网分首级控制网、图根控制网。测区最高精度的控制网称为首级控制网。直接用于测图的控制网称为图根控制网，控制点称为图根点。首级平面控制网的等级选择，要根据测区面积大小，测图比例尺等方面考虑，一般情况下可采用一、二、三级导线控制网作为首级控制网，在首级控制网的基础上建立图根控制网。当测区面积较小时，可以直接建立图根控制网。图根控制点的密度取决于测图比例尺和地形的复杂程度，对地形复杂、山区可适当增加图根点的密度。

第二节　导线测量

导线是将测区内相邻控制点连成线段而构成的一条折线，导线测量原理就是依次测定各导线边的长度和各转折角值，根据起算数据，计算出各导线点的坐标。导线测量是建立国家大地控制网的主要方法之一，也是为地形测图、城市测量和各种工程测量建立控制点的常用方法。

一、导线的布设

根据测区的情况和要求，导线可以布设成以下几种常用形式：

（一）闭合导线

如图 7-6 所示，闭合导线是由某一高级控制点出发，最后又回到该点，形成一个闭合多边形。闭合导线通常适用于在独立地区建立首级平面控制，较适合控制块状区域，如居民区、广场、码头等。

图 7-6　闭合导线

（二）附合导线

如图7-7所示，附合导线是从一个高级点出发，最后附合到另一个高级点上去。测量所有边长、转折角及连接角，即可确定各点位置。附合导线适用于平面控制网的加密，较适合控制条带状的区域，如道路、管道、电缆等工程的控制。

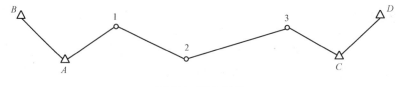

图7-7　附合导线

（三）支导线

如图7-8所示，支导线是从一个已知点出发，既不回到原来的控制点，也不附合到另一已知点的单一导线，这种导线没有已知点进行校核，错误不易发现，所以导线的点数不得超过2~3个。

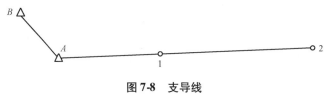

图7-8　支导线

二、导线测量的外业观测

导线测量的工作分外业和内业。导线测量的外业工作包括选点、量边、测角及定向；内业工作是根据外业的观测成果经过计算，最后求得各导线点的平面直角坐标。

（一）选点

选点就是在测区内选定控制点位置。选点工作是一项全局性的重要工作，点位选得合理，不仅便于控制测量，提高控制精度，而且还对测量有利；反之，事倍功半。因此在选点前，应搜集测区内原有测量资料、图纸，高级点的位置和数据；并了解测区范围、地形条件、交通状况，以及测图比例与要求等。根据这些因素在旧图上规划布置导线点位及定向，然后到实地勘察，具体选定导线点位置。

导线点点位选择必须注意以下几个方面：
（1）导线点应选在地势较高，视野开阔之处，便于施测周围地形；
（2）相邻两导线点间要互相通视，视线远离障碍物，保证成像清晰，便于测量水平角；
（3）导线应沿着平坦、土质坚实的地面设置，以便于丈量距离；
（4）为保证测角精度，导线边长要选得大致相等，相邻边长不应过于悬殊；
（5）导线点应选在土质坚实之地，便于保存和安置仪器；
（6）导线点应尽量靠近路线位置；
（7）导线点要有一定的密度，以便控制整个测区。

导线点选定后，通常是用木桩打入土中，并在桩顶钉入小钉作为点位的标志。需要长期保存的标志要埋设石桩或混凝土桩。

（二）量边

导线边长是指相邻导线点间的水平距离。根据各级导线的精度要求和设备条件，导线边长的测定可选用钢卷尺、光电测距仪、全站仪等进行观测。各级导线边长采用普通钢尺进行丈量时其主要技术要求应符合相关的技术规范。

（三）测角

导线水平角测量主要是导线转折角、导线水平角的观测。附合导线按导线前进方向可观测左角或右角；对于闭合导线，转折角的顺序按逆时针方向编号，所测角度既是左角，又是右角。支导线无校核条件，要求既观测左角，也观测右角，以便进行校核。导线水平角的观测方法一般采用测回法和方向观测法。

（四）定向

导线与高级控制点连接角的测量称为导线定向。定向的目的是确定导线的方向，分为两种情况。当布设的导线为独立控制时，可以根据各级导线的精度要求和设备条件，选用罗盘仪、陀螺仪和天文观测的方法进行定向测量，测定起始边的方位角。当测区有高级控制点，导线定向是为了加密控制时，其定向方法是测定连接角。附合导线两端均测连接角，可得到必要的校核条件。闭合导线的连接得不到相应的校核，应分别测出左右连接角。

三、导线测量的内业计算

导线测量的最终目的是要获得各导线点的平面直角坐标，因此外业工作结束后就要进行内业计算，以求得导线点的坐标。首先要查实起算点的坐标、起始边的方位角，校核外业观测资料，确保外业资料的计算正确、合格无误。

（一）坐标正算与坐标反算

根据已知点的坐标、已知边长和坐标方位角计算未知点的坐标，称为坐标的正算。

如图 7-9 所示，设 A 为已知点，B 为未知点，当点 A 的坐标 x_A、y_A 和 AB 边长 S_{AB}、坐标方位角 α_{AB} 均为已知时，则可求得点 B 的坐标 x_B、y_B。

由图 7-9 可知：

$$\left. \begin{array}{l} x_B = x_A + \Delta x_{AB} \\ y_B = y_A + \Delta y_{AB} \end{array} \right\} \quad (7-1)$$

其中，Δx_{AB}、Δy_{AB} 分别为 x 方向和 y 方向上的坐标增量，其计算公式为

$$\left. \begin{array}{l} \Delta x_{AB} = S_{AB} \cdot \cos\alpha_{AB} \\ \Delta y_{AB} = S_{AB} \cdot \sin\alpha_{AB} \end{array} \right\} \quad (7-2)$$

则式（7-1）又可以写为

$$\left. \begin{array}{l} x_B = x_A + S_{AB} \cdot \cos\alpha_{AB} \\ y_B = y_A + S_{AB} \cdot \sin\alpha_{AB} \end{array} \right\} \quad (7-3)$$

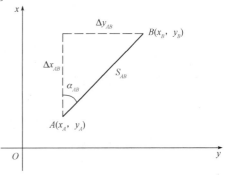

图 7-9　坐标正、反算

由两个已知点的坐标反算其坐标方位角和边长，称为坐标的反算。如图 7-9 所示，若设 A、B 为两个已知点，其坐标分别为 x_A、y_A 和 x_B、y_B，则可得

$$S_{AB} = \frac{\Delta y_{AB}}{\sin\alpha_{AB}} = \frac{\Delta x_{AB}}{\cos\alpha_{AB}} = \sqrt{\Delta x_{AB}^2 + \Delta y_{AB}^2} \quad (7-4)$$

$$\tan\alpha_{AB} = \frac{\Delta x_{AB}}{\Delta y_{AB}} \tag{7-5}$$

式（7-5）中反正切函数的值域是 $-90° \sim +90°$，而坐标方位角为 $0° \sim 360°$。因此，坐标方位角的值，可根据 Δx_{AB}、Δy_{AB} 的正负号所在象限，将反正切角值换算为坐标方位角，见表 7-1。其中，$\alpha = \arctan\frac{\Delta x_{AB}}{\Delta y_{AB}}$。

表 7-1　坐标方位角的转化

Δx_{AB}	Δy_{AB}	坐标方位角
+	+	$\lvert\alpha\rvert$
+	−	$180 - \lvert\alpha\rvert$
−	−	$180 + \lvert\alpha\rvert$
−	+	$360 - \lvert\alpha\rvert$

（二）导线测量的近似平差计算

如图 7-10 所示，具有两个连接角的附合导线，点 A、B、C、D 的坐标均为已知，从而直线 AB 和直线 CD 的坐标方位角已知。P_2、P_3、P_4、…、P_n 为待测点。从一已知点 A 和已知边 AB 出发，依次测定出点 P_1、P_2、P_3、P_4、…、P_n 处的转折角 $\beta_{i(i=1,2,3,\cdots,n)}$ 和导线边长 $S_{i(i=1,2,3,\cdots,n)}$。为求得待定点的坐标，计算步骤如下：

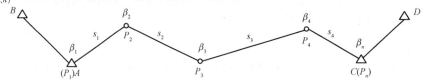

图 7-10　两个连接角的附合导线

（1）计算坐标方位角闭合差：

$$f_\beta = \alpha_{BA} + \sum_{n=1}^{n}\beta \pm n \times 180 - \alpha_{CD} \tag{7-6}$$

（2）判断是否在限差内：

$$f_\beta \leqslant f_{\beta 容许}$$

（3）计算各转折角的改正数并检查。

计算各转折角的改正数：

$$v_\beta = \frac{-f_\beta}{n} \tag{7-7}$$

并检查：

$$\sum v_\beta = -f_\beta \tag{7-8}$$

（4）计算改正后的各转折角：

$$\beta' = \beta + v_\beta \tag{7-9}$$

（5）计算各边的纵、横坐标增量：

$$\left.\begin{array}{l}\Delta x = S\cos\alpha \\ \Delta y = S\sin\alpha\end{array}\right\} \tag{7-10}$$

（6）计算纵、横坐标闭合差及导线全长闭合差：
①纵、横坐标闭合差：

$$\left.\begin{array}{l}f_x = x_A + \sum \Delta x - x_C \\ f_y = y_A + \sum \Delta y - y_C\end{array}\right\} \tag{7-11}$$

②导线全长闭合差：

$$f_s = \sqrt{f_x^2 + f_y^2} \tag{7-12}$$

（7）计算导线全长相对闭合差并判断是否在限差内：

$$\frac{f_s}{\sum S} = \frac{1}{K} \leqslant D_{限} \tag{7-13}$$

（8）计算各边的纵、横坐标增量的改正数并检查。
计算各边的纵、横坐标增量的改正数：

$$\left.\begin{array}{l}v_{\Delta x_i} = \dfrac{-f_x}{\sum S} \cdot S_i \\ v_{\Delta y_i} = \dfrac{-f_y}{\sum S} \cdot S_i\end{array}\right\} \tag{7-14}$$

并检查：

$$\left.\begin{array}{l}\sum v_{\Delta x} = -f_x \\ \sum v_{\Delta y} = -f_y\end{array}\right\} \tag{7-15}$$

（9）计算各点的坐标：

$$\left.\begin{array}{l}x_j = x_i + \Delta x_{ij} + v_{\Delta x_{ij}} \\ y_j = y_i + \Delta y_{ij} + v_{\Delta y_{ij}}\end{array}\right\} \tag{7-16}$$

支导线和仅有一个连接角的附合导线可以看成具有两个连接角的附合导线的特殊情况，支导线没有附合的已知点和附合方位角，不需要计算方位角的改正数和坐标增量的改正数，只需要计算第（4）步和第（9）步。具有一个连接角的附合导线只有一个已知附合导线点，而没有附合方位角，因此只需要进行坐标增量的改正，而不需要坐标方位角的改正，故只需要计算第（5）~（9）步。

如图 7-11 所示为闭合导线，由于观测值存在误差，使得多边形内角和的计算值不等于其理论值，而产生角度闭合差，即

$$f_\beta = \sum \beta - (n-2) \times 180°$$

单一闭合导线的计算其余步骤跟具有两个连接角的附合导线计算相同

【例 7-1】图 7-11 所示为一闭合导线，点 A 高程为已知，其坐标 $x = 100.00$，$y = 100.00$，直线 AB 的坐标方位角为 $96°51'36''$，其余起算数据及观测数据见表 7-2 和图 7-11。计算点 B、C、D、E 的高程。角度闭合差的限差为 $f_{\beta允} = \pm 60\sqrt{n}$，导线全长相对闭合差的限差为 $K_允 = \dfrac{1}{2\,000}$。

测量学

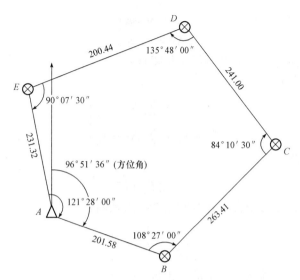

图 7-11 闭合导线网

表 7-2 数据表格

点号	折角 观测角 ° ′ ″	折角 改正后角值 ° ′ ″	方位角 α ° ′ ″	边长 D m	增量计算值 ±Δx m	增量计算值 ±Δy m	改正后增量 ±Δx m	改正后增量 ±Δy m	点的坐标 x m	点的坐标 y m
A	(−12) 121 28 00	127 27 48	96 51 36	201.58	(−0.04) −24.08	(+0.04) +200.14	−24.12	+200.18	100.00	100.00
B	(−12) 108 27 00	108 26 48	25 18 24	263.41	(−0.06) +238.13	(+0.05) +112.60	+238.07	+112.65	75.88	300.18
C	(−12) 84 10 30	84 10 18	289 28 42	241.00	(−0.06) +80.36	(+0.05) −227.21	+80.30	−227.16	313.95	412.83
D	(−12) 135 48 00	135 47 48	245 16 30	200.44	(−0.04) −83.84	(+0.04) −182.06	−83.88	−182.02	394.25	185.67
E	(−12) 90 07 30	90 07 18	155 23 48	231.32	(−0.05) −210.32	(+0.04) +96.31	−210.37	+96.35	310.37	3.65
A		(127 27 48)	96 51 36						100.00	100.00
备注	$f_\beta = \sum\beta - (n-2)\times 180°$ $f_\beta = 01'00'' = 60''$ $f_{\beta允} = \pm 60\sqrt{4} = \pm 120''$ $f_\beta < f_{\beta允}$		$\sum D = 537.450$ m		$f_x = +0.25$ $f_y = +0.22$ $f = \pm\sqrt{f_x^2 + f_y^2}$ $= \pm 0.33$ mm $K = \dfrac{f}{\sum D} = \dfrac{1}{3\,400}$		$K_允 = \dfrac{1}{2\,000}$ $\sum \Delta x = 0$ $\sum \Delta y = 0$			

· 122 ·

第三节　交会定点

当测区内已有控制点的密度不能满足工程施工或测图要求，而且需要加密的控制点数量又不多时，可以采用交会法加密控制点，称为交会定点。交会定点是加密控制点常用的方法，它可以采用在数个已知控制点上设站，分别向待定点观测方向或距离，也可以在待定点上设站，向数个已知控制点观测方向或距离，然后计算待定点的坐标。交会定点的方法有前方交会［图 7-12（a）］、侧方交会［图 7-12（b）］、后方交会［图 7-12（c）］和距离交会等。

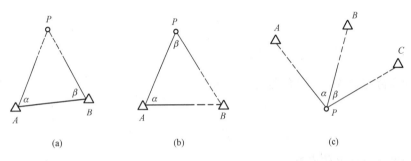

图 7-12　交会测量
（a）前方交会；（b）侧方交会；（c）后方交会

一、前方交会

如图 7-13 所示，A、B 为坐标已知的控制点，P 为待定点。在点 A、B 上安置经纬仪，观测水平角 α、β，根据点 A、B 的已知坐标和 α、β 角，通过计算可得出点 P 的坐标，这就是角度前方交会。计算点 P 的坐标，有以下几个步骤：

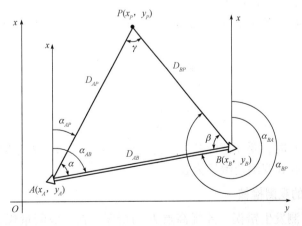

图 7-13　前方交会

（一）计算已知边 AB 的边长和方位角

根据点 A、B 坐标 (x_A, y_A)，(x_B, y_B)，按坐标反算式（7-4）和式（7-5）计算两点间边长 D_{AB} 和坐标方位角 α_{AB}。

（二）计算待定边 AP、BP 的边长 D_{AP} 和 D_{BP}

按三角形正弦定律，得

$$\left. \begin{aligned} D_{AP} &= \frac{D_{AB}\sin\beta}{\sin\gamma} \\ D_{BP} &= \frac{D_{AB}\sin\alpha}{\sin\gamma} \end{aligned} \right\} \tag{7-17}$$

$$\sin\gamma = \sin[180° - (\alpha+\beta)] = \sin(\alpha+\beta) \tag{7-18}$$

$$\left. \begin{aligned} D_{AP} &= \frac{D_{AB}\sin\beta}{\sin(\alpha+\beta)} \\ D_{BP} &= \frac{D_{AB}\sin\alpha}{\sin(\alpha+\beta)} \end{aligned} \right\} \tag{7-19}$$

（三）计算待定边 AP、BP 的坐标方位角

$$\left. \begin{aligned} \alpha_{AP} &= \alpha_{AB} - \alpha \quad (7\text{-}20) \\ \alpha_{BP} &= \alpha_{BA} + \beta = \alpha_{AB} \pm 180° + \beta \end{aligned} \right\} \tag{7-20}$$

（四）计算待定点 P 的坐标

由点 A 推算点 P 坐标

$$\left. \begin{aligned} x_P &= x_A + \Delta x_{AP} = x_A + D_{AP}\cos\alpha_{AP} \\ y_P &= y_A + \Delta y_{AP} = y_A + D_{AP}\sin\alpha_{AP} \end{aligned} \right\} \tag{7-21a}$$

由点 B 推算点 P 坐标

$$\left. \begin{aligned} x_P &= x_B + \Delta x_{BP} = x_B + D_{BP}\cos\alpha_{BP} \\ y_P &= y_B + \Delta y_{BP} = y_B + D_{BP}\sin\alpha_{BP} \end{aligned} \right\} \tag{7-21b}$$

式（7-21）就是前方交会计算点 P 坐标的计算公式。下面给出另外一种计算点 P 坐标且适用于计算器计算的公式，也即所谓的前方交会余切公式，这里不给出推导过程：

$$\left. \begin{aligned} x_P &= \frac{x_A\cot\beta + x_B\cot\alpha + (y_B - y_A)}{\cot\alpha + \cot\beta} \\ y_P &= \frac{y_A\cot\beta + y_B\cot\alpha + (x_A - x_B)}{\cot\alpha + \cot\beta} \end{aligned} \right\} \tag{7-22}$$

在应用式（7-22）时，要注意已知点和待定点必须按 A、B、P 逆时针方向编号，在点 A 观测角编号为 α，在点 B 观测角编号为 β。

（五）前方交会的观测检核

为了避免外业观测发生错误，并提高点 P 的精度，在一般测量规范中，都要求布设三个已知点的前方交会。如图 7-14 所示，从三个已知点 A、B、C 分别向点 P 观测水平角 α_1、

β_1、α_2、β_2，做两组前方交会。计算出点 P 的两组坐标 P'（x'_P、y'_P）和 P''（x''_P、y''_P）。当两组坐标较差符合规定要求时，取其平均值作为点 P 的最后坐标。

两组坐标较差 e 一般不大于两倍比例尺精度，用公式表示为

$$e = \sqrt{\delta_x^2 + \delta_y^2} \leq e_P = 2 \times 0.1 \times M \text{（mm）} \quad (7\text{-}23)$$

式中，$\delta_x = x'_P - x''_P$，$\delta_y = y'_P - y''_P$，M 为测图比例尺分母。

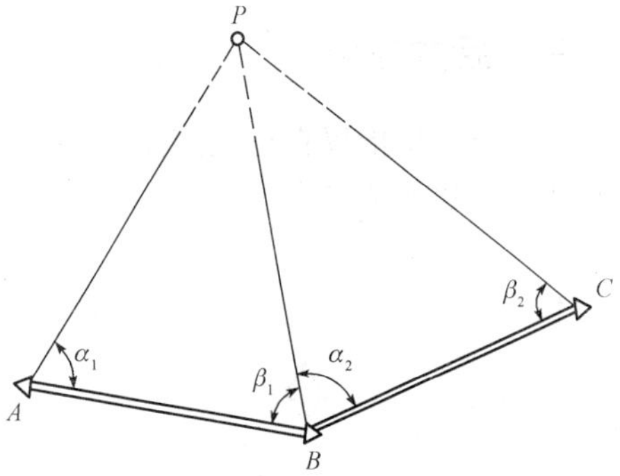

根据交会点的误差分析得知，交会角（$\angle P$）应为 30°～90°；取 90°时，精度最高。前方交会的算例见表 7-3。

图 7-14 前方交会的观测检核

表 7-3 前方交会算例

略图		点号	x/m	y/m
	已知数据	A	116.942	683.295
		B	522.909	794.647
		C	781.305	435.018
	观测数据	α_1	59°10′42″	
		β_1	56°32′54″	
		α_2	53°48′45″	
		β_2	57°33′33″	
计算结果	（1）由 I 计算得：$x'_P = 398.151$ m，$y'_P = 413.249$ m （2）由 II 计算得：$x''_P = 398.127$ m，$y''_P = 413.215$ m （3）两组坐标较差： $e = \sqrt{\delta_x^2 + \delta_y^2} = \sqrt{(+0.024)^2 + (+0.034)^2} = 0.042$（m） $e_P = 2 \times 0.1 \times 1\,000 = 0.2$（m）　　$e < e_P$ （4）点 P 坐标为 $x_P = 398.139$ m，$y_P = 413.215$ m 测图比例尺分母 $M = 1\,000$。			

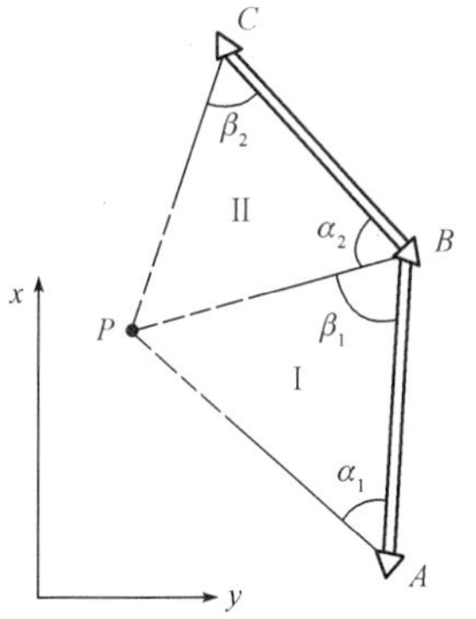

二、侧方交会

若两个已知点 A、B 中有一个不易到达或不方便安置仪器，可用侧方交会，如图 7-15 所示。在一个已知点 A 与未知点 P 上设站，测定两角 α 和 γ。为求得 P 的坐标，计算方法同前方交会相同，只是角 β 由观测角通过三角形内角和等于 180°计算而得。

三、后方交会

后方交会是指仅在待定点上设站,向三个已知控制点观测两个水平夹角,从而计算待定点的坐标。如图 7-16 所示,点 A、B、C 坐标已知,点 P 为待测点,α、β 是观测的两个水平夹角。

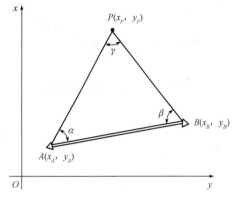

图 7-15 侧方交会　　　　　　图 7-16 后方交会

由图 7-16 知:
$$\varphi_1 + \varphi_2 = 360° - (\alpha + \beta + \gamma) \tag{7-24}$$

由正弦定理有
$$\left.\begin{array}{l} \dfrac{a}{\sin\alpha} = \dfrac{PB}{\sin\varphi_1} \\ \dfrac{b}{\sin\beta} = \dfrac{PB}{\sin\varphi_2} \end{array}\right\} \tag{7-25}$$

由式(7-25)可得
$$\frac{a\sin\varphi_1}{\sin\alpha} = \frac{b\sin\varphi_2}{\sin\beta} \tag{7-26}$$

设:
$$\theta = \varphi_1 + \varphi_2 = 360° - (\alpha + \beta + \gamma) \tag{7-27}$$

$$k = \frac{\sin\varphi_1}{\sin\varphi_2} = \frac{b \cdot \sin\alpha}{a \cdot \sin\beta} \tag{7-28}$$

则:
$$k = \frac{\sin(\theta - \varphi_2)}{\sin\varphi_2} = \sin\theta\cot\varphi_2 - \cos\theta \tag{7-29}$$

$$\tan\varphi_2 = \frac{\sin\theta}{k + \cos\theta} \tag{7-30}$$

$$\varphi_1 = \theta - \varphi_2 \tag{7-31}$$

$$\left.\begin{array}{l} \gamma_1 = 180° - \alpha - \varphi_1 \\ \gamma_2 = 180° - \beta - \varphi_2 \end{array}\right\} \tag{7-32}$$

由 γ_1、γ_2、φ_1 和 φ_2,则可按前方交会的余切公式进行计算。

后方交会通常使用一种仿权公式，因其公式形式如同加权平均值：

$$\left. \begin{array}{l} x_p = \dfrac{P_A x_A + P_B x_B + P_C x_C}{P_A + P_B + P_C} \\ y_p = \dfrac{P_A y_A + P_B y_B + P_C y_C}{P_A + P_B + P_C} \end{array} \right\} \tag{7-33}$$

其中：

$$\begin{array}{l} P_A = \dfrac{1}{\cot A - \cot \alpha} \\ P_B = \dfrac{1}{\cot B - \cot \beta} \\ P_C = \dfrac{1}{\cot C - \cot \gamma} \end{array} \tag{7-34}$$

使用仿权公式有几点要注意：

（1）编号：A 与 α、B 与 β、C 与 γ 分别对应同一边。

（2）A、B、C 成一条直线时，不能使用这个公式。

（3）$\alpha + \beta + \gamma = 360°$，否则进行角度闭合差的调整。

（4）当点 P 正好落在通过点 A、B、C 的圆周上时，后方交会点无法解算，称为危险圆，如图 7-17 所示。若点 P 在危险圆上，则点 P 坐标解算不出来；如果点 P 十分靠近危险圆，那么解算出的点 P 坐标的精度也比较低。交会点在三个已知点构成的等边三角形的中心时，精度最好。

（5）为避免观测错误和提高观测精度，后方交会实际上应构成两套图形解求交会点坐标。

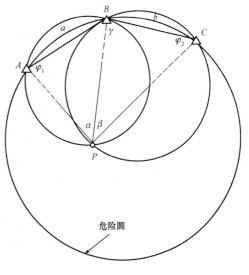

图 7-17 危险圆

四、距离交会

（一）距离交会的计算

如图 7-18 所示，A、B 为已知控制点，P 为待定点，测量了边长 D_{AP} 和 D_{BP}，根据点 A、B 的已知坐标及边长 D_{AP} 和 D_{BP}，通过计算求出点 P 坐标，这就是距离交会。计算步骤如下：

（1）计算已知边的边长和坐标方位角。如图 7-19 所示，根据已知点 A、B 的坐标，按坐标反算公式计算边长 D_{AB} 和坐标方位角 α_{AB}。

（2）计算 $\angle BAP$ 和 $\angle ABP$。

按三角形余弦定理，得

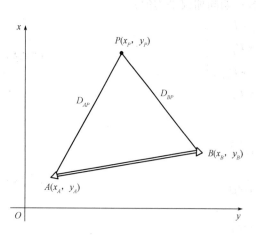

图 7-18 距离交会　　　　　　图 7-19 距离交会计算示意图

$$\left.\begin{array}{l}\angle BAP = \arccos \dfrac{D_{AB}^2 + D_{AP}^2 - D_{BP}^2}{2\,D_{AB}D_{AP}} \\[2mm] \angle ABP = \arccos \dfrac{D_{AB}^2 + D_{BP}^2 - D_{AP}^2}{2\,D_{AB}D_{BP}} \end{array}\right\} \quad (7\text{-}35)$$

（3）计算待定边 AP、BP 的坐标方位角，得

$$\left.\begin{array}{l}\alpha_{AP} = \alpha_{AB} - \angle BAP \\ \alpha_{BP} = \alpha_{BA} + \angle ABP \end{array}\right\} \quad (7\text{-}36)$$

（4）计算待定点 P 的坐标，即

$$\left.\begin{array}{l}x_P = x_A + \Delta x_{AP} = x_A + D_{AP}\cos\alpha_{AP} \\ y_P = y_A + \Delta y_{AP} = y_A + D_{AP}\sin\alpha_{AP} \end{array}\right\} \quad (7\text{-}37)$$

$$\left.\begin{array}{l}x_P = x_B + \Delta x_{BP} = x_B + D_{BP}\cos\alpha_{BP} \\ y_P = y_B + \Delta y_{BP} = y_B + D_{BP}\sin\alpha_{BP} \end{array}\right\} \quad (7\text{-}38)$$

（二）距离交会的观测检核

在实际工作中，为了保证定点的精度，避免边长测量错误的发生，一般要求从三个已知点 A、B、C 分别向点 P 测量三段水平距离 D_{AP}、D_{BP}、D_{CP}，做两组距离交会。计算出点 P 的两组坐标。当两组坐标较差满足式（7-23）要求时，取其平均值作为点 P 的最后坐标。

第四节　三角高程测量

当地形高低起伏较大不便于水准测量时，由于光电测距仪和全站仪的普及，可以用光学测距仪三角高程测量的方法测定两点间的高差，从而推算各点的高程。三角高程测量的基本思想是根据由测站点向照准点所观测的垂直角（或天顶距）和它们之间的水平距离，计算测站点与照准点之间的高差。这种方法简便、灵活，受地形条件的限制较少，故适用于测定三角点的高程。三角点的高程主要作为各种比例尺测图高程控制的一部分，一般都是在一定密度的水准网控制下，用三角高程测量的方法测定三角点的高程。

一、三角高程测量的基本原理

如图 7-20 所示，已知点 A 的高程 H_A，要测定点 B 的高程 H_B，可安置全站仪（或经纬仪配合测距仪）于点 A，量取仪器高 i；在点 B 安置棱镜，量取其高度 v；用全站仪中丝瞄准棱镜中心 M，测定竖直角 α；再测定点 A、B 间的水平距离 D（注：全站仪可直接测量平距），则点 A、B 间的高差计算式为

$$h_{AB} = D\tan\alpha + i - v \tag{7-39}$$

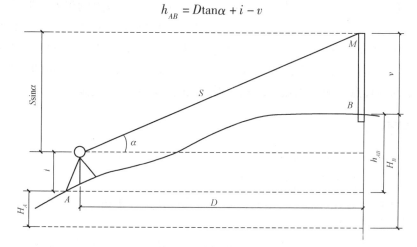

图 7-20 三角高程测量原理

如果用经纬仪配合测距仪测定两点间的斜距 S 及竖直角 α，则 AB 两点间的高差计算式为

$$h_{AB} = S\sin\alpha + i - v \tag{7-40}$$

具体应用式（7-39）和式（7-40）两式时，要注意竖直角的正负号，当 α 为仰角时取正号，相应地 $D\tan\alpha$ 也为正值；当 α 为俯角时取负号，相应地 $S\sin\alpha$ 也为负值。求得高差 h_{AB} 以后，按下式计算点 B 的高程：

$$H_B = H_A + h_{AB} \tag{7-41}$$

二、地球曲率和大气折光对三角高程测量的影响

在三角高程测量式（7-39）和式（7-40）的推导中，假设大地水准面是平面，但事实上大地水准面是一曲面，在第一章中已介绍了水准面曲率对高差测量的影响，因此由三角高程测量式（7-39）和式（7-40）计算的高差应进行地球曲率影响的改正，称为球差改正 f_1，球差改正 f_1 的计算公式为

$$f_1 = \Delta h = D^2/2R \tag{7-42}$$

式中，R 为地球平均曲率半径，一般取 $R = 6\ 371$ km。另外，由于视线受大气垂直折光影响而成为一条向上凸的曲线，使视线的切线方向向上抬高，测得竖直角偏大。因此，还应进行大气折光影响的改正，称为气差改正 f_2，气差改正 f_2 的计算公式为

$$f_2 = kD^2/2R \tag{7-43}$$

式中，k 为大气垂直折光系数。球差改正和气差改正合称为球气差改正 f，则 f 应为

$$f = f_1 + f_2 = (1-k)D^2/2R \tag{7-44}$$

大气垂直折光系数 k 随气温、气压、日照、时间、地面情况和视线高度等因素而改变，一般取其平均值，令 $k=0.14$。由于 $f_1 > f_2$，故 f 恒为正值。考虑球气差改正时，三角高程测量的高差计算式（7-39）和（7-40）可分别为

$$h_{AB} = D\tan\alpha + i - v + f \tag{7-45}$$

$$h_{AB} = S\sin\alpha + i - v + f \tag{7-46}$$

由于折光系数的不定性，使球气差改正中的气差改正具有较大的误差。但是，如果在两点间进行对向观测，即测定 h_{AB} 及 h_{BA} 而取其平均值，则由于 f 在短时间内不会改变，而高差 h_{BA} 必须与 h_{AB} 取平均，因此，f 可以抵消，所以作为高程控制点进行三角高程测量时，必须进行对向观测。凡是仪器设置在已知高程点，测定该点与未知高程点之间的高差称为直觇；仪器设置在未知高程点，测定该点与已知高程点之间的高差称为反觇。

习题与思考题

1. 建立平面控制网的方法有哪些？
2. 控制测量应遵循的原则是什么？
3. 水准测量路线的布设有哪些形式？导线测量布设又有哪些形式？
4. 什么是坐标正反算？
5. 水准测量计算步骤是怎样的？闭合导线水准测量计算步骤又是怎样的？
6. 交会定点的方法有哪些？
7. 三角高程测量的基本原理是什么？地球曲率和大气折光对其有何影响？如何避免？
8. 在后方交会测量中，什么是危险圆？

第八章

GNSS 测量

第一节　GNSS 测量概述

全球导航卫星系统（Global Navigation Satellite System，简称 GNSS）可为用户提供全天候的三维坐标、速度和时间信息，在地球表面空间任何位置都可以接收到导航定位信号，实现了地基无线电导航向空基无线电导航的转变。

北斗导航卫星定位系统是我国自主研发的导航定位系统，目前已实现与世界上其他几大导航卫星定位系统的互相兼容和交互操作，并能够全天候提供全球范围内的高精度、高可靠的定位、导航、授时服务，同时还具有短报文通信能力。当前，除我国的北斗导航卫星定位系统外，全球范围内还有美国的 GPS 全球定位系统、俄罗斯的 GLONASS 定位系统以及欧盟的伽利略定位系统。各方都在极力发展自主的导航卫星定位系统，导航卫星信息资源日益丰富。借助丰富的导航信息能够进一步提高卫星导航系统的可靠性、可用性、精确性以及完好性，但同时也使得我们不得不面对激烈的空间资源、频率资源、时间频率主导权以及卫星导航市场等方面的激烈竞争。北斗导航卫星系统的建设与发展将满足我国在国家安全、经济建设、科技发展和社会进步等多方面的需求，对维护国家权益、增强综合国力有着积极的促进作用。进一步稳步推进我国北斗导航卫星定位系统的建设工作是我国发展之需。

一、GPS 系统

1964 年，世界上第一个成功运行的导航卫星系统，是由美国开发、研究的海军导航卫星系统（NNSS），又称子午卫星系统。它是根据多普勒频移原理实现定位的，不足之处是，定位时间长，定位精度低。为了实现连续、实时、精确定位，以及满足军方对定位的要求，美国国防部在 1973 年 4 月提出研究、创建新一代卫星导航与定位系统的计划，同时，批准了"授时与测距导航系统/全球定位系统（NAVSTAR/GPS）"方案。1978 年 2 月 22 日，美国在加利福尼亚州的范登堡空军基地发射第一颗 GPS 试验卫星。到 1993 年，美国建成了一个由 24 颗卫星构成的完整星座，同年决定全球各国可以免费享用民用 GPS 信号。1995 年，宣告 GPS 进入全面运行能力状态。并且，于 2000 年关闭了在 GPS 信号中加入人为干扰噪声的选择可用性（SA）政策，真正意义上实现了 GPS 的开放性高精度定位服务。

全球定位系统（简称 GPS）是由美国国防部研制开发的一种可以在全世界任何地点、任何时间提供全天候的高精度定位服务的导航卫星系统。GPS 是最早开展研发及应用的全球范围导航定位系统，同时也是目前最为成熟、应用最为广泛的导航卫星定位系统。GPS 的发展历经 20 多年，引领卫星导航领域的革命，极大地推动了社会发展与时代进步。GPS 最开始的研制目标是为国家军事服务，但通过几十年的发展，GPS 除了在军事方面的运用之外，在航空航天、测时授时、物理探矿等领域也显示出了巨大的生命力，在交通、邮电、地矿、煤矿、石油、建筑以及农业、气象、土地管理、金融安全等部门和行业的应用也越来越广泛。近几年，它更是被运用到人们的日常生活中。

为了满足社会日益增长的导航定位需求和保持 GPS 在全球导航卫星系统领域中的竞争力，美国政府于 1996 年开始部署 GPS 现代化的建设。GPS 现代化的目标主要是从空间段卫星和地面控制段处着手来提升 GPS 的服务能力。20 多年来，美国已投入数百亿美元来不断推进 GPS 现代化的进程。GPS 现代化建设取得的主要进展如下：

（1）研发抗干扰 GPS 接收机，增强信号接收能力。例如，开发了 P 码直捕军用接收机、研制了自适应调零天线和可控接收波瓣图天线等。

（2）部署了新的第二代 GPS ⅡR 卫星以逐步取代第一代 GPS ⅡA 卫星，从而增强了 GPS 卫星的自主工作和抗干扰能力。

（3）研制出可以"拒绝敌方使用 GPS"的卫星信号干扰系统，实现了可以对其他国家"视情况关闭 GPS 服务"的目标；根据不同情况增强或关闭 GPS 信号，确保 GPS 信号的安全性；研究出了能锁定干扰 GPS 信号装置位置的技术，以便摧毁它们。

（4）改进了地面控制网络。建立新的地面监测站，提升监控力度并对原来的地面监测站升级改造；开发新的接收设备，包括监测站天线、接收机等；加强对数据的处理和传输能力，更新软件，提升硬件的效率。

（5）开展 GPS Ⅲ 系统的建设。在 2000 年，美国国会同意执行一个全新的 GPS 计划，即 GPS Ⅲ。GPS Ⅲ 主要是使用新的星座方案，用 33 颗高轨道和静止轨道卫星，来代替原来的 24 颗中轨道卫星，在 2015—2020 年，可实现 GPS Ⅲ 的任务，所有卫星正常运行。实施 GPS Ⅲ 后，无论是卫星的发射功率，还是卫星信号的抗干扰能力都将会大幅度提高，信号功率将提升为原来的 100 倍左右，信号的抗干扰能力将提升为原来的 1 000 倍以上。新型 GPS Ⅲ 卫星可以提供亚米级的定位精度和 1~2 ns 的授时精度，并具有更强的可用性和更好的延续性，可满足各行各业的需求。GPS 从建设伊始，就一直处于全球导航卫星系统发展的领先地位，并且不断地进行系统的升级更新以保持其竞争力，这点十分值得后来者学习。

GPS 系统主要由三个部分组成：空间部分（卫星星座）、地面控制部分（地面监控站）和用户接收部分（GNSS 用户接收机）。

（1）空间部分。空间部分的 GNSS 卫星星座主要是一些在轨卫星，这些卫星会连续不断地向用户提供测距信号和导航电文。GPS 卫星星座由 21 颗工作卫星和 3 颗备用卫星组成，轨道高度约 2 万千米。其中，24 颗在轨卫星均匀分布在 6 个轨道平面内，轨道平面倾角为 55°。GPS 卫星分布情况如图 8-1 所示。

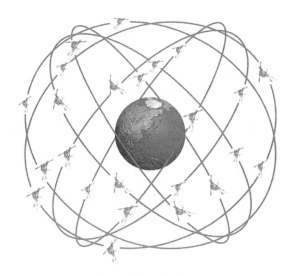

图 8-1　GPS 卫星星座

（2）地面控制部分。GPS 设计者为了能够有效地检测卫星是否在正确的轨道位置上运行、卫星健康状况是否良好，设计了地面控制部分来维护和跟踪卫星。地面控制部分的地面监控站主要是为空间的卫星提供维护和跟踪服务，它不仅可以监控卫星的健康状况、卫星信号的完整性和卫星的轨道布局，还可以负责不断更新每颗卫星的时钟、星历和导航电文等参数，为用户提供准确的位置、时间以及速度等重要信息。地面运营控制系统主要包括主控站、监测站、地面天线及通信辅助系统。

（3）用户接收部分。用户接受部分的 GPS 用户接收机，主要是完成导航和定位测距等相关任务。GPS 接收机接收到 GPS 卫星信号，通过解算得到接收机的位置坐标、时间和速度信息，实现导航定位的功能。现在的 GNSS 接收机主要由前段射频接收通道模块和后端的数字处理模块组成，GNSS 接收机接收到的卫星信号经过前段射频处理后，被数字处理模块处理，最终得到接收机所在的空间位置信息。GPS 接收机品种繁多。图 8-2 为银河系几种接收机。

图 8-2　接收机

二、北斗导航定位系统

北斗导航卫星系统（简称 BDS）是我国完全自主研发和独立运行的全球导航卫星系统。我国导航卫星系统的积极探索始于 20 世纪 80 年代初，从 2000 年 10 月 31 日第一颗北斗导航试验卫星的发射开始，日渐壮大成为北斗试验系统，使我国立足于拥有自主导航卫星系统的国家之列。随着北斗导航系统建设的稳步推进，我国在 2012 年 12 月完成了连续覆盖亚太地区的北斗区域系统的建设。当前，我国仍在秉承"开放、自主、兼容、渐进"的建设原则，依照"三步走"发展规划稳步推进北斗导航卫星系统的建设，并预计于 2020 年完成全球组网。依照"三步走"发展规划，我国的北斗导航卫星定位系统分为验证系统、扩展的区域导航系统和全球导航卫星系统三个发展阶段。

第一阶段：北斗导航卫星验证系统。自 2000 年起，我国先后成功发射 3 颗 GEO 卫星，初步建成可实现基本的定位、授时和短报文通信服务的北斗导航卫星验证系统。北斗导航卫星验证系统简称北斗一号，北斗一号只有 2 颗工作卫星。该系统可为东经 70°～140°，北纬 5°～55°范围内用户提供服务，定位精度优于 20 m。北斗导航卫星验证系统具有首次定位速度快，集定位、授时和报文通信为一体，授时精度高，可实现分类保障等优点，但同时也表现出主动定位系统易于暴露目标，缺少高程数据，只能覆盖我国本土地区，在定位和授时的精度上都比较差，以及定位时间长，不适用于高速运动目标的缺点。因此，发展我国新一代区域导航卫星系统成为必然。

第二阶段：扩展的区域导航系统。在第一阶段验证系统的基础上，北斗导航卫星系统进一步实现了区域导航能力的拓展，将服务领域拓展到南北纬 55°，东经 55°～180°区域范围。2012 年 12 月 27 日，最后一颗地球静止轨道（GEO）卫星成功发射，意味着北斗区域导航卫星系统顺利建成。北斗区域导航卫星系统共由 14 颗卫星构成，其中包括 5 颗倾斜地球同步轨道（IGSO）卫星、5 颗 GEO 卫星和 4 颗中轨道（MEO）卫星。

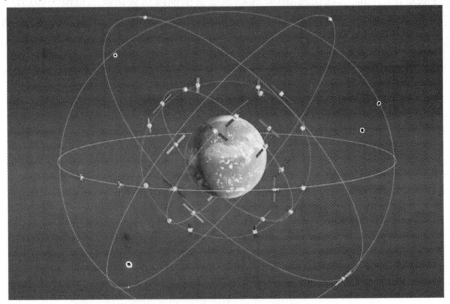

图 8-3 北斗导航定位系统卫星星座

第三阶段：北斗全球导航卫星系统。在扩展区域导航系统 14 颗卫星基础上，北斗导航系统的服务进一步由区域拓展到全球，形成北斗全球导航卫星系统，并计划于 2020 年左右为全球用户提供服务。除了天上星座的建设外，我国同时还在地面上打造着一张北斗增强系统大网。目前，我国已经完成北斗地基增强系统第一阶段包括 150 个框架网基准站、1 200 个加强密度网基准站、国家综合数据处理中心以及 6 个行业数据处理中心的建设任务，并于 2018 年完成北斗地基增强系统第二阶段建设，进行覆盖全国主要区域的米级、分米级定位精度，以及加密覆盖区厘米级和后处理毫米级改正数的试播发。

与 GPS 只有一种 MEO 卫星星座不同的是，BDS 的卫星星座是由 5 颗地球同步轨道（GEO）卫星、27 颗中地球轨道（MEO）卫星、3 颗倾斜同步轨道（IGSO）卫星共 35 颗卫星组成，如图 8-3 所示。其中，地球同步轨道卫星定点分布在赤道上空同一轨道面上，轨道高度为 36 000 km，轨道倾角接近 0°。中地球轨道卫星均匀分布在 3 个轨道面上，轨道高度为 21 500 km，轨道倾角 55°。3 颗倾斜同步轨道卫星也分布于 3 个不同的倾斜同步轨道面上，轨道高度 36 000 km，轨道倾角 55°。北斗导航卫星系统旨在与世界其他导航卫星系统实现兼容互操作，不断推进导航系统领域的技术创新及拓展新的应用领域，为全球用户提供高性能的导航定位、授时与通信服务。

三、GLONASS 系统

俄罗斯的 GLONASS 始建于 20 世纪 70 年代，与美国的 GPS 始于同期，主要用于满足苏联军方在军事上的需求。GLONASS 也是由空间段、地面监控段和用户段三部分组成。为保持 GLONASS 的运作，同样至少要有 24 颗卫星在轨运行，目前 GLONASS 在轨卫星有 29 颗，其中 23 颗 GLONASS–M 卫星正常运作，2 颗卫星处于技术维修中，系统备用卫星 3 颗，还有 1 颗用于飞行试验的 GLONASS–K 卫星，这些卫星均匀地分布在高度 19 100 km、倾角 64.8°的 3 个圆形轨道面上。GLONASS 地面控制段包括 1 个控制中心、1 个同步中心和若干遥测、跟踪控制站和监测站。GLONASS 全球导航卫星系统的起步虽早，但受政治影响在 20 世纪发展相当缓慢，与同期的 GPS 系统拉开较大差距。GLONASS 发展历经了起起落落，它于发展初期具有良好的服务状态；然后，在俄罗斯经济困难时期，由于跟进资金的匮乏曾一度只有 7 颗在轨卫星，处于系统崩溃的边缘；基于俄罗斯逐渐好转的经济情况，21 世纪初俄罗斯开启了 GLONASS 的重建计划。近几年随着 GLONASS–M 和更现代化的 GLONASS–K 卫星的相继推出，GLONASS 的空间星座逐渐更新。随着俄罗斯经济复苏和政府的大力投入，2011 年年底，GLONASS 重新达到 24 颗在轨卫星的工作状态，恢复了提供导航定位服务的能力。GLONASS 系统将在 2020 年完成全面部署。GLONASS 系统将足以满足特殊和民用（包括商业和科学）用户及国际上对俄罗斯卫星导航技术的需求。

GLONASS 导航卫星系统的星座，是由 21 颗工作卫星和 3 颗备用卫星构成，这 24 颗卫星，分布在 3 个近似圆形的轨道上。

四、GALILEO 系统

GALILEO 导航卫星系统是由欧空局和欧盟发起并给予资金支持，由欧洲自主研制，并为用户提供实时定位、授时以及导航服务，以建立一个独立的、性能优于 GPS、与现有的全球导航卫星系统具有互用性的民用全球导航卫星系统为目标。虽然美国政府一再表示可以为欧洲提供自身军用服务级别的精度，但欧盟还是在压力下提出了发展自己的导航卫星系统的 GALILEO 计划。GALILEO 系统是第一个专门基于民用服务的全球导航卫星系统，采用更加先进的技术，预计建成后将为用户提供米级的实时定位服务。GALILEO 系统的开发，是为了满足欧洲及全球的民用定位，是一个开放的、全球的卫星定位系统。GALILEO 系统在设计上采用最新的技术。GPS 主要是为军方服务，其次才是民用，而 GALILEO 系统主要是为了民用。GALILEO 系统的最终目的是，和其他的系统可以兼容、互操作，并非只是一个单独的定位系统。

GALILEO 系统主要分为四个阶段：

第一阶段：技术设计阶段，主要任务是完成总体方案设计；

第二阶段：GALILEO 系统的研制和验证阶段，主要任务是用户接收机以及卫星地面设备等系统部件的详细论证和制造；

第三阶段：部署阶段，主要任务是制造卫星和分期发射卫星，建设地面设施并投入使用；

第四阶段：全能力运行阶段，系统投入正式运行，具有完全运行能力，预计 2019 年完成。

GALILEO 在 2005 年发射第一颗试验卫星 GIOV-A 后，目前进展相对缓慢。

GALILEO 导航卫星系统的星座，是由 27 颗工作卫星和 3 颗备用卫星构成。这 30 颗中轨卫星分布在 3 个圆形轨道面上，每个轨道面的夹角为 120°；每 10 颗卫星分布在一个轨道面上；10 颗卫星中，9 颗是工作卫星，1 颗是备用卫星，并且每颗工作卫星之间的夹角为 40°。卫星轨道的长半径为 29 601 km，轨道的高度为 23 222 km，轨道面与赤道面之间的夹角为 56°。

美国的 GPS 全球导航卫星系统正在成功运行并日趋完善，俄罗斯的 GLONASS 系统正在逐步恢复，欧洲的 GALILEO 系统也正在开发之中，我国继续稳步推进北斗全球导航卫星系统发展势在必行。北斗全球导航卫星系统在促进我国的信息化建设进程、提高民众生活质量水平、降低经济社会运行成本等多方面，都正在并将继续发挥重要作用，但同时我们也要清楚认识到，当前北斗全球导航卫星系统发展所存在的诸如所占市场份额较小、应用受限等问题与困难。期待我国在 2020 年顺利完成北斗全球导航卫星系统的建设工作，为国家和世界提供更为优质的服务，做出更为突出的贡献。

第二节 GNSS 的坐标系统和时间系统

在定位计算中，实现不同定位系统之间的兼容性和互操作性，对定位计算有很大帮助。当不同系统的时间与空间坐标系统统一时，可提高它们的兼容性与互操作性。事实上，为了保障各个 GNSS 的独立性，避免同时发生故障而影响定位结果，不同 GNSS 特意采用一套不相同的时空坐标系统，从而提高 GNSS 的可靠性。在 GNSS 导航定位过程中，统一的时间系统与坐标系统，是精确描述导航卫星与接收机及其相互关系的数学和物理基础。对于 GPS

而言，其时间系统是 GPST，坐标系统为 WGS-84 空间直角坐标系统；而对于 GLONASS 而言，其时间系统是 GLONASST，坐标系统为 PZ.90 空间直角坐标系统。

一、时间系统

在导航定位时间测量中，需要建立一个统一的时间测量基准，即时间的单位（尺度）和原点（起始历元）。GNSS 卫星需要有一个准确的时间，记录信号的发射时刻。星载原子钟可实现不同卫星之间时间信号的同步。GNSS 时间参考主要有恒星时、太阳时、世界时、国际原子时、协调世界时、GPS 时、北斗时、GLONASS 时等。

（一）恒星时

恒星时是以春分点为参考点，由春分点的周日视运动所确定的时间。一个恒星日指的是春分点连续两次经过本地子午线的时间间隔，它包括 24 个恒星时。由于恒星时是以春分点通过本地子午圈时为原点计算的，故其具有地方性，有时也称为地方恒星时。由于岁差等的存在，地球自转轴的空间指向是变化的，意味着春分点在天球的位置亦是不固定的，故恒星时可分为真恒星时与平恒星时。由于恒星时变化的不规律性，一般不用作时间尺度。

（二）太阳时

太阳时有真太阳时与平太阳时之分。真太阳时是以真太阳作为观察地球自转的参考点周日视运动所确定的时间系统。由于地球的公转轨道是椭圆轨道，根据开普勒定律可知太阳的视运动速度不是均匀的。因此，真太阳时不符合建立时间系统的基本要求。

（三）世界时（UT）

格林尼治起始子午线处的平太阳时称为世界时，它是以地球自转为基础的时间系统。随着科学技术的不断发展，对时间的测量越来越准确。同时，人们发现世界时不是一个严格均匀的时间系统，极移将导致地球的地极位置发生改变，而且地球的自转速度是变化的，这些因素都会对世界时产生影响。

（四）国际原子时（IAT）

原子在跃迁过程中，辐射与吸收的电磁波频率具有很高的稳定性与复现性。原子时秒长是指位于海平面上的铯原子基态的两个超精细能级在零磁场中跃迁辐射震荡 9 192 631 770 周所持续的时间。为了时间的准确性，许多国家建立了原子钟系统，对于不同国家、不同地区，所得到的原子时是不相同的。为此，国际上对 50 个国家的 200 座原子钟所得到的原子时数据进行处理，根据推算出的时间来统一原子时系统，即国际原子时。原子时是通过原子钟来守时和授时的。因此，原子时的精度，是由原子钟的振荡器频率的准确度和稳定度决定的。

（五）协调世界时（UTC）

近 20 年，世界时每年约比原子时慢 1 s，为了避免世界时与原子时之间产生过大的偏差，1972 年开始采用协调世界时。协调世界时的秒长严格意义上等于原子时的秒长，而协调世界时与世界时时刻差需保持在 0.9 s 以内，否则将采取闰秒的方式进行调整。增加 1 s 称为正闰秒，减少 1 s 称为负闰秒。

(六) GPS 时 (GPST)

GPS 时属于原子时系统，是均匀连续的时间系统，但它的起点与国际原子时不同，两者存在一个 19 s 的常数差。GPS 时的时刻是基于美国海军天文台的协调世界时，其时间原点是 1980 年 1 月 1 日 0 时。

GPS 时是目前 GNSS 使用广泛的一种时间系统。为了保证导航和定位精度，对安装在 GPS 地面监测站的原子钟和配置在卫星上的原子钟应统一时间。GPS 时以 1980 年 1 月 6 日 0 点 0 分 0 秒为时间系统原点。GPS 时和协调世界时，都采用相同的时间原点。在开始的一段时间内，GPS 时和协调世界时的时间没有区别。然而，经过一段时间，协调世界时会出现跳秒现象，并且跳秒的次数也会不断增加。GPS 时与国际原子时都是原子时，不存在跳秒现象，但两者存在 19 s 的差距。

(七) GLONASS 时 (GLONASST)

GLONASS 时与 GPS 时不同，其不属于原子时，而是以俄罗斯维持的协调世界时作为时间度量基准，并与协调世界时之间存在 3 h 的时间差。因此，GLONASS 时为非连续时间系统，存在跳秒现象。

(八) 北斗时 (BDT)

北斗系统的时间基准为北斗时。北斗系统所采用的时间系统与 GPS 相似，只是参考历元不同，北斗时的起始历元为 2006 年 1 月 1 日协调世界时 00 时 00 分 00 秒。北斗时与 GPS 时都属于连续的时间系统，只是两个系统的起算点不同。

二、坐标系统

GPS 的坐标系统是 WGS-84 坐标系统，GLONASS 的坐标系统是 PZ.90 坐标系统，这两种坐标系统都属于大地坐标系统。

(一) WGS-84 坐标系统

WGS-84 坐标系统是 GPS 所采用的坐标系统，属于协议地球坐标系统。WGS-84 坐标系统是一个由全球地心参考框架和一组相应的模型（地球重力场模型和 WGS-84 大地水准面）所组成的测量参考系，其国际地球参考框架（ITRF）在不断地更新。WGS-84 坐标系统的坐标原点是地球质心，Z 轴指向 BIH1 984.0 定义的协议地极（CTP），X 轴指向 BIH1 984.0 定义的零子午面与 CTP 相应的赤道的交点，Y 轴垂直于 XZ 平面并与 Z、X 轴成右手坐标系。

(二) PZ.90 坐标系统

PZ.90 坐标系统是 GLONASS 所采用的坐标系统，属于地心地固坐标系统。GLONASS 坐标系统的坐标原点位于地球质心，Z 轴指向 IERS 推荐的国际协议地极原点 CTP，X 轴指向地球赤道与 BIH 定义的零子午线交点，Y 轴垂直于 XZ 平面且与 Z、X 轴成右手坐标系。

(三) 2000 国家大地坐标系

北斗采用的是 2000 国家大地坐标系（CGCS 2000），CGCS 2000 坐标系采用的是 ITRS 97 框架参考历元为 2000 的静态框架。

WGS-84 坐标系和 CGCS 2000 坐标系关于定义上的坐标系原点、尺度、定向都相同，其使用的参考椭球也很接近，在定义的 4 个椭球常数中只有椭球扁率有着很小的差距。

第三节 卫星定位的基本原理与误差来源

一、GPS 卫星信号及定位基本原理

（一）GPS 卫星信号

GPS 卫星的完整信号主要包括信号载波、伪随机噪声码和数据码三种。

1. 信号载波

信号载波是一种能携带调制信号的高频振荡波，其振幅（频率）随调制信号的变化而变化。它处于 L 波段，两载波的中心频率分别记作 L1 和 L2，L1 的频率为 1 575.42 MHz，L2 的频率为 1 227.60 MHz，频率差为 347.82 MHz，这样选择载波频率便于测得或消除导航信号从 GPS 卫星传播至接收机时由于电离层效应而引起的传播延迟误差。

2. 测距码

伪随机噪声码（PRN）即测距码，是调制在载波上的一些特殊的、连续的、专门用于测定卫星至接收机间距离的二进制编码。其主要有精测距码（P 码）和粗测距码（C/A 码）两种。其中 P 码的码率为 10.23 MHz，C/A 码的码率为 1.023 MHz。C/A 码又被称为粗捕获码，它被调制在 L1 载波上，是 1 MHz 的伪随机噪声码。其码长为 1 023 bit，码元宽为 0.98 μs，与之对应的波长相当于 293.1 m，周期为 1 ms。由于每颗卫星的 C/A 码都不一样，因此，可用各自不同的 PRN 号来区分不同的卫星。测距码是普通用户用以测定卫星到接收机间的距离的一种主要的信号。P 码是卫星的精测距码，它被调制在 L1 和 L2 载波上，码率为 10.23 MHz。P 码的码长为 6.19×10^{12} bit，码元宽度为 0.098 μs，与之对应的波长相当于 29.3 m。则相应的测距误差仅为 C/A 码的十分之一。

3. 数据码

数据码又称为导航电文或 D 码，是 GPS 卫星以二进制形式发送给用户接收机用来定位和导航的基础数据。它主要包括卫星星历（描述卫星运动轨道的信息。它发布的是某一时刻在轨卫星的轨道参数及其变化率。根据卫星星历，就可计算出任一卫星、任一时刻的所在位置及其速度）、卫星钟校正、电离层延迟校正、工作状态信息、C/A 码转换到捕获 P 码的信息和全部卫星的概略星历等。

（二）GPS 定位基本原理

交会法测量中有一种测距交会确定点位的方法，与其相似，GPS 的定位原理就是利用空间分布的卫星以及卫星与地面点的距离交会得出地面点位置。简而言之，GPS 定位原理是一种空间的距离交会原理。

设想在地面待定位置上安置 GPS 接收机，同一时刻接收 4 颗以上 GPS 卫星发射的信号。

通过一定的方法测定这4颗以上卫星在此瞬间的位置以及它们分别至该接收机的距离,据此利用距离交会法解算出测站P的位置(x, y, z)及接收机钟差δt。

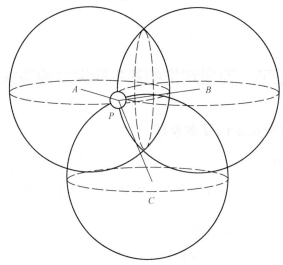

图 8-4　GPS 定位原理

如图8-4所示,设时刻t_i在测站点P用GPS接收机同时测得点P至4颗GPS卫星S_1、S_2、S_3、S_4的距离ρ_1、ρ_2、ρ_3、ρ_4,通过GPS电文解译出4颗GPS卫星的三维坐标(X_j, Y_j, Z_j),$j=1、2、3、4$,用距离交会的方法求解点P的三维坐标(X, Y, Z)的观测方程为

$$\left.\begin{aligned}\rho_1^2 &= (X-X_1)^2 + (Y-Y_1)^2 + (Z-Z_1)^2 + c\delta t \\ \rho_2^2 &= (X-X_2)^2 + (Y-Y_2)^2 + (Z-Z_2)^2 + c\delta t \\ \rho_3^2 &= (X-X_3)^2 + (Y-Y_3)^2 + (Z-Z_3)^2 + c\delta t \\ \rho_4^2 &= (X-X_4)^2 + (Y-Y_4)^2 + (Z-Z_4)^2 + c\delta t \end{aligned}\right\} \tag{8-1}$$

式中,c为光速,δt为接收机钟差。

由此可见,GPS定位中,要解决的问题有两个:一是观测瞬间GPS卫星的位置。GPS卫星发射的导航电文中含有GPS卫星星历,可以实时地确定卫星的位置信息. 二是观测瞬间测站点至GPS卫星之间的距离。该距离是通过测定GPS卫星信号在卫星和测站点之间的传播时间来确定的。式(8-1)中四个未知数,四个方程,通过解方程可以求得待定点P的坐标(x, y, z)及接收机钟差δt。

二、GPS 定位方法分类

利用GPS进行定位的方法有很多种。若按照参考点的位置不同,定位方法可分为以下几种:

(1)绝对定位。绝对定位是以地球质心为参考点,测定接收机天线在协议地球坐标系中的绝对位置。由于定位作业仅需使用一台接收机,又称为单点定位,如图8-5所示。该方法外业工作和数据处理较简单,但定位结果受卫星星历误差和信号传播误差影响显著,定位精度较低。

（2）相对定位。即在协议地球坐标系中，利用两台以上的接收机测定观测点至某一地面参考点（已知点）之间的相对位置，如图 8-6 所示。也就是测定地面参考点到未知点的坐标增量。由于星历误差和大气折射误差有相关性，所以可通过观测量求差消除这些误差，因此相对定位的精度远高于绝对定位。

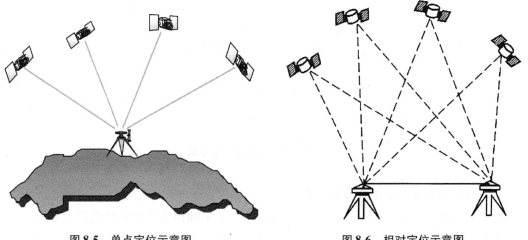

图 8-5　单点定位示意图　　　　　图 8-6　相对定位示意图

差分 GPS 定位技术（即 DGPS）属于动态相对定位技术，一台接收机安置在参考点上固定不动，其余接收机安置在需要定位的运动载体上，固定站接收机和流动站接收机可分别跟踪 4 颗以上 GPS 卫星信号，以伪距做观测量，计算定位结果的坐标（或距离）改正数，以改进流动站定位结果的精度，定位精度为米级。RTK 实时动态定位技术，以载波相位作为基本观测量，能够达到厘米级精度，该作业模式下，位于参考站的 GPS 接收机，通过数据链将参考点的已知坐标和载波相位观测量一起传输给位于流动站的 GPS 接收机，流动站接收机组成差分模型进行基线向量的实时解算。

按用户接收机在作业中的运动状态不同，定位可分为：

（1）静态定位。在定位过程中，若用户接收机天线在协议地球坐标系中的位置固定不动，即处于静止位置，则称该过程为静态定位。该方法可通过大量、重复观测提高定位精度。随着快速解算整周待定值技术的出现，快速静态定位技术将获得广泛应用。

（2）动态定位。在定位过程中，用户接收机天线处在运动状态，待定点位置将随时间变化，确定这些运动着的待定点位置的过程称为动态定位。

在 GPS 绝对定位和相对定位中，又都包含静态定位和动态定准两种方式，即动态绝对定位、静态绝对定位、动态相对定位和静态相对定位。

若依照测距的原理不同，定位又可分为测码伪距法定位、测相伪距法定位、差分定位等。

三、GPS 定位的误差来源

从误差发生源头分析，GPS 测量误差大体分为三类：与 GPS 观测卫星相关的误差、与 GPS 卫星信号传播有关的误差、与 GPS 接收机有关的误差。如图 8-7 所示。

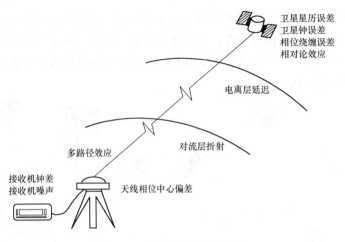

图 8-7 GPS 定位的误差来源

(一) 与 GPS 观测卫星有关的误差

与 GPS 观测卫星有关的误差由卫星星历误差、卫星钟误差、相位绕缠误差和相对论效应等组成。在 GPS 定位测量中，人们可以应用某些相关方法将这些误差削弱甚至消除，也可以通过建立数学模型的办法对它们加以改正。

1. 卫星星历误差

卫星星历误差是指卫星星历给出的卫星空间位置与卫星实际位置间的偏差，由于卫星空间位置是由地面监控系统根据卫星测轨结果计算求得的，所以又称为卫星的轨道误差。在 GPS 定位测量中，卫星作为空间动态已知点，卫星星历作为起算数据，因此星历误差属于数据起算误差，它必将以某种方式传递给测站坐标，产生定位误差。由于在某一时间段内，卫星的星历误差在两个不同测站间的相关性很强，因此在 GPS 相对定位中，可以利用两个相邻测站上星历误差的相关性，采用相位观测量求差的方法消除或削弱卫星星历误差，从而获得高精度的定位结果。

2. 卫星钟误差

卫星的空间位置是随时间变化的，观测量的准确度是以测量时为基础的。GPS 测量必须在卫星钟和接收机钟严格同步的基础上完成，但实际上即使给 GPS 卫星装上精度很高的原子钟，它们和 GPS 标准时之间也存在偏差，这种偏差的变化导致卫星钟和 GPS 标准时之间不同步的偏差就是卫星钟误差。

3. 相位绕缠误差

GNSS 电磁波信号是以右旋极化 (RCP) 的方式发射的，卫星和接收机的相对方位会对载波相位的观测值造成最大一周的影响。对相对定位而言，几百千米以内的基线，双差后相位绕缠对定位结果的影响可以忽略不计，但对于距离更长的基线来说，其影响量级最大可达 4 cm。但是在非差精密单点定位中无法消除相位绕缠，其影响尤为显著。接收机钟差的双差改正模型可以消除接收机的相位绕缠误差。

4. 相对论效应

GNSS 卫星在距地面 2×10^4 km 左右的轨道上运行，因此造成了其所处的重力位与地面接收机不同，这就使得卫星钟频率相对于接收机钟产生漂移，从而导致卫星钟频率偏差。其

第八章　GNSS 测量

偏差值由两部分组成：一是重力位异常引起的偏差，偏差值约为 0.004 567 4 Hz。因此，在发射卫星前应预先把卫星钟频率调低，以保证与地面钟的同步；二是由于卫星的实际运行轨道并不是圆形，且卫星所在位置所受的重力也不相同，因此其受到的相对论效应影响不是一个固定的常数。

（二）与 GPS 卫星信号传播有关的误差

与 GPS 卫星信号传播相关的误差主要包含信号穿过地球上空电离层和对流层时产生的误差和信号到达地面时产生反射信号而引起的多路径干扰误差。

1. 电离层传播误差

电离层传播误差是指电磁波信号通过电离层时因改变了其传播速度而导致定位结果产生系统性的偏差。由于太阳的强烈辐射，大气分子被电离形成等离子体区域，当电磁波信号从电离层穿过时，其传播路径会弯曲变化，信号传播速度也会不同，造成电磁波在传播中出现延迟的现象。电磁波传播路径上的电子总量决定了电磁波在电离层中产生延迟的大小。

2. 对流层传播误差

从地面起向上到距地面 40 km 的大气层为对流层，电磁波在对流层的传播与大气折射率和传播方向密切相关，消除对流层折射的影响通常有三种方法：

（1）应用对流层模型加以改正。
（2）对流层影响的附加待估参数求解。
（3）同步观测值求差。

3. 多路径效应影响

在 GNSS 测量中，反射信号与直射信号发生干涉而引起的时延效应称为多路径效应。多路径效应是 GNSS 测量中一项重要的误差源，严重时会导致卫星信号失锁。多路径效应对相位观测值的影响取决于反射信号与接收信号的相对强度，最大为四分之一周。因此，多路径效应对伪距和载波相位的影响也不相同。

削弱多路径效应影响常用的办法有：

（1）认真选择天线的安放位置，具有强烈反射面的地方不适宜安放天线。
（2）使用外形较好的天线并拓展其天线盘，使之带有抑径板。
（3）为了防止多路径效应的周期性影响，通常选择长时间观测并取平均值的办法。

（三）与 GPS 接收机有关的误差

与 GPS 接收机相关的误差通常包含接收机钟差和接收机天线相位中心偏差。

1. 接收机钟差

接收机钟差是指因接收机内的时标晶体振荡器的频漂而造成的接收机内时间与 GNSS 标准时间的差异。接收机钟差对定位结果的影响主要表现在两个方面：一是影响卫星位置；二是影响站星间的几何距离。在双差相对定位中，接收机钟差可以通过星间单差的方法直接消除。而在非差数据处理中，接收机钟差通常被当作一个未知参数与其他参数一同进行求解。在标准单点定位（SPP）中，接收机钟差的估计精度优于 100 ns，可以用它作为 PPP 接收机钟差的先验值进行平差计算。

2. 接收机天线相位中心偏差

与卫星天线相位中心偏差相似，在 GNSS 定位测量中，无论是对中还是天线高的测定，都是以天线的参考点（ARP）为准，而信号的接收是在相位中心，一般而言，两者存在一定的差异，因此，在高精度 GNSS 数据处理时需要对其加以改正。在差分相对定位中，可以通过统一测站接收机类型、天线指北等方法来消除；对精密单点定位而言，则需要通过模型化的方法来进行处理。

第四节　伪距测量和载波相位测量

一、GPS 测量的基本观测量

利用 GPS 定位，不管采用何种方法，都必须通过用户接收机来接收卫星发射的信号并加以处理，获得卫星至用户接收机的距离，从而确定用户接收机的位置。GPS 卫星到用户接收机的观测距离，由于各种误差源的影响，并非真实地反映卫星到用户接收机的几何距离，而是含有误差，这种带有误差的 GPS 观测距离称为伪距。由于卫星信号含有多种定位信息，根据不同的要求和方法，可获得不同的观测量。目前，在 GPS 定位测量中，广泛采用的观测量有两种，即伪距观测量（码相位观测量）和载波相位观测量。

二、伪距测量

（一）码相位测量

伪距测量是指通过测量 GPS 卫星发射的测距码信号到达用户接收机的传播时间，从而计算出接收机至卫星的距离，即

$$\rho = \Delta t \cdot c \tag{8-2}$$

式中，Δt 为信号传播时间，c 为光速。

为了测量上述测距码信号的传播时间，GPS 卫星在卫星钟的某一时刻 t_j 发射出某一测距码信号，用户接收机依照接收机时钟在同一时刻也产生一个与发射码完全相同的码（称为复制码）。卫星发射的测距码信号经过 Δt 时间在接收机时钟的 t_i 时刻被接收机收到（称为接收码），接收机通过时间延迟器将复制码向后平移若干码元，使复制码信号与接收码信号达到最大相关（即复制码与接收码完全对齐），并记录平移的码元数。平移的码元数与码元宽度的乘积，就是卫星发射的码信号到达接收机天线的传播时间 Δt，又称时间延迟。测量过程如图 8-8 所示。

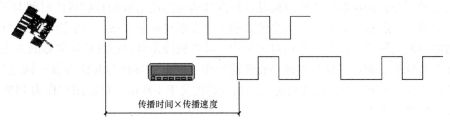

图 8-8　码相位测量示意图

第八章　GNSS 测量

（二）测码伪距观测方程

GPS 采用单程测距原理，要准确地测定站星之间的距离，必须使卫星钟与用户接收机钟保持严格同步，同时考虑大气层对卫星信号的影响。但是，实践中由于卫星钟、接收机钟的误差以及无线电信号经过电离层和对流层中的延迟误差，导致实际测出的伪距 ρ' 与卫星到接收机的几何距离 ρ 有一定差值。两者之间存在的关系可用下式表示：

$$\rho''^{j}_{i}(t) = \rho^{j}_{i}(t) + c\delta t_{i}(t) - c\delta t^{j}(t) + \Delta^{j}_{i,Ig}(t) + \Delta^{j}_{i,T}(t) \tag{8-3}$$

式中：$\rho''^{j}_{i}(t)$ 为观测历元 t 的测码伪距，$\rho^{j}_{i}(t)$ 为观测历元 t 的站星几何距离，$\rho = \Delta t \cdot c = c[t_i(\text{GPS}) - t^j(\text{GPS})]$；$\delta t_i(t)$ 为观测历元 t 的接收机（t_i）钟时间相对于 GPS 标准时的钟差，$t_i = t_i(\text{GPS}) + \delta t_i$；$\delta t^j$ 为观测历元 t 的卫星（S^j）钟时间相对于 GPS 标准时的钟差，$t^j = t^j(\text{GPS}) + \delta t^j$；$\Delta^{j}_{i,Ig}(t)$ 为观测历元 t 的电离层延迟；$\Delta^{j}_{i,T}(t)$ 为观测历元 t 的对流层延迟。式（8-3）即测码伪距观测方程。

GPS 卫星上设有高精度的原子钟，与理想的 GPS 时之间的钟差，通常可从卫星播发的导航电文中获得，经钟差改正后各卫星钟的同步差可保持在 20 ns 以内，由此所导致的测距误差可忽略，则由式（8-3）可得测码伪距观测方程的常用形式：

$$\rho''^{j}_{i}(t) = \rho^{j}_{i}(t) + c\delta t_i(t) + \Delta^{j}_{i,Ig}(t) + \Delta^{j}_{i,T}(t) \tag{8-4}$$

利用测距码进行伪距测量是全球定位系统的基本测距方法。GPS 信号中测距码的码元宽度较大，根据经验，码相位相关精度约为码元宽度的 1%。对于 P 码来讲，其码元宽度约为 29.3 m，所以量测精度为 0.29 m。对 C/A 码来讲，其码元宽度约为 293 m，所以量测精度为 2.9 m。因此，有时也将 C/A 码称为粗码，P 码称为精码。可见，采用测距码进行站星距离测量的测距精度不高。

三、载波相位测量

（一）载波相位观测量

伪距测量的精度过低，无法满足测量定位的需要。如果把 GPS 信号中的载波作为测量信号，由于载波的波长短，$\lambda_{L_1} = 19$ cm，$\lambda_{L_2} = 24$ cm，所以对于载波 L_1 而言，相应的测距误差约为 1.9 mm；而对于载波 L_2 而言，相应的测距误差约为 2.4 mm。可见测距精度很高。

但是，载波信号是一种周期性的正弦信号，而相位测量又只能测定其不足一个波长的部分，因而存在着整周数不确定性的问题，使解算过程变得比较复杂。

在 GPS 信号中由于已用相位调整的方法在载波上调制了测距码和导航电文，因而接收到的载波的相位已不再连续，所以在进行载波相位测量之前，首先要进行解调工作，设法将调制在载波上的测距码和导航电文解调，重新获取载波，这一工作称为重建载波。重建载波一般可采用两种方法：一种是码相关法；另一种是平方法。采用前者，用户可同时提取测距信号和导航电文，但是用户必须知道测距码的结构；采用后者，用户无须掌握测距码的结构，但只能获得载波信号而无法获得测距码和导航电文。

载波相位测量是通过测量 GPS 卫星发射的载波信号从 GPS 卫星发射到 GPS 接收机的传播路程上的相位变化，从而确定传播距离，因而又称为测相伪距测量。

载波信号的相位变化可以通过如下方法测得：某一卫星钟时刻 t^j 卫星发射载波信

号 $\varphi^j(t^j)$，与此同时接收机内振荡器复制一个与发射载波的初相和频率完全相同的参考载波 $\varphi_i(t^j)$，在接收机钟时刻 t_i 被接收机收到的卫星载波信号 $\varphi^j(t_i)$ 与此时的接收机参考载波信号的相位差，就是载波信号从卫星传播到接收机的相位延迟（载波相位观测量）。

因此，接收机在接收机钟时刻 t_i 观测卫星 S^j 的相位观测量可写为

$$\Phi_i^j(t_i) = \varphi_i(t_i) - \varphi^j(t^j) = \varphi_i(t_i) - \varphi_i(t^j) \tag{8-5}$$

相位与频率的关系是 $\varphi = 2\pi ft$，在式（8-5）中，可将等式的左右同除以 2π，则有 $\varphi = ft$。

根据简谐波的物理特性，上述的载波相位观测量 $\Phi_i^j(t_i)$ 可以看成整周部分 $N_i^j(t_i)$ 和不足一周的小数部分 $\delta\varphi_i^j(t_i)$ 之和，即有：

$$\Phi_i^j(t_i) = N_i^j(t_i) + \delta\varphi_i^j(t_i) \tag{8-6}$$

实际上，在进行载波相位测量时，接收机只能测定不足一周的小数部分 $\delta\varphi_i^j(t_i)$。因为载波信号是一种单纯的正弦波，不带有任何标志，所以我们无法确定正在量测的是第几个整周的小数部分，于是便出现了一个整周未知数 $N_i^j(t_i)$，或称整周模糊度。如何快速而正确地求解整周模糊度是 GPS 测相伪距观测中要研究的一个关键问题。

当锁定（跟踪）到卫星信号后，在初始观测历元 t_0，有

$$\Phi_i^j(t_0) = N_i^j(t_0) + \delta\varphi_i^j(t_0) \tag{8-7}$$

卫星信号在历元 t_0 被跟踪后，载波相位变化的整周数便被接收机自动计数。所以对其后的任一历元的总相位变化，可用下式表达：

$$\Phi_i^j(t_i) = N_i^j(t_0) + N_i^j(t_i - t_0) + \delta\varphi_i^j(t_i) \tag{8-8}$$

式中，$N_i^j(t_0)$ 为初始历元的整周未知数，在卫星信号被锁定后就确定不变，是一个未知常数，是通常意义上所说的整周待定值（整周未知数）；$N_i^j(t_i - t_0)$ 为从初始历元 t_0 到后续观测历元 t_i 之间载波相位变化的整周数，可由接收机自动连续计数来确定，是一个已知量，又叫整周计数；$\delta\varphi_i^j(t_i)$ 为后续观测历元 t_i 时刻不足一周的小数部分相位，可测定，是观测量。

设载波信号的波长为 λ，则卫星到测站点的几何距离为

$$\rho_i^j(t_i) = \lambda \Phi_i^j(t_i) \tag{8-9}$$

（二）载波相位观测方程

假设载波相位观测量是依据 GPS 标准时获得的，即卫星 S^j 在历元 t^j（GPS）发射载波信号 $\varphi^j[t^j(\text{GPS})]$，在历元 t_i（GPS）被接收机 T_i 收到，此时的接收机参考载波信号为 $\varphi_i[t_i(\text{GPS})]$，则相位差按式（8-5）可写为

$$\Phi_i^j[t_i(\text{GPS})] = \varphi_i[t_i(\text{GPS})] - \varphi^j[t^j(\text{GPS})] \tag{8-10}$$

一般说来，若一个振荡器的振荡频率非常稳定，则相位与频率之间存在如下关系：

$$\varphi(t + \Delta t) = \varphi(t) + f\Delta t \tag{8-11}$$

若设卫星的载波信号频率 f^j 和接收机振荡器的固有频率 f_i 相等，均为 f，则有

$$\varphi_i[t_i(\text{GPS})] = \varphi^j[t^j(\text{GPS})] + f[t_i(\text{GPS}) - t^j(\text{GPS})] \tag{8-12}$$

将式（8-12）带入式（8-10），可得

$$\Phi_i^j[t_i(\text{GPS})] = f[t_i(\text{GPS}) - t^j(\text{GPS})] = f\Delta\tau_i^j \tag{8-13}$$

式中，$\Delta\tau_i^j = t_i(\text{GPS}) - t^j(\text{GPS})$，$\Delta\tau_i^j$ 是在卫星钟与接收机钟同步的情况下，卫星信号由

卫星 S^j 到用户接收机 T_i 的传播时间。

将站星之间的几何距离 $\rho_i^j[t_i(\text{GPS}), t^j(\text{GPS})]$ 除以光速 c，在忽略大气折光影响的情况下，可得到传播时间：

$$\Delta\tau_i^j = \rho_i^j[t_i(\text{GPS}), t^j(\text{GPS})]/c \tag{8-14}$$

几何距离 $\rho_i^j[t_i(\text{GPS}), t^j(\text{GPS})]$ 是发射历元 $t^j(\text{GPS})$ 和接收历元 $t_i(\text{GPS})$ 的函数，且 $t^j(\text{GPS}) = t_i(\text{GPS}) - \Delta\tau_i^j$，将式（8-14）在 $t_i(\text{GPS})$ 处按泰勒级数展开，可得

$$\Delta\tau_i^j = \frac{1}{c}\rho_i^j[t_i(\text{GPS})] - \frac{1}{c}\dot{\rho}_i^j[t_i(\text{GPS})]\Delta\tau_i^j + \frac{1}{2c}\ddot{\rho}_i^j[t_i(\text{GPS})](\Delta\tau_i^j)^2 - \cdots \tag{8-15}$$

上式中的二次项及其后的高次项影响极微小，可以略去。进一步考虑接收机钟差，实际上接收机钟相对于 GPS 时存在误差 δt_i，且有

$$t_i(\text{GPS}) = t_i - \delta t_i(t_i) \tag{8-16}$$

将式（8-16）带入式（8-15），并且再次在 t_i 处按泰勒级数展开，并且略去其中影响微弱的高次项，整理后可得

$$\Delta\tau_i^j = \frac{1}{c}\rho_i^j(t_i) - \frac{1}{c}\dot{\rho}_i^j(t_i)\delta t_i(t_i) - \frac{1}{c}\dot{\rho}_i^j(t_i)\Delta\tau_i^j \tag{8-17}$$

对于载波信号传播路径上的相位变化 $\Phi_i^j(t_i)$，若考虑到卫星钟差 $\delta t^j(t_i)$ 和接收机钟差 $\delta t_i(t_i)$，同时考虑到相位与频率之间的关系式，可得

$$\Phi_i^j(t_i) = \Phi_i^j[t_i(\text{GPS})] + f[\delta t_i(t_i) - \delta t^j(t_i)] \tag{8-18}$$

将式（8-13）带入式（8-18），则有

$$\Phi_i^j(t_i) = f\Delta\tau_i^j + f[\delta t_i(t_i) - \delta t^j(t_i)] \tag{8-19}$$

将式（8-15）带入式（8-17），并略去观测历元的下标 i，则得到以任意观测历元 t 为自变量的载波相位差的表达式：

$$\Phi_i^j(t) = \frac{f}{c}\rho_i^j(t)\left[1 - \frac{1}{c}\dot{\rho}_i^j(t)\right] + f\left[1 - \frac{1}{c}\dot{\rho}_i^j(t)\right]\delta t_i(t) - f\delta t^j(t) + \frac{f}{c}[\Delta_{i,I_p}^j(t) + \Delta_{i,T}^j(t)] \tag{8-20}$$

考虑到（8-7），可以将上式表示为载波相位实际观测量 $\phi_i^j(t)$ 的形式：

$$\phi_i^j(t) = \frac{f}{c}\rho_i^j(t)\left[1 - \frac{1}{c}\dot{\rho}_i^j(t)\right] + f\left[1 - \frac{1}{c}\dot{\rho}_i^j(t)\right]\delta t_i(t) -$$

$$f\delta t^j(t) - N_i^j(t_0) + \frac{f}{c}[\Delta_{i,I_p}^j(t) + \Delta_{i,T}^j(t)] \tag{8-21}$$

式（8-21）即载波相位的观测方程。

第五节　实时动态差分定位

随着卫星定位技术的快速发展，人们对快速高精度位置信息的需求也日益强烈。差分 GPS 的出现，能实时给定载体的位置，精度为米级，满足了引航、水下测量等工程的要求。

位置差分、伪距差分、伪距差分相位平滑等技术已成功地用于各种作业中。随之而来的是更加精密的测量技术,也即载波相位差分技术。

载波相位差分技术又称为 RTK(实时动态定位:Real Time Kinematic)技术,是以 GPS 的载波相位观测量为基础的实时 GPS 差分技术。它是建立在实时处理两个测站的载波相位基础上,能实时提供观测点的三维坐标,并达到厘米级的高精度。与伪距差分原理相同,RTK 技术利用了参考站和移动站之间观测误差的空间相关性,由基准站通过数据链实时将其载波观测量及站坐标信息一同传送给用户站,通过差分的方式除去移动站观测数据中的大部分误差,从而实现高精度(分米甚至厘米级)的定位。

一、RTK 定位

RTK 技术在应用中遇到的最大问题就是参考站校正数据的有效作用距离。GPS 误差的空间相关性随参考站和移动站距离的增加而逐渐失去线性,因此在较长距离下(单频 > 10 km,双频 > 30 km),经过差分处理后的用户数据仍然含有很大的观测误差,从而导致定位精度的降低和无法解算载波相位的整周模糊度。所以,为了保证得到满意的定位精度,传统的单机 RTK 作业距离都非常有限。

二、网络 RTK 技术

为了克服传统 RTK 技术的缺陷,在 20 世纪 90 年代中期,人们提出了网络 RTK 技术。在网络 RTK 技术中,线性衰减的单点 GPS 误差模型被区域型的 GPS 网络误差模型所取代,即用多个参考站组成的 GPS 网络来估计一个地区的 GPS 误差模型,并为网络覆盖地区的用户提供校正数据。而用户收到的也不是某个实际参考站的观测数据,而是一个虚拟参考站的数据和距离自己位置较近的某个参考站网络的校正数据,因此网络 RTK 技术又被称为虚拟参考站技术。

网络 RTK 在系统的可靠性方面远远优于单机 RTK 系统。因为单机 RTK 系统的可靠性取决于单个参考站,一旦该参考站出现问题,其覆盖的区域就会成为服务盲区,甚至是错误服务区。而在网络 RTK 方式下,系统的可靠性不是由单个站而是由整个 GPS 参考站网络来维护的,单个参考站即使出现问题也很容易被发现,不会导致数据被错误使用。

网络 RTK 系统的组成为 GPS 参考站网络、控制中心、从各参考站到控制中心的通信网络、控制中心和用户间的通信网络。其中控制中心是网络 RTK 系统的核心和计算中心,该单元运行网络 RTK 软件,处理参考站网络的数据,并形成校正数据网络。

参考站到控制中心的通信网络则负责将参考站的数据实时地传输给控制中心,由于参考站的数据量大,位置固定,并有实时性要求,因此通常采用有线通信网络,一般可采用因特网。无线链路也可以采用,但应避免通信延迟过大。

控制中心和用户间的通信网络是指如何将网络校正数据传送给用户。一般来说,网络 RTK 系统有两种工作方式:单向方式和双向方式。在单向方式下,只是用户从控制中心获得校正数据,而所有用户得到的数据应该是一致的;在双向方式下,用户还需将自己的粗略位置(单点定位方式产生)报告给控制中心,由控制中心有针对性地产生校正数据并传给特定的用户,每个用户得到的数据则可能不同。

第八章 GNSS 测量

习题与思考题

1. GNSS 包括哪几大系统？
2. 简述 GPS 的组成部分。
3. GPS 卫星信号有哪些？
4. 简述 GPS 定位基本原理。
5. GPS 分为哪几类？
6. 何谓伪距测量？何谓载波相位测量？
7. 简述网络 RTK 的组成。
8. GPS 测量有哪些误差来源？
9. GPS 和北斗导航卫星定位系统采用的坐标系统和时间系统有哪些异同？

第九章

地形图基本知识

从高德地图等大众应用到 BIM（Building Information Modeling，建筑信息化模型）等高端应用，地理信息的应用随处可见，几乎影响了现代生活、生产的方方面面。为了能更好地利用地理信息来方便我们的日常活动，对作为地理信息基本载体的地图的基本知识应有一个较为完整和全面的理解。本章将对地图的基本知识做简单而较全面的介绍，包括以下内容：地图的定义、特征、分类、用途、内容构成、比例尺与比例尺精度、地图实体的表达方法。通过本章的学习，我们将能对地图的相关知识有较为全面的基本认知，对正确、有效地利用地理信息起到促进作用。

第一节 地图的定义、特征及分类

一、地图的定义

随着科学技术的进步，地理信息的应用领域不断扩展、应用方式和手段也一再创新。作为基本载体的地图，其需要表达的内容和表达的方式、手段也在不断地发展和变化；在这一过程中，也产生了关于地图的不同定义。

其中，一个较为完整的基本定义是：地图是根据一定的数学法则，将地球（或其他星体）上的自然和人文现象，使用地图语言，通过地图制图，缩小反映在平面上，反映各种现象的空间分布、组合、联系、数据和质量特征及其随时间的发展变化。

这一定义是一个较为经典的定义，它描述了地图的基本特征和相对于其他描述地球表面手段（如照片、山水画等）的区别；但它未能体现出计算机信息技术、航天遥感技术、多媒体技术对地理信息数据获取和表达的影响，阻碍了地图理论和应用的发展。因此，众多学者和机构从不同角度给出了地图的定义；其中，比较有特征的几个定义如下：

(1) ICA（国际地图学协会）给出的定义：地图是地理现实世界的表现或抽象，以视觉的、数字的或触觉的方式表现地理信息的工具。

(2)《多种语言制图技术词典》的定义：地图是"地球或天体表面上，经选择的资料或抽象的特征和它们的关系，有规则、按比例在平面介质上的描写。"

(3) 地图是信息的传输通道。这些定义给出的概念较为抽象，也不是太完善；但正是这种抽象和不完善给了人们更多的空间，能更好地结合和适应技术的发展与应用的需求；如地图的内容可以不再局限于地理实体和地理现象，也不再局限于二维平面表达；同时，也可以跳出图形化表达的限制，使得地图科学可以与 MR（混合现实技术）、现代管理体系等进行更好的结合。

二、地图的基本特征

为了能满足实际的应用需求，地图必须具备必要的特征。由上面关于地图的定义，我们可以归纳出如下特征。

（一）由特定的数学法则产生的可量测性

地图制图过程中所涉及的数学法则，包括地图投影、地图比例尺和地图定向三个方面。

地图投影主要解决地理信息在地面所对应的经纬度与地图表达系统中的坐标之间的关系。在这一过程中，要根据地图应用需要，处理好因投影变换引起的形状改变、面积变化等变形特性，以免影响地图应用的有效性和可靠性。

地图比例尺描述了地理信息实体与其对应的地图表达之间的倍数关系。由此关系，人们可以由地图上的实体表达了解实体真实的几何特征。

地图定向是确定地图图形的地理方向；没有准确的地理方向，就无法通过地图确定地理事物的方位。

（二）由使用地图语言表达地理信息所产生的直观性

地图上各种自然和人文信息都是通过特定的地图语言来实现的。地图语言主要由地图符号和地图注记两部分构成（在信息化的地图应用中，音频、视频等也可以是地图语言的一部分）。具体的地图语言元素构成，与专业领域、使用的表达技术方法等因素有关。通过使用专业的地图语言，地图上所表达的地理实体会具有明确的特征和确定的意义，地图的使用者在通过一定的训练（主要指专业地图语言的学习）后，就可以比较容易地理解和分析地图所传递的有关信息。

（三）由实施地图制图综合产生的一览性

在创建地图的过程中，地图制作者都要根据地图的使用目的、使用人群、表达方式等因素的不同，对目标区域内的地图实体进行选择、简化、综合，并可能对同类型的目标进行分级等处理，使得最终地图成果表示出重要目标及其相应的实质性特征和分布规律；地图图面清晰、简洁、易于使用。

三、地图的分类

为了便于理解、掌握和使用，地图可以按不同标准进行分类。

（一）按地图所表示的内容或服务的目的分类

1. 普通地图

普通地图是以相对平衡的方式来表示地表上的各种自然和人文现象的地图。这种地图一般使用国家确定的标准比例尺，通过通用地图语言来进行表示，可有多种用途。

2. 专题地图

专题地图则是根据专业的需要，突出反映某种或某几种主题要素并辅以必要的背景信息的地图；如交通地图就是一种典型的专题地图，在其上主要对公路、加油站、服务区等直接与交通有关的要素进行表达，而居民点等要素则仅进行一定的表示。专题地图一般又可以分为自然地图、人文地图和其他专题地图三大类。

（二）按地图所使用的比例尺分类

（1）大比例尺地图：1∶10万及以上比例尺的地图。

（2）中比例尺地图：介于1∶10万与1∶100万之间比例尺的地图。

（3）小比例尺地图：1∶100万及以下比例尺的地图。

要注意的是，这种按比例尺的划分只是一种习惯性方法；对于不同的使用部门，可能有不同的划分标准。例如，在城市规划部门中，一般把1∶1 000及以上的比例尺地图称为大比例尺地图，1∶1万比例尺的地图都认为是小比例尺地图。

另外，在我国，1∶5 000、1∶1万、1∶2.5万、1∶5万、1∶10万、1∶25万、1∶50万、1∶100万8种比例尺的地图也称为基本比例尺地图。其一般都由指定的国家机构和其他的公共事业部门按照统一规格测制或编制。

（三）按地图的存储介质分类

1. 纸质地图

纸质地图是一种模拟地图，是目前常用的工作地图。其特点是：

（1）一旦成图，其内容和比例尺就被固定。

（2）由于长期暴露在空气中，所以纸质地图内容可能产生各种形式的变形。

（3）由于是模拟形态，所以在使用的过程中不可避免地会出现度量误差。

2. 数字地图

数字地图是以计算技术为基础，一般以矢量形式存在的一种地图。与纸质地图相比较，其特点是：

（1）不会由于存储的时间过长而产生变形。

（2）由于可以使用地图综合算法对数据进行处理，所以数字地图的内容可以根据应用过程进行变化，比例尺也可以变化。

（3）与纸质地图不同，数字地图能存储的信息不受地图负载量的制约，可以在同一幅地图中存储尽可能详细的信息，在具体使用时可根据需要提取。

（4）所能使用的地图语言不拘泥于符号语言，还可以用声频、视频等其他形式。

3. 网络地图

网络地图是一种特殊的数字地图。网络地图的内容应考虑网络流量、时间延迟和客户端屏幕大小等因素的影响。

（四）按地图的维度分类

（1）二维地图：以平面图形来表示地图实体的地图。

（2）三维地图：以三维几何图形来表示地理实体的地图；所使用的图形可以是真实地理实体的依比例缩小模型，也可以是根据一定规范定制的立体图形。三维地图还可以根据其中的地理实体模型是否具有物理、力学等特征细分为视觉三维地图和真实三维地图。

（3）四维地图：也可称为动态地图、时态地图，是在三维地图的基础上加上时间变化特征；其动态特征可用时间切片实现，也可用更高级的时间函数实现。

根据应用的需要或某些习惯，地图还可以进行其他方式的分类，如可以根据地图所处理的区域范围分为世界地图、大陆地图和自然区域地图等。

第二节 地图投影

一、地图投影的定义

由于技术条件的限制，为了研究和使用上的方便，地图一般是平面的；而地图所描述的对象——地球椭球面是一个不可展开的曲面。在传统地图学中，将地球椭球面上的点通过一定的规则转换为平面上的点的方法称为地图投影。这一定义可以表示为如下的代数方程式：

$$\left. \begin{array}{l} x = f_1(\varphi, \lambda) \\ y = f_2(\varphi, \lambda) \end{array} \right\} \tag{9-1}$$

式中，φ 为地理纬度；λ 为地理经度。

上面关于地图投影的定义是针对二维矢量的静态地图而言的；但随着三维甚至四维地图的出现，这一定义就显示出其缺陷。我们需要更先进的地图投影定义来指导地图学的发展，但到目前为止还没有出现这样的能被普遍接受的定义。在这里，可以提出这样一个简单的描述：所谓的地图投影就是一种从一个空间到另一个空间进行转换的关系；这种关系可以是定量的函数关系，也可以是其他的语义关系，可以是降维的也可以是升维的。

但本章中，所有与投影有关的概念均仅针对传统意义上的地图投影。

二、地图投影变形

当人们按一定的规则将地球椭球面上的点转换到其他空间中时，必然会出现变形，这是由于地球椭球面是一个不可展开的曲面决定的。在地球表面上以一定间隔的经差和纬差构成经纬线网格，相同的两条纬线间的不同网格具有相同的形状和大小；但投影到平面上后，往往产生明显的差异。这种差异就是投影变形所造成的。

投影可以引起三种形式的变形：长度变形、面积变形和角度变形。在不同的地图应用中，需要地理实体保持一定的特征，如一般的工程建设用地图要求保持目标的形状不变，所以应根据需要选择不同的投影类型。

三、地图投影的类型

为了能更好地理解和选择正确的投影,我们有必要对地图投影进行一定的分类。通常按以下方式对地图投影进行分类。

(一) 按投影变形性质分类

1. 等角投影

等角投影是指角度没有变形的投影,地球椭球面上一点处任意两个方向的夹角投影到平面上后大小保持不变。由于投影后保持区域形状相似,所以等角投影又称为正形投影。此投影的面积变形较大。因等角投影符合人们的日常认识习惯,工程应用中,大、中比例尺地图通常采用它。

2. 等积投影

等积投影是指目标的面积在投影前后不会发生变化的投影。这种投影会破坏目标在投影前后的相似性,角度变形比较大。

3. 任意投影

任意投影是指在投影后不保证任何特征不变,经过投影后,目标的长度、面积和角度会同时存在一定的变形。在任意投影中如果保持一个主方向的长度没有变形,这种任意投影也称为等距离投影;这种投影方式在航空、航海制图中有广泛应用。

(二) 按投影面及其与地球椭球关系分类

在早期的地图投影研究中,一般基于几何透视原理,借助于辅助面将地球椭球面展开成平面,这种投影方式被称为几何投影。几何投影的特点是将椭球面上的经纬线投影到辅助面上,然后展开成平面。几何投影是根据辅助投影面的类型及其与地球椭球的关系划分的(图9-1)。

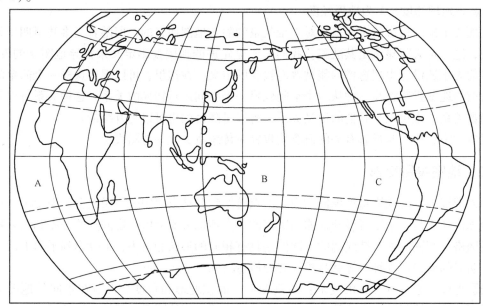

图 9-1 几何投影

四、地图投影的选择

不同性质的地图投影对地图的应用有重大影响,因此,在制作地图时应根据需要和特征条件选择合适的地图投影。地图投影可以从以下方面进行考虑和筛选。

(一) 制图区域

制图区域的位置、大小和形状,都会影响地图投影的选择。

位置:极地附近可选用方位投影;中纬度区域宜用圆锥投影;赤道附近可选用圆柱投影。

大小:制图区域大小会影响投影产生的误差大小。对于小面积的制图区域任何投影产生的误差没有明显区别,都能保证很高的精度;对于大面积的制图区域,不同的投影所引起的投影误差则有显著区别。

形状:接近于圆形的区域可选用方位投影;东西向的区域,宜用圆柱或圆锥投影;南北延伸的地区多选用横圆柱投影。

(二) 地图的用途

不同的用途对地图有不同的要求。如政区地图要求各制图单元具有正确的面积对比关系,所以应选用等面积投影;交通用地图要求保证较精确的距离,所以一般使用等距离投影;而一般的地形图则多数采用等角投影以保持形状的相似性。另外,不同的地图用途也对投影变形量有不同的要求,这同样影响地图投影的选择决策。

(三) 地图投影本身所具有的特点

变形性质:不同性质的地图投影适合不同的用途。

变形大小与分布特征:变形大小应能保证地图投影对精度的要求;而变形分布的有利方向应与制图区域的延伸方向基本一致。

特殊线段的形状:比如在球心投影中,地球表面两点间距离最近的大圆航线是一直线,在世界地图上看起来就比较直观。

在具体的地图投影选择过程中,要对各个影响因素进行综合考虑;对同一个应用需求可能有几种地图投影均能适用,应从中选出适用面最广的地图投影。

第三节 地图的基本内容

一幅标准的地图一般可分为三个部分:数学基础、地理要素和整饰要素,如图 9-2 所示。当然,电子地图一般不需要整饰要素。

一、数学基础

地图的主要特性之一是其具有可量测性;这一特性的技术保证是数学基础。它们在地图上主要表现为控制点、坐标网、比例尺和地图定向。

控制点可分为平面控制点和高程控制点。平面控制点在测图时是进行图根控制的基础;在编图时又成为地图内容转绘和投影变换的控制点。高程控制点一般是指有埋石的水准点。

坐标网分为地理坐标网（经纬线网）和直角坐标网，它们都同地图投影有密切联系，是地图投影的具体表现形式。

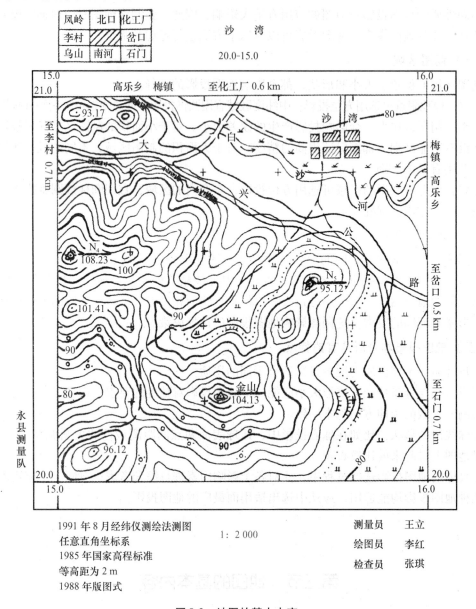

图 9-2 地图的基本内容

比例尺确定地图内容的缩小程度；它虽然是出现在地图整饰中，但是在地图制作过程和应用中无处不在。

地图定向通过坐标网的方向来体现。

二、地理要素

地理要素是地图的主体，不同类型的地图上表达的地理要素的种类有所不同。

（1）普通地图：普通地图上的地理要素是地球表面上最基本的自然和人文要素，分为独立地物、居民地、交通网、水系、地貌、植被、境界等。

（2）专题地图：专题地图上的地理要素分为地理基础要素和主题要素。

①地理基础要素是为了承载作为主题要素而有选择绘制的与专题要素相关的普通地理要素。它们通常比同比例尺的普通地图简略，要素种类根据专题要素的需要而选择，通常不会包含所有种类的普通地理要素。

②主题要素是指作为专题地图主题的专题内容。它们通常使用与专业有关的特殊表示方法，对其数据和质量进行详细描述。

三、整饰要素

整饰要素是一组为方便使用而附加的文字和工具性的资料，通常包括外图廓、图名、图例、坡度尺、图解和文字比例尺、编图单位、编图时间、规范依据等；有些地图上，还附有接图表和三北方向等。

第四节 地图比例尺

为了能在地图上对大小、距离、方向等进行量度和分析，地图必须提供适当的尺度基准——比例尺。所谓的比例尺，就是指地图上任意两点的距离与其所对应的地面实际距离的比值。

一、比例尺的类型

（一）数字比例尺

数字比例尺一般用分子为1的分数形式来表示。地图的比例尺可以用如下方式确定：设地图上某一直线的长度为 d，对应的地面平距为 D，则该地图的比例尺为

$$\frac{d}{D} = \frac{1}{\frac{D}{d}} = \frac{1}{M} \tag{9-2}$$

式中，M 为比例尺分母，它表示的是实际地理实体在地图上的缩小倍数。如果在地图上的 1 cm 代表地面上水平距离是 10 m，则该地图的比例尺为 1∶1 000。

按地形图图式中的规定，数字比例尺应写在图幅正下方，如图 9-3 所示，该地图的比例尺为 1∶2 000。

（二）图示比例尺

1. 直线比例尺

由于地图长期暴露在空气中可能引起纸张变形，仅用数字标明地图的比例尺可能使在地图上进行量测时得不到准确的结果。为了尽量削弱因这种变形引起的量度误差，在绘制地形图时，常在地图上绘制直线比例尺。直线比例尺的一般样式，如图 9-3（a）所示。

在绘制直线比例尺时，先绘制两条平行线，再把它分成若干相等的线段，作为比例尺的

基本单位；将左边的一段基本单位又分成 10 等份。在使用时，用圆规在地图上量取两点的距离，再将圆规的一脚对准直线比例尺中右端某一整刻线，通过另一脚在左端刻画线上的位置，来确定两个目标点的实地距离。

2. 斜线比例尺

如图 9-3（a）所示，在直线比例尺中，其左端一般被细分为 10 等份，这样可以在一定程度上提高距离的量测精度。但在某些应用场景中，这种误差仍不能满足要求，我们又可引入斜线比例尺，如图 9-3（b）所示。这种比例尺相当于将其左端均分成了 100 等份，所以可以进一步提高量测精度。

对于不是同等角度投影的地图，为使用方便，人们还发明了复式比例尺（也称为投影比例尺），如图 9-4 所示。

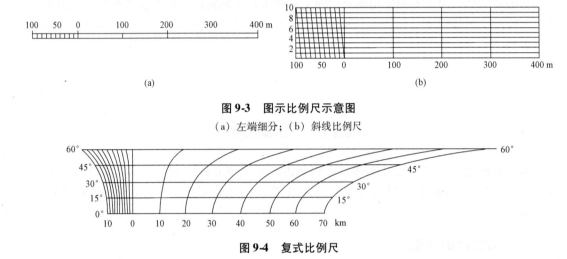

图 9-3　图示比例尺示意图

（a）左端细分；（b）斜线比例尺

图 9-4　复式比例尺

由于印刷技术的进步，地图可以做到随印随用，图纸的变形可以忽略不计，所以现在印制的纸质地图一般不再提供图示比例尺。但在数字地图中，由于其比例可以动态变化，所以提供数字比例尺不太现实，一般提供简单的直线比例尺。

二、比例尺精度

一般认为，人的肉眼能分辨的图上最小距离是 0.1 mm，因此通常把地图上 0.1 mm 所对应的实地水平距离，称为比例尺精度。根据这一定义，我们能根据地图上所给出的比例尺算出其比例尺精度，如 1∶500 的地图的比例尺精度为（0.1×500）mm，即 5 cm；1∶1 000 的地图的比例尺精度为 10 cm。

比例尺精度主要可用于以下两个方面：

（1）在测量地图的过程中，可以根据比例尺精度及测量过程中的误差源确定各步骤中的误差限，从而确定正确的测量方式和手段。

（2）在使用地图时，可以根据比例尺精度和用图的目的确定合适比例尺的地图。假定某种应用必须保证 7 cm 以上的比例尺精度，那么我们只能选用不低于 1∶500 的地图。

第五节　地图分幅与编号

为了便于编图、印刷、管理和使用地图，需要将各种比例尺的地图进行统一的分幅和编号。

一、地图分幅

地图的分幅是指用图廓线分割制图区域，其图廓线所确定的范围成为单独图幅。图幅之间沿图廓线可以相互拼接。根据《国家基本比例尺地形图分幅和编号》（GB/T 13989—2012）的规定，可以按照矩形分幅和经纬线分幅（也称梯形分幅）两种方式对地图进行分幅。

（一）经纬线分幅

对从 1∶1 000 000 到 1∶500 的国家基本比例尺地图，均可以经纬线分幅。

1. 1∶1 000 000 地图分幅

我国的纬度范围在北纬60°以下，根据 1∶1 000 000 国际地形图分幅标准，每幅地形图的范围是 6°经度差、4°纬度差。

2. 1∶500 000~1∶5 000 地图分幅

1∶500 000~1∶5 000 的地形图的分幅均以 1∶1 000 000 为基础，以经度差、纬度差等间隔划分，其具体情况见表 9-1。

表 9-1　1∶500 000~1∶5 000 分幅情况

比例尺		1∶1 000 000	1∶500 000	1∶250 000	1∶100 000	1∶50 000	1∶25 000	1∶10 000	1∶5 000
图幅范围	经度差	6°	3°	1°30′	30′	15′	7′30″	3′45″	1′52.5″
	纬度差	4°	2°	1°	20′	10′	5′	2′30″	1′15″15″
图幅数		1×1	2×2	4×4	12×12	24×24	48×48	96×96	192×192

3. 1∶2 000、1∶1 000、1∶500 地图分幅

根据《国家基本比例尺地形图分幅和编号》（GB/T 13989—2012）的规定，这 3 个比例尺的地形图也可按照经纬线进行分幅。它们仍以 1∶1 000 000 比例尺为基础进行分幅，具体划分方式见表 9-2。

表 9-2　1∶2 000、1∶1 000、1∶500 分幅情况

比例尺		1∶1 000 000	1∶2 000	1∶1 000	1∶500
图幅范围	经度差	6°	37.5″	18.75″	9.375″
	纬度差	4°	25″	12.5″	6.25″
图幅数		1×1	576×576	1 152×1 152	2 304×2 304

(二)矩形分幅

1:2 000、1:1 000 和 1:500 比例尺的地形图也可根据需要采用 50 cm×50 cm 的正方形分幅或 40 cm×50 cm 的矩形分幅。

二、地图编号

为了便于查找、使用和不同图纸之间的拼接,分幅的地形图必须按照规定的系统进行编号表示。经纬线分幅与矩形分幅的地形图的编号系统是分别规定的。

(一)经纬线分幅地形图编号

1. 1:1 000 000 地形图编号

1:1 000 000 地形图的编号遵循国际编号标准。从赤道起算,每纬差 4°为一行,至南、北纬 88°各分为 22 行,依次用大写拉丁字母 A、B、……、V 表示;从 180°经线起算,自西向东每经差 6°为一列,全球分为 60 列,依次以数字码 1、2、3、……、60 表示。由此,由经纬线分幅的每一个梯形小格为一幅 1:1 000 000 地形图,它们的地形图编号由该梯形格所对应的行号与列号组合而成。

2. 1:500 000 ~ 1:500 地形图编号

这些比例尺地形图的编号以 1:1 000 000 为基础,其完整编号由其所在的 1:1 000 000 地形图编号、比例尺代码和各图幅的行列号组成。其中,1:5 000 000 到 1:2 000 比例尺的编号共 10 位代码 [图 9-5 (a)],1:1 000 和 1:500 的编号共 12 位代码 [图 9-5 (b)]。

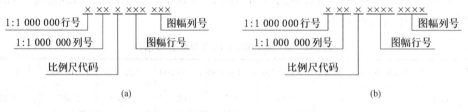

图 9-5 经纬线分幅地形图编号方案

(a) 10 位代码;(b) 12 位代码

由图 9-5 (b) 中可以看出,1:1 000 和 1:500 基于 1:1 000 000 的行数、列数分别为 4 位,而其他比例尺的行数、列数为 3 位以外,经纬线分幅地形图的编号方案其实是相同的。

(1) 比例尺代码。1:500 000 ~ 1:500 比例尺地形图的比例尺代码分别以不同的大小英语字母表示(表 9-3)。

表 9-3 比例尺代码

比例尺	1:500 000	1:250 000	1:100 000	1:50 000	1:25 000	1:10 000	1:5 000	1:2 000	1:1 000	1:500
代码	B	C	D	E	F	G	H	I	J	K

(2) 行、列号编号方法。1:500 000 ~ 1:500 比例尺地形图的行、列号是将 1:1 000 000 地形图按所含各比例尺地形图的经差和纬差划分为若干行和列,横行从上到下、纵列从左到右按顺序进行数字编号。1:500 000 到 1:2 000 的行、列分别用三位数字码表示;1:1 000

和 1：500 的行和列分别用四位数字表示。数位不足的在前面补 0，取行号在前、列号在后的排列形式标记。

另外，1：2 000 比例尺地形图的编号还可以在 1：5 000 比例尺地形图编号的基础上加短线，再加 1 到 9 的数字顺序码表示。1：2 000 比例尺地形图数字顺序码如图 9-6 所示。图中阴影区域所示图幅编号为 H49192097－5。

28° 01′ 15″
28° 00′ 50″
28° 00′ 25″
28° 00′ 00″
1
2
3
4
5
6
7
8
9
111° 00′ 00″
111° 00′ 37.5″
111° 01′ 15″
111° 01′ 52.5″

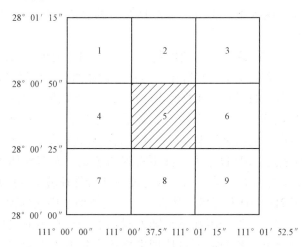

图 9-6　1：2 000 比例尺地形图数字顺序码

（二）矩形分幅地形图编号

采用正方形或矩形分幅的 1：2 000、1：1 000 和 1：500 比例尺的地形图，其图幅编号一般采用图廓西南角坐标千米数编号法，也可选用行列编号法和流水编号法。

1. 坐标编号法

坐标编号法是最常用的编号方式。采用图廓西南角坐标千米数编号法时，x 坐标千米数在前，y 坐标千米数在后，两者之间以一短线连接。1：2 000、1：1 000 的地形图取至 0.1 km（如 10.0－21.0）；1：500 的地形图取至 0.01 km（10.40－27.25）。

2. 流水编号法

带状测区或小面积测区可按测区统一顺序编号，一般从左到右，从上到下用阿拉伯数字编号，如图 9-7 所示。图中阴影区域所示图幅编号为××－8（××为测区代号）。

3. 行列编号法

行列编号法一般采用以大写英文字母对横行进行从上到下的编号，以阿拉伯数字对纵列从左到右的编号；先行后列。如图 9-8 所示，图中阴影区域图幅编号为 A－4。

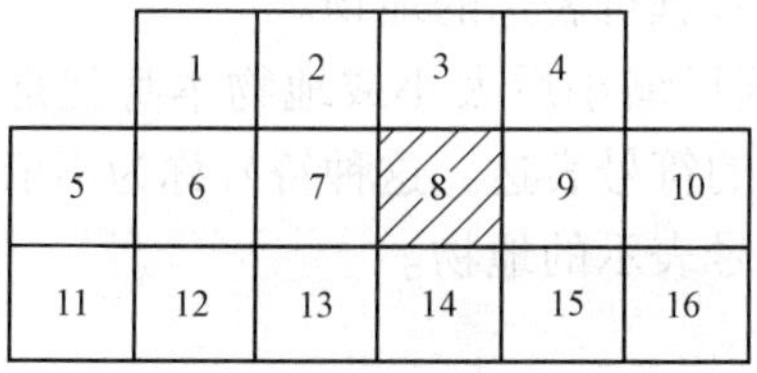

1
2
3
4
5
6
7
8
9
10
11
12
13
14
15
16

图 9-7　流水编号法示意图

A—1
A—2
A—3
A—4
A—5
A—6
B—1
B—2
B—3
B—4
C—2
C—3
C—4
C—5
C—6

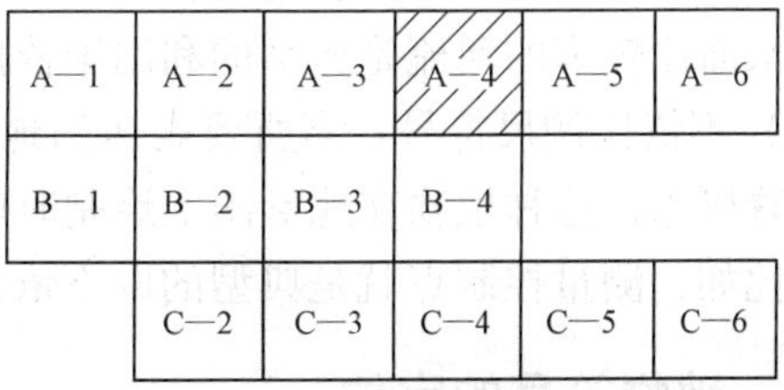

图 9-8　行列编号法示意图

第六节　地物的表达

地理要素是地形图构成的主要内容要素。从地形图制图表达的角度来看，地理要素可以分为地物要素和地貌要素两大类。本节讲解地物要素的表达方法与要求，地貌（形）要素的表达方法与要求将在第七节讲述。

地物是地面上自然存在的或人工构建的物体（如湖泊、河流、房屋、道路等）或在一定区域存在的自然的或人文的现象（如降雨、海洋运输线路、一个区域的GDP等）。根据表达媒介的不同和各种地形图的需要，地物的表达可以有以下几种方式：

（1）卡通、形象化表达方式。如动物园、游乐场等为了方便儿童、老年人等使用，对各个功能区以相应的动物、植物照片来表达；这种表达方式形象、直观，使人一目了然。

（2）多媒体及3D表达。3D也给人一种更直观的感觉，而多媒体可以综合利用多种现代技术；这种表达方式如果应用得当，将大大方便一些特殊环境下的应用需要。如在车载导航系统中就综合使用了2D、3D和音频表达方式，大大方便了广大驾驶员朋友。

（3）动态和虚拟化表达。地理事物总是随着时间的变化在不断发展变化着；为了更好地利用地形图进行事物分析，我们需要将地理事物的变化纳入地形图表达。如眼下兴起的BIM就很好地使用了这种表达方式。

以上地物表达方式的详细内容超出了本书的范围，有兴趣的读者可自行查找资料学习。本节仅对国家基本比例尺地形图中的地物表达方式进行较详细的说明。

在基本比例尺地形图中，地物的表达主要使用几何符号（称为地物符号）。本节内容基于《国家基本比例尺地图图式　第1部分：1∶500　1∶1 000　1∶2 000地形图图式》（GB/T 20257.1—2017）。

一、地物符号的类型

根据地物本身的特征及地形图比例尺大小的不同，地物可以用以下几种类型的符号进行表达。

（1）依比例尺符号：对于面状地物，当将其按比例尺缩小后，如果其长度和宽度依然满足一定的尺度要求，则此地物就以缩小后的尺度进行绘制。这种符号就称为依比例尺符号。如在大比例尺地形图中，房屋、湖泊等就是典型的依比例尺符号绘制的地物。

（2）半依比例尺符号：地物依比例尺缩小后，其长度能达到一定的尺度要求，而其宽度太窄不易绘制或会给辨识带来困扰，此时地物在长度方向上按比例缩小绘制，而其宽度按一定的规定进行确定。这种表达地物的符号称为半依比例尺符号。在较小比例尺地形图中，铁路、水面比较窄的河流是典型的利用半依比例尺符号进行表达的地物。

（3）不依比例尺符号：当所要表达的地物依比例尺缩小后太小或地物本身就是只具有空间位置概念，这种地物在地形图上绘制时就以规定的符号表达。这种符号称为不依比例尺符号。比如，测量控制点就是典型的以不依比例尺符号表示的地物。

二、地物符号的定位

对于依比例尺符号，直接以其轮廓点定位。对于半依比例尺符号，一般以地物的中心线定位。而不依比例尺符号的定位比较复杂，符号的中心位置与该地物的定位中心的位置关系会随着地物的不同而各有差异。具体的定位方法如下：

（1）符号图形中有一个点的，该点为地物的实地中心位置；
（2）符号的形状是圆形、正方形、长方形等几何形状的，定位点位于其几何中心；
（3）宽底符号的定位点在其底线中心；
（4）底部为直角的符号定位点在其直角的顶点；
（5）由几种图形组成的符号其定位点在其下方图形的中心点或交叉点；
（6）下方没有底线的符号其定位点在其下方两端点连线的中点。

三、符号的方向与配置

对于土质、植被等范围性地物，在进行地形图绘制时应以点线标示出地物的地理范围，并在标示出的范围内配以相应的表示地物性质的说明性符号。这种说明性符号仅用于说明地物的性质，不具有定位意义。在配置符号时，有以下三种配置情况：

（1）整列式：对于地物在地形图上具有较大范围时，按一定行列配置。一般情况下符号的间隔为 1 cm，当面积较大时符号间隔可放大 1~3 倍。
（2）散列式：当面积较小或地图较狭长时，不必使用一定的行列配置。
（3）相应式：按实地的疏密配置符号，如疏林、零星树木等；表示符号时应注意显示其分布特征。

为方便读者理解和使用本节内容，下面列出节选自《国家基本比例尺地图图式　第1部分 1∶500　1∶1 000　1∶2 000 地形图图式》（GB/T 20257.1—2017）中一些常见地物的图式符号（表 9-4），表中所有符号单位为 mm。

表 9-4　一些常见地物的图式符号

编号	符号名称	符号式样			符号细部图
		1∶500	1∶1 000	1∶2 000	
1	导线点 　　a. 土堆上的 　Ⅰ16、Ⅰ23—等级、点号 　84.46、94.40—高程 　2.4—比高	2.0 ⊙ $\frac{Ⅰ16}{84.46}$ a　2.4 ⌀ $\frac{Ⅰ23}{94.40}$			2 0.5 0.3
2	埋石图根点 　　a. 土堆上的 　12、16—点号 　275.46、175.64—高程 　2.5—比高	2.0 ⊡ $\frac{12}{275.46}$ a　2.5 ⊡ $\frac{16}{175.64}$			0.3　0.5 2.0　　0.5 1.0

续表

编号	符号名称	符号式样			符号细部图
		1:500	1:1 000	1:2 000	
3	不埋石图根点 19—点号 84.47—高程	2.0 □	$\dfrac{19}{84.47}$		
4	水准点 Ⅱ—等级 京石5—点名、点号 32.805—高程	2.0 ⊗	$\dfrac{\text{Ⅱ京石5}}{32.805}$		
5	卫星定位等级点 B—等级 14—点号 492.263—高程	3.0 △	$\dfrac{\text{B14}}{492.263}$		0.3　3
6	地面河流 a. 岸线（常水位岸线、实测岸线） b. 高水位岸线（高水界） 清江—河流名称	0.15　0.5　1.0　3.0　清江　a　b			
7	涵洞 a. 依比例尺的 b. 半依比例尺的	a　b			a 45° 1.2 0.6 1.0 b 90° 1.0
8	池塘 a. 加固的 b. 未加固的	a　b			

续表

编号	符号名称	符号式样			符号细部图
		1:500	1:1 000	1:2 000	
9	单幢房屋 　a. 一般房屋 　b. 裙楼 　　b1. 楼层分割线 　c. 有地下室的房屋 　d. 简易房屋 　e. 突出房屋 　f. 艺术建筑 混、钢 房屋结构 2、3、8、28 房屋层数 (65.2)　建筑高度 　-1　地下房屋层数	a 混3　b 混3 b1 ..0.1 　　　　　混8 ..0.2 c 混3-1　d 简2 e 钢28 f 艺28　艺(65.2) 0.2　　0.2			a c d 　3 　　　　..0.1 b 3 8 　　　..0.2 　　　　　1.0 e f 28
10	建筑中的房屋	建 2.0　1.0			
11	破坏房屋	破 2.0　1.0			
12	架空房 　4 楼层数 　3 架空楼层 　/1、/2 空层层数	混4 混3/2 混4 2.5　0.5		4 3/1 2.5　0.5	
13	体育馆、科技馆、博物馆、展览馆	混凝土5科 ..0.3			
14	宾馆、饭店	混凝土5 H			0.7　0.3 2.8 H ..0.4 1.4

续表

编号	符号名称	符号式样 1:500	符号式样 1:1 000	符号式样 1:2 000	符号细部图
15	商场、超市		混凝土4 M		0.5 0.5 / 3.0 M 0.4 0.4 / 0.3
16	游泳场（池）		泳	泳	
17	厕所		厕		
18	电话亭				0.5 / 3.0 1.8
19	垃圾台 a. 依比例尺的 b. 不依比例尺的	a		b	1.6 / 1.6 / 0.8
20	旗杆		1.6 / 4.0 1.0 1.0		
21	塑像、雕塑 a. 依比例尺的 b. 不依比例尺的	a		b	0.4 / 1.1 / 1.4 / 0.6 / 0.4 1.1
22	围墙 a. 依比例尺的 b. 不依比例尺的	a b	10.0 10.0 0.5	0.3	
23	台阶	0.6		1.0 1.0	

第七节　地貌（形）的表达

在测量学科中，人们把地表的高低起伏形态称为地貌或地形。地形分析对众多工程应用领域都有重要的影响。因此，准确地表达地形，使得对其进行分析更为方便、直观、简洁、科学是地形表达技术的重要研究内容。目前，地形的表达方法有 DEM 法、TIN 法、三维密集点云和等高线法。

前三种地形的表达方法要依赖于计算机的使用，其数据生成、分析都较为复杂，超出了本书的范围；本节仅讲解国家基本比例尺地形图中所规定的等高线表示法。

一、等高线的概念

图 9-9 为广西龙胜的龙脊梯田。由常识和物理学知识，可以知道同一梯田的任何位置均位于同一重力等位面上，即它们的高程相同。实际上，这种田埂就是一种天然的等高线。由此可以给出等高线的定义：等高线是指地形图上相邻的高程相等的点所连接而成的光滑、闭合曲线。从构造过程来看，等高线也可以看成用一个水平面与待绘制等高线的地形相切割而形成的迹线按照一定的比例尺投影到一个确定的水平面上而形成。

为了使用的方便，等高线的高程均是取在某个整数高程位置上；而且，在同一个制图区域及相同的比例尺下，等高线之间也保持相同的高差。人们将这种相邻两等高线（指基本等高线）之间的高差定义为等高距。其表达方式与高差相同，也用 h 表示。

为了更加便捷、直观地从地形图上分析某一区域的地形特征，《国家基本比例尺地图图式　第 1 部分：1∶500　1∶1 000　1∶2 000 地形图图式》（GB/T 20257.1—2017），定义了三种等高线的类型（图 9-10）。

（1）基本等高线。基本等高线也称为首曲线，是国家基本比例尺地形图中表示地形的最基本的等高线。它以 0.15 mm 的实线来表示，如图 9-10 中的 a 所示。

（2）计曲线。在地形的相对高差较大，使用了较多数量的等高线时，为了便于人工识别和分析，将高程为 5 倍等高距的倍数的等高线定义为计曲线。它以 0.3 mm 的粗实线表示，并在其上注以相应的高程值（数字的字头指向局部地形的极值方向），如图 9-10 中的 b 所示。

（3）间曲线。在地形陡峭的区域中存在的一些地势较为平缓的局部微地形对道路、桥梁等工程建设具有重要的参考作用，因此，在这些地方要对地形进行更为详细的描述。这时使用间曲线；间曲线间的高差为 0.5 个等高距，用虚线表示，如图 9-10 中 c 所示。

二、基本地形的表示

整个地球表面的形态变化万千，纷繁复杂；但如果对其进行认真的分析和分类，其复杂的表象实际上可以分解成山头和洼地、山脊和山谷、鞍部、陡崖和悬崖等特征地形。了解和熟悉这些典型地貌的表示方法，将有助于地形图的识读、应用与测绘。

图 9-9 广西龙胜龙脊梯田

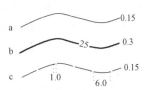

图 9-10 等高线类型图式

（一）山头和洼地

图 9-11 为比较典型的山头和洼地地貌及其对应的等高线表示画法。从图中可以看出，山头和洼地的等高线均呈封闭曲线形态；对于山头，高程越高，曲线越小；洼地反之。

在画山头和洼地时应注意两点：一是要注示出山头最高点和洼地最低点的高程；二是要有相应的计曲线注示，如果不方便使用计曲线注示方法表示时，可以使用示坡线（线长为 0.8 mm）方法区分出山头和洼地。图 9-12 为使用示坡线对图 9-11 的等高线进行表示。

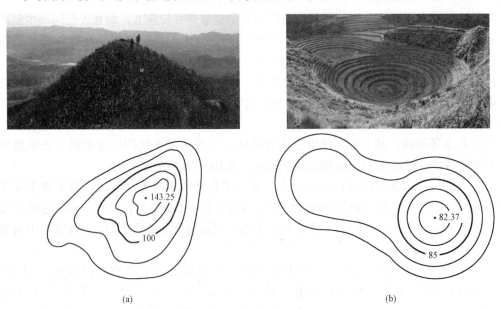

图 9-11 山头和洼地示意图
（a）山头；（b）洼地

（二）山脊和山谷

山脊是沿着一个方向延伸的高地，山脊的最高棱线称为山脊线。山脊的等高线是一组凸向低处的曲线，如图 9-13（a）所示，其中 r 所示为山脊线。

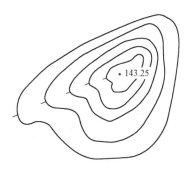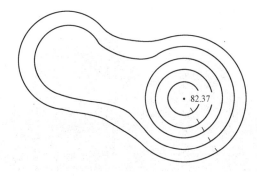

图 9-12 山头和洼地的示坡线表示法

山谷是沿着一个方向延伸的洼地，位于两山脊之间。贯穿山谷最低点的连线称为山谷线。山谷的等高线是一组向高处凸出的曲线，如图 9-13（b）所示，其中 v 所示为山谷线。

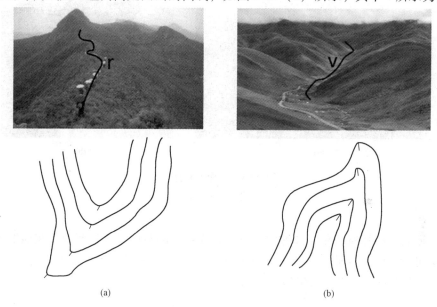

图 9-13 山脊和山谷及其等高线示意图
(a) 山脊；(b) 山谷

由于山脊和山谷一般都与山头联系在一起，所以在实际的等高线绘制时，山脊和山谷的等高线不需要做特殊处理。

（三）鞍部

鞍部是相邻两山头间呈马鞍型的低凹部分，如图 9-14 所示。鞍部（图中 S 位置处）往往是山区道路通过的地方，也是两个山脊与两个山谷交会之所。鞍部等高线的特点是在大圈的闭合曲线内套有两组小的闭合曲线。

（四）陡崖和悬崖

陡崖是坡度在 70° 以上的陡峭崖壁，有石质和土质之分。图 9-15（a）是一处典型的石质陡崖。

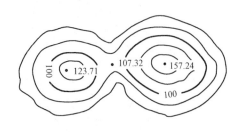

图 9-14　鞍部等高线画法示意图

悬崖是上部突出，下部凹进的陡崖，如图 9-15（b）所示。

(a)　　　　　　　　　　　　　　　　　(b)

图 9-15　陡崖和悬崖

（a）陡崖；（b）悬崖

另外，还有一些特殊地貌，如冲沟、滑坡、崩崖、陡石山等。这些地貌在地形图上的具体表示方法可参考国家标准《国家基本比例尺地图图式　第1部分：1∶500　1∶1 000　1∶2 000 地形图图式》（GB/T 20257.1—2017）。

三、等高线的特征

（1）等高性：同一条等高线上各点的高程都相等。

（2）闭合性：等高线是闭合曲线，如不在本图幅内闭合，则必在图外闭合。

（3）非交性：除在悬崖或陡崖等特殊地貌之外，等高线在图上不能相交或相互重叠。

（4）密陡疏缓性：等高线的平距小表示坡度大，平距大表示坡度缓；等高线的平距是用于等高线特性描述的一个概念，是指将两条相邻等高线在某个局部位置上视作平行，进而量度出其水平距离。这一概念有利于对等高线的绘制和地形分析。

（5）正交性：等高线与山脊线、山谷线成正交关系。

习题与思考题

1. 地图是怎样定义的？地图应具有哪些基本特征？
2. 什么是地图投影？在制作地图时应如何选择恰当的投影？

3. 构成基本比例尺地形图的基本要素有哪些?
4. 什么是地形图的比例尺?比例尺有哪些类型?不同类型比例尺各适用于怎样的环境?
5. 什么是比例尺精度?它有哪些用途?
6. 地形图有哪些分幅方式?各自的优缺点是什么?
7. 地形图编号的目的是什么?不同分幅方式的地形图如何进行编号?
8. 地物的表达方式常用的有哪几种?其中,基本比例尺地形图的图式符号如何进行分类?
9. 什么是等高线?等高线有几种类型,如何使用?等高线的特征是什么?
10. 基本地貌类型主要有哪些?在绘制它们时应注意些什么?
11. 试用等高线绘制出山头、洼地、山脊、山谷和鞍部等几种典型地貌。

第十章

大比例尺地形图的测绘

从本质上而言,地形图是地表的一个模型。这个模型的数学基础就是地表空间向模型空间转换的原理(包括地图投影、坐标系统、比例尺、控制点等)。这个模型除了拥有数学基础外,还着重表达了地表的地形要素。所以地形图测绘的本质就是为测区建立一个模型。这一章讲授这个模型的建模流程及方法。其主要内容有:大比例尺地形图的图解法与大比例尺数字化成图方法。在这两个方法中,大比例尺数字化成图法是生产中使用最广的。因此,本章着重讲解大比例数字化测图方法。

第一节 大比例尺地形图的图解法测绘

一、测图前的准备

准备工作是指图根控制测量内外业完成以后,在大比例尺地形图碎部测量之前所需要进行的一系列的准备工作。此项工作包括:收集整理与测区相关的平面和高程控制成果,明确绘制出测图范围,在千米网上绘制测区的地图分幅及编号,制定施测方案及技术要求,准备测图所用图纸,绘制坐标格网、展绘控制点,准备测图所用仪器设备并进行检校,准备绘图工具等。由于控制测量已在前几章讲授过,因此本节重点讲授图纸准备、坐标格网绘制和控制点展绘。

(一)图纸准备

目前测图单位多采用聚酯薄膜代替绘图纸。聚酯薄膜是一面打毛的半透明图纸,其厚度为 0.07~0.1 mm,伸缩率很小,坚韧耐湿,沾污后可清洗,可以直接在其上着墨复晒蓝图。但聚酯薄膜图纸怕折、易燃,在测图、使用和保管时应注意防折、防火。

(二)坐标格网的绘制

为了精确地将控制点展绘在图纸上,首先需要在图纸上精确绘制 10 cm × 10 cm 的坐标方格网。规格总尺寸为 50 cm×50 cm 的正方形或 40 cm×50 cm 的矩形(依据国家规范规定的比例尺和图幅尺寸进行选择)。绘制坐标格网的方法有对角线法、坐标格网尺法及计算机绘制等。另外,市场上有一种印有坐标格网的聚酯薄膜图纸,使用更为方便。

在拿到绘有坐标格网的聚酯薄膜图纸后,要对坐标格网的质量进行检查。坐标格网的检查方法是:用直尺检查各方格网的交点是否在同一条直线上,其偏差值不能超过 0.2 mm,小方格的边长与其理论值相差不应超过 0.2 mm。小方格对角线长度误差不应超过 0.3 mm。

(三) 控制点展绘

依据平面控制点的坐标值和坐标格网,将控制点标绘在图纸上的工作称为控制点展绘。控制点展绘结束后,应对控制点展绘的质量进行检查。用比例尺在图纸上量取相邻两点的长度,与已知距离进行比较,其差值不得超过图纸上的 0.3 mm,否则应重新进行控制点展绘。控制点展绘成果图如图 10-1 所示。

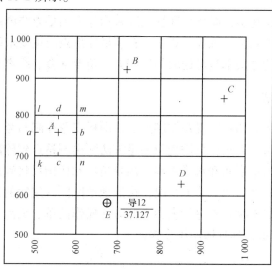

图 10-1 坐标格网和控制点展绘成果图

二、碎部点的选取及测量方法

在地形图测绘过程中,对地形图上地物和地貌位置与形状起决定性作用的点称为碎部点。地形图的测绘工作就是对碎部点进行选取,测定其平面位置和高程,并依据碎部点的数据、现场和规范绘制地形图的过程。碎部点的正确选取是保证成图质量和提高测图效率的关键。

(一) 地物碎部点的选取

地物的特征点主要是地物轮廓的转折点。如房屋、围墙、管线的转折点,道路河岸线的转弯点、交叉点,电杆、独立树的中心点等。由于地物形状极不规则,一般规定,主要地物凹凸部分在地形图上大于 0.4 mm 时均应表示出来,在地形图上小于 0.4 mm 时,可以用直线连接。

(二) 地貌特征点的选取

地貌特征点应选取在坡向和坡度发生变化的位置(这些位置决定了等高线的位置和形

状），如图 10-2 所示。如应在山脊线、山谷线、山脚线、山顶、鞍部以及山坡上坡度发生变化的位置选取地貌碎部点。

图 10-2 地貌碎部点的选取

（三）碎部点的测量方法

碎部点的测量方法非常多，而且在现场到底采用什么测量方法测定碎部点要依据现场的条件以及所拥有的测量工具进行选取。总之，在满足碎部点质量要求的前提下，能将碎部点的平面位置和高程获取的方法都是可选取的，例如，角度交会、距离交会、微导线等。

三、经纬仪测绘法

经纬仪测绘法就是将经纬仪安置在控制点上，图板安置在测站旁，用经纬仪测出碎部点方向与已知方向之间的水平夹角；再用视距测量方法测出测站点到碎部点的水平距离及碎部点高程；然后根据测定的水平角和水平距离，用量角器和比例尺将碎部点展绘在图纸上，并在点的右侧注记其高程；然后对照实地情况，按照地形图图式规定的符号绘制出地形图。经纬仪测绘法的实质是按极坐标定点进行测图。此方法操作简单、灵活，适用于各类地区的地形图测绘。如图 10-3 所示，其具体操作步骤如下：

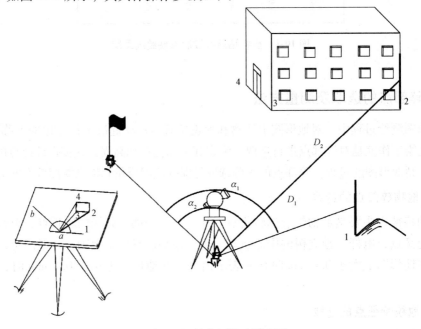

图 10-3 经纬仪测绘法原理图

(1) 安置仪器：安置经纬仪测站点（控制点 A）上，量取仪器高。

(2) 后视定向：瞄准后视点（控制点 B），将水平度盘读数设置为 0°00′00″。

(3) 立尺：立尺人员依次将地形尺立在地物、地貌碎部点上。立尺前，立尺人员应弄清测绘范围和实地情况，选定立尺点，并与观测员、绘图员共同商定跑尺线路。

(4) 观测及计算：转动碎部点上的标尺，测定水平角、水平距离及碎部点高程（具体方法就是前边章节讲授的倾斜视线的视距测量及三角高程测量）。

(5) 展绘碎部点：用细针将量角器的圆心插在地形图上测站点（控制点 A）处，转动量角器，使量角器上等于水平角数值的刻划线对准后视方向线（控制点 A 到控制点 B 的连线），此时量角器零刻划线方向便是碎部点所在方向，然后按照所测水平距离利用测图比例尺在该方向线上定出所测碎部点，并在点的右侧注明其高程。

对其他地物与地貌碎部点重复上边（3）～（5）三步，测定每个碎部点的平面位置及高程，绘制在图纸上，并随测随绘等高线和地物。

为了检查测图质量，仪器搬到下一站点时，应先测前站点所测的某些明显碎部点，以检查由两个测站点测得该点平面位置和高程是否相符。如相差较大，应查明原因，纠正错误，再继续进行测绘。若测区面积较大，可分成若干图幅，分别测绘，最后拼接成地形图。为了相邻图幅的拼接，每幅图最少应测绘出图廓外 5 mm。

第二节　地形图的绘制

随着碎部点测定工作的进行，测图工作人员应在测图现场将所测地物和地貌对照实地绘制在图纸上，并且如果由于测区范围大，分幅进行测绘时，工作人员还需对相邻图幅进行拼接。工作人员在最终提交测图成果之前应仔细对所测图纸进行检查。

一、地物的绘制

地物应该按照《国家基本比例尺地图图式　第 1 部分　1∶500　1∶1 000　1∶2 000 地形图图式》（GB/T 20257.1—2017）规定的符号进行绘制。如道路、河流的曲线部分要逐点连成平滑的曲线，建筑物按其轮廓将相邻点用直线连接，不能按比例描绘的地物，应按规定的非比例符号表示。

二、地貌的绘制

地貌绘制的主要工作是等高线的勾绘。勾绘等高线时，应先用铅笔描绘出山脊线、山谷线等地形线。在此基础上，再依据碎部点的高程勾绘等高线。不能用等高线表示的地貌，如悬崖、峭壁、土堆、冲沟等，应按图式规定的符号表示。

由于地貌碎部点选在坡度与坡向发生变化的位置，因此相邻的地貌碎部点之间的坡度可以看作相同。这样就可以在两相邻的地貌碎部点的连线上，按照平距与高差成正比例的关系内插出两点间各条等高线通过的位置。如图 10-4 所示，地面碎部点 a、b 的高程分别为 43.1 m 和 48.5 m，若取等高距为 1 m，则期间有高程为 44 m、45 m、46 m、47 m、48 m 五条等高线通过。根据平距与高差成正比例的关系确定出了高程为 44 m、45 m、46 m、47 m、48 m 的等高线分别通过 ab 之间 1、2、3、4、5 五个点。利用同样的方法，分别内插出 c、b 之间，d、b 之间，e、b 之间各高程等高线通过的位置。最后将相等的相邻点连成光滑的曲线，即为等高线。

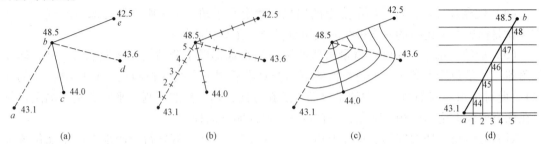

图 10-4　等高线勾绘原理图

（a）散点图；（b）等高线通过位置；（c）等高线的勾绘；（d）等高线通过位置计算图

勾绘等高线时，要对照实地情况，先绘计曲线，后绘首曲线，并注意等高线通过山脊线、山谷线的走向。

三、地形图的检查、拼接与整饰

随着测图工作的进行，测图人员要在搬站点后对前一测站点所测内容进行检查，在一幅图测完后要对整幅图进行检查，在相邻图幅检查完成以后要对相邻图幅进行拼接。拼接结束后还要进行相应的检查和整饰。

（一）地形图的拼接

在分幅测量的情况下，在相邻图幅连接处，由于测量误差和绘图误差的影响，无论是地物轮廓线还是等高线往往不能完全吻合。当不吻合的差异在规范允许的范围内时，工作人员可采用取相邻图附上不吻合地物和等高线的平均位置作为图幅边界位置地物和 1 等高线的位置。

（二）地形图的检查

为了确保地形图质量，除了测图过程中加强检查外，在地形图测完后，还必须对成图质量做一次全面的检查。地形图的检查分为室内检查和外业检查两项。

（1）室内检查内容：图上地物、地貌是否清晰易读；各种符号标注是否正确；等高线与地形点的高程是否相符，有无矛盾可疑之处；图边拼接有无问题等。如发现错误或者疑点，应到野外进行实地检查修改。

（2）外业检查内容：依据室内检查结果，有计划地确定巡视路线，进行实地对照查看。其主要检查地物、地貌有无遗漏；等高线是否逼真合理；符号、注记是否真实准确等。外业检查时也需仪器设站检查。

仪器设站检查，根据室内和外业检查发现的问题，到野外设站点检查，除对发现的问题进行修正和补测外，还要对本站点所测地形进行检查，看原测地形图是否符合要求。每幅图仪器检查量一般在 10% 左右。

(三) 地形图的整饰

当地形图经过拼接和检查后，还应清绘和整饰，使图面更加合理、清晰、美观。整饰的顺序是先图内后图外；先地物后地貌；先注记后符号。图上的注记、地物以及等高线均按规定的图式进行注记和绘制，但应注意等高线不能通过注记和地物。最后，应按图式要求写出图名、图号、比例尺、坐标系统及高程系统、施测单位、测绘者及测绘日期等。

第三节 数字化测图方法

随着科学技术的进步，电子计算技术迅猛发展并向各专业渗透，使电子测量仪器得到广泛应用，促进了地形测量的自动化和数字化。测量成果不再只是绘制在图纸上的地形图（即以图纸为载体的地形信息），还包括以计算机磁盘为载体的数字地形信息，其提交的成果是可供计算机处理、远距离传输、多方共享的数字地形图。数字化测图是一种全解析的计算机辅助测图方法，与图解法测图相比，其具有明显的优越性，并已成为测图市场的主流。数字地形图也已成为地理信息系统的重要组成部分。

数字地形图的获取方法非常多。例如，将纸质的地形图数字化、地形摄影测量、全站仪数据采集数字化成图、GPS 数据采集数字化成图等。由于以上技术的原理过于复杂，在这里主要介绍全站仪数据采集数字化成图、GPS 数据采集数字化成图、将纸质的地形图数字化三种方法。

一、模拟图的数字化

测图人员在接到测图任务以后，首先需要考虑的是：测区是否有满足要求的矢量格式数字地形图，如果有满足要求的矢量格式数字地形图，人们就可以直接使用。如果没有满足要求的矢量格式数字地形图，是否有满足要求的栅格格式数字地形图；如果有满足要求的栅格格式数字地形图，就可以将其转换为矢量格式数字地形图；如果没有满足要求的栅格格式数字地形图；就看是否有满足要求的纸质地形图；如果有满足要求的纸质地形图，就可以将纸质地形图转化为矢量格式数字地形图。

纸质地形图转换为矢量格式数字地形图的方式主要有两种：一是采用数字化仪转化；二是将纸质地形图扫描为数字图像格式，然后利用软件将数字图像格式的地形图转换为矢量格式的地形图。这两种方式中，由于第一种方式的劳动强度大，而且需要专用的硬件设备，现在已经很少使用；第二种方法由于无须专用的硬件设备，而且操作简单方便，已成为将纸质地图转为矢量格式数字地形图的主要方法。第二种方法一般称为扫描矢量化。接下来简要介绍扫描矢量化的具体步骤。

（一）扫描

扫描的主要工作就是利用扫描仪将纸质地形图变为电子版的栅格格式数字地形图（栅格图）。在这一步中要特别注意扫描仪的选择。如果扫描仪的空间分辨率太低，得到的栅格图就太粗略。如果分辨率太高又会造成成本的浪费。如果原图为彩色地形图，还要注意扫描仪的色彩分辨率。如果色彩分辨率过低，那么栅格图就不能真实反映原纸质地形图的属性信息。相反，仍然会造成浪费。

（二）几何变换

几何变换主要是将扫描得到的栅格图（没有任何的地理参考、没有尺度单位、还带有图纸变形）变换为有地理参考、有长度单位并减弱图纸变形的数字栅格图。这一步要注意几何变换方法的选择。常用的是二元一次的仿射变换。

（三）绘制地形图

绘制地形图主要就是以经过几何变换以后的栅格图为地形图，在相关的软件中勾绘地物和地貌等地理要素。勾绘地物和地貌时，要严格按照国家图式选择符号和符号参数。如果矢量格式的数字地形图需要拓扑关系，那么这一步也要进行拓扑关系的建立。

（四）生成图框

生成图框主要就是依据纸质地形图上的地图数学要素生成相应的图框。图框生成中要注意参数选择。

以上步骤的（二）~（四）的顺序没有那么严格。但是顺序不同，操作过程中所用的软件的功能就会有区别。能实现以上四步骤的软件非常多，如，基于 CAD 开发的 CASS 软件、ARCGIS、MAPGIS 等。关于每一步骤的具体操作请参考相应软件操作说明书。由于每个软件的操作各不相同，所以在此就不赘述了。

二、利用全站仪和 RTK 采集数据的数字化成图

以全站仪、GPS RTK 为核心的数字测图作业模式，具有精度高、操作方便的特点，成为大尺数字地形图测图的主要方法。

（一）图根控制点及测站点的测定

1. 图根控制点的加密测量

当高级控制点的密度不能满足大比例尺数字测图的需求时，应加密适当数量的图根控制点，直接供测图使用。可采用辐射法对图根控制点进行加密。辐射法就是在某一通视良好的等级控制点上，用极坐标测量方法，按全圆方向观测方式，一次测定周围几个图根控制点。这种方法无须平差计算，直接测出坐标。为了保证图根控制点的可靠性，一般要进行两次观测（另选后视点）。

2. 测站点的测定

数字测图时，应尽量利用各级控制点作为测站点，但由于地表上的地物、地貌有时是极其复杂零碎的，要全部在各级控制点上采集到所有的碎部点往往比较困难，因此除了利用各级控制点外，还要增设测站点。尤其是在地形琐碎、分水线地形复杂地段，小沟、小山脊转弯处，房屋密集的居民地，以及雨裂冲沟众多的地方，对测站点的数量要求会多些，但是不能用增设测站点做大面积的测图。

增设测站点是在控制点或图根点上，采用极坐标测量法、支导线法、辐射法等方法测定测站点的平面位置和高程。数字测图时，测站点的点位精度，相对于附近图根点的中误差不应大于图上 0.2 mm，高程中误差不应大于测图基本等高距的 1/6。

(二) 作业人员组织与分工

数字测图的方式不同，人员的配备也有所不同。全站仪测记法（又称草图法）施测时，作业人员的组织与分工如下：

(1) 观测员 1 人，负责操作全站仪。

(2) 领图员 1 人，负责指挥跑尺员（立镜员），并现场勾绘草图。要求熟悉地形图图式，并负责与观测员随时核对点号。草图纸应有固定格式，每张草图纸应填写日期、测站、后视、测量员、绘图员信息，应清楚记录测点与测点之间的关系，做到既清楚又简单。搬站后应使用新的测图纸。

(3) 跑尺员 1~2 人（依测量作业熟练情况而定），负责现场立镜。有经验的立镜员立镜时能根据后期数字图编辑的特点综合取舍。对于经验不足者，应由领图员指挥立镜。

(4) 内业制图员 1 人，其根据草图和坐标文件，使用数字成图软件绘制地形图。对于无专业制图人员的单位，通常由领图员担负内业制图任务。

领图员绘制的草图好坏，直接影响内业成图的速度与质量，因此领图员是整个小组的核心成员。

(三) 野外数据采集

大比例尺数字测图野外数据采集即碎部点测量，分为全站仪测量方法和 GPS RTK 测量方法两种。全站仪测量方法，根据提供图形信息码的方式不同，又分为测记法和电子平板法两种。

1. 测记法

测记法是在采集碎部点时，绘制工作草图，在工作草图上记录地形要素名称、碎部点连接关系。然后在室内将碎部点显示在计算机屏幕上。根据工作草图，采用人机交互方式连接碎部点，输入图形信息码和生成图形。具体操作如下：

(1) 进入测区后，领图员首先对测站周围的地形、地物分布情况大概看一遍，认清方向，制作含主要地物、地貌的工作草图（若在原有的旧图上标明会更准确），便于观测时在草图上标注所测碎部点的位置及点号。

(2) 观测员指挥立镜员到事先选定好的某已知点上立镜定向：快速架好仪器，量取仪器高，启动全站仪，进入数据采集状态，选择保存数据的文件，按照全站仪的操作设置测站点、定向点，记录完成后，照准定向点完成定向工作。为确保设站无误，可选择检核点，测量检核点的坐标，若坐标差值处于规定的范围内，方可开始采集数据。

(3) 领图员通知立镜员开始跑点。每观测一个点，观测员都要核对测点的点号、属性、镜高并存入全站仪的内存。野外数据采集，测站与测点两处作业人员必须时时联络。每观测完一定数量点，观测员要告知绘草图者被测点的点号，以便及时对照全站仪内存中记录的点号和草图上标号，保证两者一致，若两者不一致，应查找原因，是漏标点了，还是多标点了，还是同位置重复测了等，及时更正。

(4) 测记法数据采集通常分为有码作业和无码作业。有码作业需要现场输入野外操作码。无码作业不需要现场输入数据编码，而用草图记录绘图信息（所测点的属性及连接关系），以供内业处理、图形编辑时用。

在野外采集时，能测到的点要尽量测，实在测不到的点可利用皮尺或钢尺量距，将丈量结果记录在草图上，室内用交互编辑方法成图。在进行地貌采点时，可以一站多镜的方法进行，地性线上要有足够密度的点，特征点也要尽量测到。如在山沟底测一排点、在山坡边测一排点；测量陡坎时，在坎上、坎下同时测点，这样有利于等高线的生成。在地形变化较小的地方，可以适当放宽采点密度。

（5）在一个测站点完成所有的碎部点采集后，要找一个已知点进行检核测量。检核无误后，方可搬至下一测站点进行数据采集，以防止在测量过程中，因误操作、仪器碰动或出故障等原因造成的错误。

2. 电子平板法

电子平板法是采用笔记本电脑和掌上电脑（PDA）作为野外数据采集记录器，可以在采集碎部点之后，对照实际地形输入图形信息码，现场生成图形。基本操作过程如下：

（1）利用计算机将测区的已知控制点及测站点的坐标传输到全站仪的内存中。

（2）在测站点上架好仪器，并把笔记本电脑或 PDA 与全站仪用相应的电缆连接好，设置全站仪的通信参数，开启数字测图软件，分别在全站仪和笔记本电脑或 PDA 上完成测站、定向点的设置工作。

（3）全站仪照准碎部点，每测完一个点，屏幕上都会及时显示出来；根据测点的类型，在测图软件上找到相应的操作，现场将被测点绘制成图。

（四）数字地形图成图方法

在野外数据采集中，电子平板法是现场成图的方法，但测记法则需把野外采集的数据存储在电子手簿或全站仪的内存中，同时绘制草图，回到室内后再将数据传输到计算机，对照草图，使用数字绘图软件，完成绘制编辑工作，最后形成地形图。

目前，市场上比较成熟的大比例尺数字测图（绘图）软件，主要是广州南方测绘公司的 CASS 系列。CASS 系列软件是在 AutoCAD 平台上开发的，因此，在图形编辑过程中还可以充分利用 AutoCAD 强大的图形编辑功能。

这些绘图软件提供了多种成图方法：简编码自动成图法、引导文件自动成图法、测点点号定位成图法、屏幕坐标定位成法等。下面以 CASS 软件介绍测点点号定位成图法。

1. 数据下载与转换

打开 CASS 软件，单击"数据"菜单下的"读取全站仪数据"按钮，系统弹出全站仪内存数据转换对话框，如图 10-5 所示。根据全站仪的不同，在"仪器"下拉菜单栏，选择对应全站仪品牌；在全站仪内存文件栏，单击"选择文件"按钮，选择从全站仪下载的测量内存文件，再单击"转换"按钮，即可将各种全站仪内存文件转换成 CASS 软件格式的后为 dat 的文本格式文件。

2. 定显示区及设定比例尺

在菜单"绘图处理"下，单击"定显示区"按钮，输入 dat 格式的 CASS 坐标文件；单击"改变当前图形比例尺"按钮，在令行输入要作图的比例尺分母，系统默认的比例尺为 1∶500。

图 10-5 全站仪内存文件转换成 CASS 坐标文件

3. 展点和展高程点

展点是将 CASS 坐标文件中全部点的平面位置在当前图形中展出，并标注各点的点号。其方法是在菜单"绘图处理"下单击"展野外测点点号"按钮，系统弹出对话框，选择并打开 CASS 坐标文件，如图 10-6 所示。

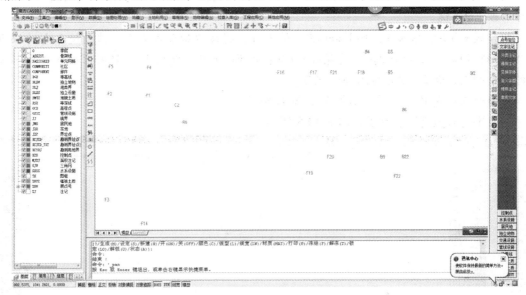

图 10-6　CASS 软件"展野外测点点号"界面

完成连线成图操作后，若需要注记点的高程，则可以在菜单"绘图处理"下单击"展高程点"按钮，系统弹出对话框，选择并打开与前面展点相同的 CASS 坐标文件。

4. 根据草图绘制相应的图式符号

该软件将所有地物要素细分为文字注记、控制点、界址点、居民地等菜单，此时即可按照其分类分别绘制。如绘制道路就选择右侧屏幕菜单的"交道设施"按钮，并单击"城际公路"按钮，弹出如图 10-7 所示的界面，在此界面选择"平行省道"。

图 10-7　"城际公路"界面

平行省道的绘制方法如下：

绘图比例尺1：输入500，按Enter键；点P/＜点号＞输入92，按Enter键；点P/＜点号＞输入45，按Enter键；点P/＜点号＞输入46，按Enter键；点P/＜点号＞输入13，按Enter键；点P/＜点号＞输入47，按Enter键；点P/＜点号＞输入48，按Enter键；点P/＜点号＞按Enter键。

拟合线＜N＞？输入Y，按Enter键［输入Y，将该边拟合成光滑曲线；输入N（缺省为N），则不拟］。1.边点式/2.边宽式＜1＞：按Enter键（默认1），将要求输入公路对边上的一个测点；选2，要求输入公路宽度。

对面一点：点P/＜点号＞输入19，按Enter键。

这时平行省道就绘制好了，如图10-8所示。

图10-8　平行省道的绘制

对于其他地物的绘制，首先在相应制图符号菜单中找到该地物符号，再按照上面的方法进行绘制。在操作的过程中，还可以使用放大显示、移动图纸、删除、文字注记等命令。

5. 绘制等高线

CASS软件可自动生成等高线，但在生成等高线时，要充分考虑等高线通过地性线和断裂线的处理，如陡坎、陡崖等。该软件还能自动切断通过地物、注记、陡坎的等高线。

绘制等高线，通常先建立数字地面模型（DTM），再勾绘出等高线。具体步骤如下：

第一步：展高程点。执行菜单"绘图处理"下"展高程点"命令，将高程点全部展出来。

第二步：建立DTM。执行菜单"等高线"下"建立DTM"命令，在屏幕区域将点连接成三角网，如图10-9所示。

第三步：编辑三角网。依据测绘现场的实际状况，对三角网进行适当的编辑。三角网编辑功能都在"等高线"菜单中。

第四步：绘制等高线。执行菜单"等高线"下"绘制等高线"命令，弹出如图10-10所示对话框，输入等高距，选择拟合方式后单击"确定"按钮，系统自动绘制出等高线。

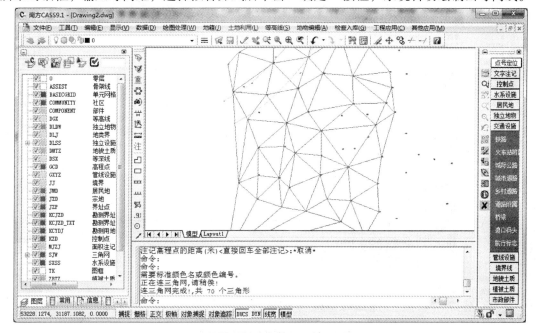

图 10-9　DTM 的建立

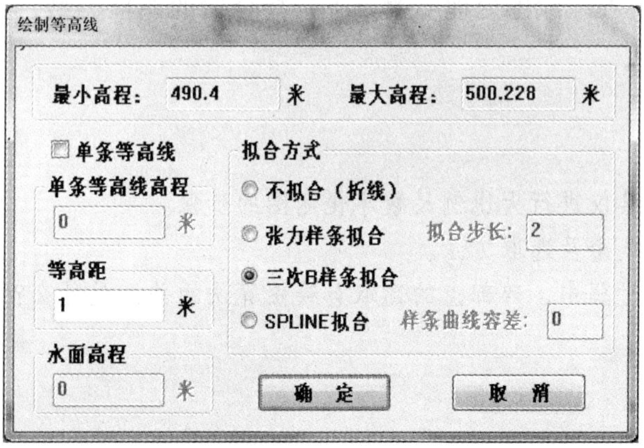

图 10-10　绘制等高线对话框

第五步：删除三角网。执行"等高线"菜单下"删三角网"命令，这时屏幕区域会显示如图10-11所示。

第六步：等高线的修剪。执行"等高线"菜单下"等高线修剪"二级菜单中的"切除指定二线间等高线""切除指定区域内等高线""批量修剪等高线""取消等高线消隐""注记等高线"等命令。绘图软件将自动搜寻，把等高线穿过注记的部分切除。

第七步：为地形图添加注记。选择"右侧屏幕单"中的"文字注记"项，按照要求进行文字、数字等注记，最后生成含注记等辅助说明信息的地物、地貌图形。

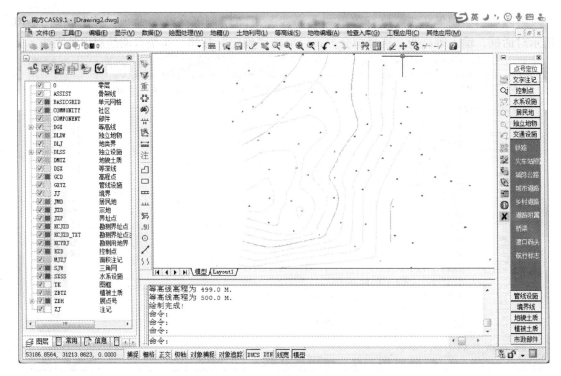

图 10-11　等高线自动绘制结果

第八步：加图框。在"绘图处理"菜单下选择合适的图框类型，生成图框。至此一幅地形图绘制完成。

习题与思考题

1. 请总结利用全站仪进行大比例尺数字化测图的步骤。
2. 简述碎部点的概念及选取方法。
3. 在数字化测图过程中，碎部点的选取与绘图算法的关系是什么？

第十一章

地形图的应用

地形图是地表的一个模型。由于这个模型拥有严密的数学基础,所以实地进行的很多项测量和设计工作都可以在地形图上进行。这一章以地图的数学要素为基础讲授地形图的应用。

第一节 地形图应用的基本内容

一、确定点的空间坐标

由于地面点的位置可以分解为平面位置和高程。因此,空间坐标的确定包括了平面位置的确定和高程的确定。

(一) 平面位置的确定

如图 11-1 所示,欲确定图上点 A 的坐标,首先根据图廓坐标的标记和点 A 的图上位置,绘制出坐标方格 $abcd$,再按比例尺 (1∶1 000) 量取 ag 和 ae 的长度。

图中 $ag = 84.3$ m $ae = 27.4$ m

则: $x_A = x_a + ag = 15\ 500 + 84.3 = 15\ 584.3$ (m)

$y_A = y_a + ae = 64\ 300 + 27.4 = 64\ 327.4$ (m)

但是,图纸由于环境中湿度、温度的变化会产生伸缩,使方格边长往往不等于理论长度(本例 = 10 cm)。为了使求得的坐标值精确,可采用下式进行计算:

$$x_A = x_a + \frac{10\ \text{cm}}{ab} \times ag \times M$$

$$y_A = y_a + \frac{10\ \text{cm}}{ad} \times ae \times M$$

（二）高程的确定

由于地形图上用等高线表示地表高程，所以可以根据等高线及高程标记确定图上某点高程。如图 11-2 所示，点 A 正好在等高线上，则其高程与所在的等高线高程相同，从图上可求出点 A 高程为 26 m。如果所求点不在等高线上，如图中点 B，则过点 B 做一条垂直与相邻等高线的线段 MN，量取 MN 的长度，再量取 MB 的长度，则点 B 的高程 H_B 可按比例内插求得

$$H_B = H_M + \frac{MB}{MN} \times h = 27.8 \text{ m}$$

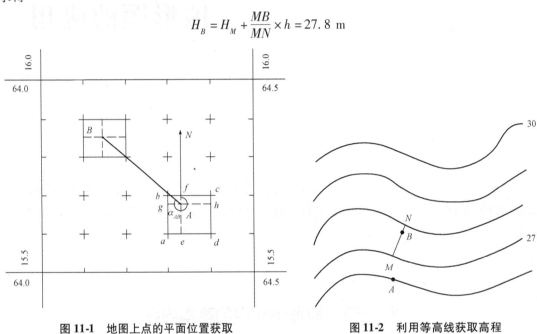

图 11-1 地图上点的平面位置获取　　　　图 11-2 利用等高线获取高程

如果能从图上测得各点高程，那么就可利用高差计算公式得到图上任意两点间的高差。

二、确定直线的距离、坐标方位角、坡度

（一）确定直线的距离

地图上任意两点所确定的直线距离有三维空间斜距、投影到水平面的水平距离、投影到铅垂线的高差，这三者满足勾股定理的关系，因此，只要能够得到水平距离和高差，就可以得到斜距。高差在前文已讲过，这里只介绍水平距离的获取方法。

水平距离的获取方法有直接量取和根据两点的坐标计算两种。

1. 直接量取

用卡规在图上直接卡出线段的长度，再与图示比例尺比量，即可得其水平距离。也可以用毫米尺量取图上长度并换算为水平距离，但后者受图纸伸缩的影响。

2. 根据两点的坐标计算

当距离较长时，为了消除图纸伸缩的影响以提高精度，可根据两点的坐标计算距离。如图 11-1 中求 AB 的水平距离，首先按前边讲授的方法量取出点 A、B 的平面坐标，然后按照用坐标计算水平距离的公式计算水平距离。公式为

$$D_{AB} = \sqrt{(x_B - x_A)^2 + (y_B - y_A)^2}$$

（二）确定直线的坐标方位角

在地形图上求直线的坐标方位角也有两种方法。

1. 图解法

如图 11-1 所示，求直线 AB 的坐标方位角时，可先过点 A、B 精确地做平行于坐标格网纵线的直线，然后用量角器量测出 AB 的坐标方位角 α_{AB} 和 BA 的坐标方位角 α_{BA}。

同一直线的正反坐标方位角之差为 180°。但是由于量测存在误差，设量测结果为 α_{AB} 和 α_{BA}，则可按公式 $\alpha_{AB} = (\alpha_{AB} + \alpha_{BA} \pm 180°)/2$ 计算 α_{AB}。

2. 解析法

先利用前边讲授的方法求出点 A、B 的坐标，然后按照下面公式计算 AB 的坐标方位角。

$$\alpha_{AB} = \tan^{-1}\left(\frac{y_B - y_A}{x_B - x_A}\right) + c$$

公式中的 c 的取值规律是：当点 B 在点 A 的南边时 c = 180°，当点 B 在点 A 的北边时 c = 360°。当直线较长时，解析法可取得较好的效果。

（三）确定直线的坡度

直线坡度的常用表示方法有两种。第一种是以直线所形成的竖直角表示；第二种是用直线两端点间的高差与直线两端点间的水平距离的比值来表示。这两种方法表示的数值是可以相互转换的。第二种方法在土建类工程中使用非常频繁。设地面两点间的水平距离为 D，高差为 h，那么第二种方法表示的直线坡度 i 的计算公式如下：

$$i_{AB} = \frac{h_{AB}}{D_{AB}} = \frac{h_{AB}}{d_{AB} \times M}$$

坡度 i 常用百分率或千分率表示。坡度是有正负的，"+"表示上坡，"-"表示下坡。

三、图形面积的量算

在规划设计和工程建设中，常常需要在地形图上量算某区域范围的面积，如求平整土地的填挖面积，规划设计城镇某区域的面积，厂矿用地面积，渠道和道路工程的填、挖断面的面积，江水面积等。量算面积的几种常用方法有解析法、CAD 法、透明方格纸法、平行线法、求积仪法等。在目前最常用的是解析法和 CAD 法。透明方格纸法、平行线法，求积仪法等方法由于已经不常用，所以不在此赘述。

（一）解析法

在要求测定面积具有较高精度，且图形为多边形，各顶点的坐标值为已知值时，可采用解析法计算面积，如图 11-3 所示，欲求四边形 12345 的面积，已知其各顶点的平面坐标。可按公式 $A = \frac{1}{2}\sum_{i=1}^{n} x_i \times (y_{i-1} - y_{i+1})$ 或 $A = \frac{1}{2}\sum_{i=1}^{n} y_i \times (x_{i-1} - x_{i+1})$ 计算多边形的面积。当 i = 1 时，i - 1 取 n；当 i = n 时，i + 1 取 1。当计算得到的面积为负值时，取

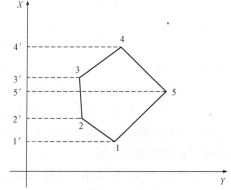

图 11-3　图形面积解析计算

其绝对值即可。并且，前边两式可相互检查。

（二）CAD 法

若通过数据采集，得到了某多边形各顶点坐标的南方测绘 CASS 软件格式的 dat 坐标文件，则 CAD 法面积量算的步骤如下：

（1）启动 CASS 软件。在 CASS 软件中利用前边绘图的方法将测点点号展绘出来。

（2）单击 CASS 状态栏"对象捕捉"按钮，在弹出的对话框中将对象捕捉模式设置为"节点"；再执行多段线绘制命令 Pline，连接多边形的各顶点，形成一个封闭多边形。

（3）执行 AutoCAD 的面积命令 Area，选择对象时，点取多边形上的任意点，即可得到此多边形的面积和周长。

说明：若无 CASS 软件，使用 AutoCAD 软件，则需将各个顶点的坐标人工一步步展绘于绘图区，再进行同样的操作。

第二节 工程建设中地形图的应用

在建筑工程规划、设计施工中，大比例尺地形图是不可缺少的地形资料，它是设计时确定点位及计算工程量的主要依据。设计人员要在地形图上量距离、取高程、定位置、放设施，只有全面掌握地形资料，才能因地制宜、正确而合理地进行规划设计。因此，要求设计施工人员能顺利地阅读地形图，并能借助地形图解决工程上一些基本问题。

一、确定规定坡度的路线

在地形图上确定道路、管线的路线时，常要求在规定的坡度内选择一条最短路线。如图 11-4 所示，设在 1∶5 000 的地形图上选定一条从河边 A 到山顶 B 的公路。要求公路的纵向坡度不超过 5%。若图上等高距为 5 m，则路线通过相邻两条等高线之间的最短距离为：

$$d = \frac{h}{i \times M} = \frac{5}{0.05 \times 5\,000} = 0.02 \text{（m）} = 20 \text{（mm）}$$

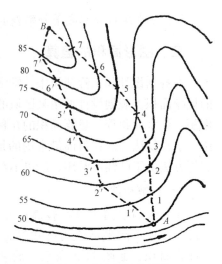

作图方法是：在图上以 A 为圆心，20 mm 为半径，画弧交 55 m 等高线于点 1；在以点 1 为圆心，用同样方法交 60 m 等高线于点 2，以此类推，直到点 B 为止。连接相邻点便在图上得到了符合限制坡度的路线 A、1、2、…、B。为了便于路线比较，同法可得 A、1′、2′、…、B。同时考虑其他因素，如少占或不占农用田，建筑费用最少，要避开塌方或崩裂地区等，以便确定路线的最佳方案。

图 11-4 确定同坡度线路

如果等高线间平距大于 d（20 mm），将不能与等高线相交，这说明地面坡度小于限制坡度，在这种情况下，路线方向按最短距离绘出。

二、纵断面图的绘制

纵断面图是显示指定方向地面起伏变化的剖面图。它是供道路、管道等设计坡度、计算土石方量及边坡放样使用。利用地形图绘制纵断面图时,首先要确定方向线 ED 与等高线交点的高程及各交点至起点 E 的水平距离,再根据各点的高程及水平距离按一定的比例尺绘制成纵断面图。具体做法如图 11-5 所示。

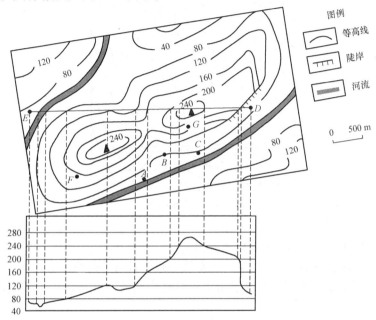

图 11-5　纵断面图绘制原理

首先绘制直角坐标轴线,横坐标轴表示 ED 水平方向距离,其比例尺与地形图的比例尺相同;纵坐标轴表示高程,为能显示地面起伏形态,其比例尺是水平距离比例尺的 10 倍或 20 倍。并在纵坐标轴上注明标高,标高的起始值选择要恰当,使纵断面图位置适中。

然后用两脚规在地形图上分别量取点 E 与各等高线及主要地物交点的距离,再在横坐标轴上,以点 E 起点,量出刚才所测长度,以定出 ED 方向与等高线相交位置在横坐标轴上的位置。通过这些点做垂线,就得到与相邻标高线的交点,这些点为纵断面点。

绘制纵断面图时,还必须将方向线 ED 与山脊线、山谷线、鞍部的交点绘制在纵断面图上。这些点的高程是根据等高线或碎部点高程按比例内插法求得。最后用光滑曲线将各纵断面点连接起来,即得 ED 方向的纵断面图。

三、汇水面积的确定

在修建桥梁、涵洞和大坝等工程中,需要知道这个地区的汇水面积,来确定桥梁、涵洞孔径的大小,水坝的设计位置与坝高,水库的蓄水量等。

由于雨水是沿山脊(分水线)向两侧山坡分流,所以汇水面积的边界线是由一系列的山脊线连接而成的。一条公路经过山谷,拟在山谷处架桥或修涵洞,其孔径的大小应根据流经该处的流水量来决定,而流水量又与山谷的汇水面积有关。由图 11-6 可以看出,由山脊

线 ab、bc、cd、de、ef、fg 与公路上的 ga 线段所围成的面积,就是这个山谷的汇水面积。量测该面积的大小,再结合水文气象资料,便可进一步确定流经公路与山谷相交位置处的水量,从而为桥梁或涵洞的孔径设计提供依据。

图 11-6 汇水区域

确定汇水面积的边界时,应注意以下几点:
(1) 边界线(除公路 ga 段外)应与山脊线一致,且与等高线垂直;
(2) 边界线是经过一系列的山脊线山头和鞍部的曲线,并与河谷的指定断面(公路或水坝的中心线)闭合。

四、土石方量计算

在土建类工程中,通常要对拟建地区的自然地貌加以改造,改造成为水平、倾斜或特定形式的地貌,使改造后的地貌适合于布置和修建建筑物、便于排泄地面水,满足交通运输和敷设地下管线的需要。这些改造地貌的工作称为平整场地。在平整场地中,为使场地土石方工程合理(挖方量与填方量平衡),往往先借助地形图进行土石方量的概算,以便对不同方案进行比较,从而选出最优方案。土石方量计算方法很多,有代表性的是等高线法、断面法、方格网法。无论哪种方法,土石方量计算的本质是体积的计算。这里只介绍断面法和方格网法。

(一)断面法

在铁路、道路、管线等带状工程建设中,断面法是土石方量计算的常用方法。在施工场地的范围内,以一定的间隔绘制出横断面图,求出各横断面由设计高程线与地面线围成的填、挖面积,然后计算相邻横断面的土石方量,最后求和得出总土石方量。

如图 11-7 所示,1—1 和 2—2 分别为某设计道路的相邻两横断面图(间隔 20 m),在量取出每个横断面上的挖方面积 $A_{1挖}$、$A_{2挖}$ 和填方面积 $A_{1填}$、$A_{2填}$ 后,可按下式计算两断面间的挖方量和填方量。

$$V_{挖} = D \times \frac{1}{3} \sqrt{A_{1挖}^2 + A_{2挖}^2 + A_{1挖} \times A_{2挖}}$$

第十一章　地形图的应用

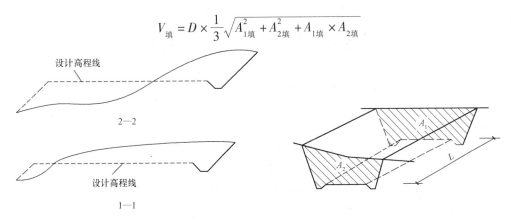

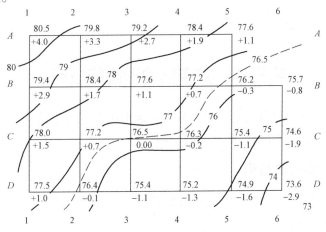

图 11-7　断面法计算土石方量原理图

（二）方格网法

方格网法常用于大面积的土石方量的估算。如图 11-8 所示，要求将原有一定起伏的地形平整成水平场地。

图 11-8　方格网法计算土石方量

1. 绘制方格网并求各方格顶点的高程

在地形图的拟平整场地内绘制方格网。方格网的大小取决于地形的复杂程度、地形图比例尺大小以及土石方量概算精度，一般边长为 10 m × 20 m。然后根据等高线目估内插各方格顶点地面高程，并注记在方格顶点的上方。

2. 计算设计高程

设计高程应根据工程的具体要求来确定。大多数工程要求填挖土石方量大致平衡（平整前的体积和平整后的体积相等）。这时，设计高程的计算原理是：根据方格顶点的地面高程及各方格顶点高程在计算每方格体积时出现的次数来进行计算设计高程。从图 11-8 中可以看出：方格网的角点 $A1$、$D1$、$D6$、$B6$、$A5$ 的地面高程，在计算设计高程之前的体积时只用到 1 次，边点 $A2$、$A3$、$A4$、$B1$、$C1$、$C6$、$D2$、$D3$、$D4$、$D5$ 的高程用了两次。拐点 $B5$ 的高程用了 3 次，而中间点 $B2$、$B3$、$B4$、$C2$、$C3$、$C4$、$C5$ 的高程用了 4 次。因此，将上

式按各方格顶点的高程在计算中出现的次数进行整理，则

$$H_{设} = \frac{\sum H_{角} + 2\sum H_{边} + 3\sum H_{拐} + 4\sum H_{中}}{4n}$$

现将图中各方格顶点的高程及方格总数代入上式，求得设计高程为 76.5 m。在地形图中内插出 76.5 m 等高线（图中虚线），这就是不挖不填的边界线，又叫零线。

3. 计算填挖高度

各方格顶点填挖高度为该点的地面高程与设计高程之差，即

$$h = H_{地} - H_{设}$$

h 为"＋"表示挖深，h 为"－"表示填高。并将 h 注于相应方格顶点的左上方。

4. 计算填、挖土石方量

填、挖土石方量可分别以角点、边点、拐点和中点计算。

(1) 角点：填（挖）高 × (1/4) × 一方格面积；
(2) 边点：填（挖）高 × (2/4) × 一方格面积；
(3) 拐点：填（挖）高 × (3/4) × 一方格面积；
(4) 中点：填（挖）高 × (4/4) × 一方格面积。

第三节　数字化地形图的应用

本章主要以 CASS 9.1 软件为例，讲述数字化地形图在工程中的应用，其中包括基本几何要素的查询、土石方量的计算、断面图的绘制。

一、基本几何要素的查询

本小节主要介绍如何查询指定点坐标、两点距离及方位和实体面积。

(一) 查询指定点坐标

单击"工程应用"菜单中的"查询指定点坐标"按钮，再单击待查询的点即可获得待查询点的坐标。也可以先进入点号定位方式，再输入要查询的点号获取待查询点的坐标。在使用该功能时，要特别注意 CASS 软件坐标系统与测量坐标系的区别。CASS 软件系统左下角状态栏显示的坐标是屏幕水平方向为 X 坐标轴、屏幕竖向为 Y 坐标轴，与测量坐标系的 X 和 Y 的顺序相反。用此功能查询时，系统在命令行给出的 X、Y 是测量坐标系的值。

(二) 查询两点距离及方位

首先单击"工程应用"菜单中的"查询两点距离及方位"按钮，然后分别点取所要查询的两点即可获得带查询边的水平距离及坐标方位角。也可以先进入点号定位方式，再输入两点的点号即可获得带查询边的水平距离及坐标方位角。需要注意的是利用 CASS 9.1 软件查询所获得的两点间水平距离为实地距离不是图上距离。

(三) 查询实体面积

首先用鼠标左键单击"工程应用"菜单中的"查询实体面积"，然后用鼠标点取待查询

的实体的边界线即可带查询多边形的平面面积。需要注意的是：实体必须是闭合的（也可参考用 CAD 法获取图形面积的方法）。

二、土石方量的计算

在 CASS 9.1 软件中有 DTM 法土石方量计算、断面法土石方量计算、方格网法土石方量计算、等高线法土石方量计算、区域土方量平衡五大类方法。每类方法中又有若干种子方法。这里主要介绍 DTM 法土石方量计算和方格网法土石方量计算。其他方法可以参照《CASS 9.1 用户手册》进行自学。

（一）DTM 法土石方量计算

由 DTM 模型来计算土石方量是根据实地测定的地面点坐标（X，Y，Z）和设计高程，首先通过生成三角网来计算每一个三棱锥的填挖方量，最后累计得到指定范围内填方和挖方的土石方量，并绘出填挖方分界线。

DTM 法土石方量计算共有三种子方法：第一种是由坐标数据文件计算；第二种是依照图上高程点进行计算；第三种是依照图上的三角网进行计算。前两种算法包含重新建立三角网的过程，第三种方法直接采用图上已有的三角形，不再重建三角网。下面分述三种方法的操作过程。

1. 根据坐标数据文件计算

第一步：用复合线画出所要计算土石方量的区域，所画复合线一定要闭合，但是尽量不要拟合。因为拟合过的曲线在进行土石方量计算时会使用折线迭代，影响计算结果的精度。

第二步：执行"工程应用"—"DTM 法土方计算"—"根据坐标文件"命令。进入利用坐标文件计算土石方功能。

第三步：点取所画的闭合复合线，弹出图 11-9"DTM 土方计算参数设置"对话框。对话框中各参数含义如下：

区域面积：该值为复合线围成的多边形的水平投影面积。

平场标高：指设计要达到的目标高程。

边界采样间距：边界采样间距的设定，默认值为 20 m。

边坡设置：选中处理边坡复选框后，则坡度设置功能变为可选，选中放坡的方式（向上或向下：指平场高程相对于实际地面高程的高低，平场高程高于地面高程则设置为向下放坡不能设置向上放坡。不能计算向范围线内部放坡的工程）。然后输入坡度值。

第四步：设置好计算参数后屏幕上显示填挖方的提示框，命令行显示：

挖方量 = ×××m^3，填方量 = ×××m^3。

同时，图上绘出所分析的三角网、填挖方的分界线（白色线条），如图 11-10 所示。

第五步：关闭对话框后系统提示：

请指定表格左下角位置：<直接按 Enter 键不绘表格>用鼠标在图上适当位置单击，CASS 9.1 软件会在该处绘出一个表格，包含平场面积、最大高程、最小高程、平场标高、填方量、挖方量和图形。

还可在记事本中打开 dtmtf.log 文件查看土方计算时三角网的构建情况。

图 11-9 "DTM 土方计算参数设置"对话框

图 11-10 土石方量计算结果信息框

2. 根据图上高程点计算

第一步：展绘高程点，并用复合线画出所要计算土石方量的区域。所画复合线一定要闭合，但是尽量不要拟合。因为拟合过的曲线在进行土方计算时会用折线迭代，影响计算结果的精度。

第二步：执行"工程应用"—"DTM 法土方计算"—"根据图上高程点计算"命令。进入利用根据图上高程点计算土石方功能。

第三步：选择边界线用鼠标点取所画的闭合复合线。

第四步：选择参与计算土石方的高程点或控制点。此时可逐个选取要参与计算的高程点或控制点，也可拖框选择。如果输入"ALL"按 Enter 键，将选取图上所有已经绘出的高程点或控制点。弹出"DTM 土方计算参数设置"对话框，以后操作则与根据坐标计算土石方量的方法相同。

3. 根据图上的三角网计算

第一步：对已经生成的三角网进行必要的添加和删除，结果更接近实际地形。

第二步：执行"工程应用"—"DTM 法土方计算"—"依图上三角网计算"命令。进入利用根据图上三角网计算土石方功能。

第三步：平场标高（m）：输入平整的目标高程。

第四步：请在图上选取三角网：用鼠标在图上选取三角形，可以逐个选取也可拉框批量选取。

第五步：选好三角网后按 Enter 键，屏幕上显示填挖方的提示框，同时图上绘出所分析的三角网、填挖方的分界线（白色线条）。

用此方法计算土石方量时不要求给定区域边界，因为系统会分析所有被选取的三角形，因此，在选择三角形时一定要注意不要漏选或多选，否则计算结果有误，且很难检查出问题所在。

（二）**方格网法土方量计算**

由方格网来计算土方量是根据实地测定的地面点坐标（X，Y，Z）和设计高程，首先通过生成方格网来计算每一个方格内的填挖方量,最后累计得到指定范围内填方和挖方的土方量,并绘出填挖方分界线。

系统首先将方格的四个角上的高程相加(如果角上没有高程点,通过周围高程点内插得出其高程),取平均值与设计高程相减。然后通过指定的方格边长得到每个方格的面积,再用长方体的体积公式计算得到填挖方量。方格网法简便直观,易于操作,因此这一方法在实际工作中应用非常广泛。

用方格网法计算土方量,设计面可以是平面,也可以是斜面,还可以是三角网。这里我们只介绍设计面是平面的方格网法土方量的计算步骤。其他方法可参考《CASS 9.1 软件用户手册》。

设计面是平面时的操作步骤如下:

第一步:用复合线画出所要计算土方的区域,一定要闭合,但是尽量不要拟合。因为拟合过的曲线在进行土方计算时会用折线迭代,影响计算结果的精度。

第二步:执行"工程应用"—"方格网法土方计算"命令,进入利用方格网法计算土石方功能。

第三步:命令行提示:"选择计算区域边界线";选择土方计算区域的边界线(闭合复合线)。

第四步:在屏幕上将弹出的对话框中选择所需的坐标文件;在"设计面"栏选择"平面",并输入目标高程;在"方格宽度"栏,输入方格网的宽度,这是每个方格的边长,默认值为 20 m。由原理可知,方格的宽度越小,计算精度越高。但如果给的值太小,超过了野外采集的点的密度也是没有实际意义的。

第五步:单击"确定"按钮,命令行提示:"最小高程 = ××.×××,最大高程 = ××.×××,总填方 = ××××.× m^3,总挖方 = ×××.× m^3",图上绘出所分析的方格网,填挖方的分界线(绿色折线),并给出每个方格的填挖方、每行的挖方和每列的填方。

三、断面图的绘制

(一)由坐标文件生成

坐标文件是指野外观测得到的包含高程点的文件。用这种方法生成断面的方法如下:

第一步:用复合线生成断面线。执行"工程应用"—"绘断面图"—"根据已知坐标"命令。

第二步:命令行提示:选择断面线。用鼠标点取上步所绘断面线。屏幕上弹出"断面线上取值"的对话框,如图 11-11 所示。如果在"坐标获取方式"栏中选择"由数据文件生成",则在"坐标数据文件名"栏中选择高程点数据文件。如果选"由图面高程点生成",此步则为在图上选取高程点,前提是图面存在高程点,否则此方法无法生成断面图。

第三步:在对话框中,输入采样点的间距,系统的默认值为 20 m。采样点的间距的含义是复合线上两顶点之间若大于此间距,则每隔此间距内插一个点。

第四步:输入起始里程<0.0>,系统默认起始里程为 0。

第五步:单击"确定"按钮之后,屏幕弹出"绘制纵断面图"对话框,如图 11-12 所示。

 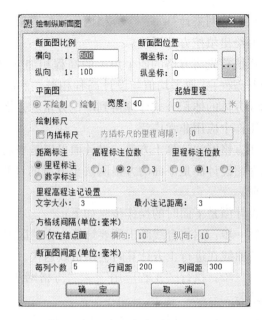

图 11-11　断面线参数设置对话框　　图 11-12　"绘制纵断面图"对话框

输入相关参数，如：

横向比例为 1：<500> 输入横向比例，系统的默认值为 1：500。

纵向比例为 1：<100> 输入纵向比例，系统的默认值为 1：100。

断面图位置：可以手工输入，也可在图面上拾取。

可以选择是否绘制平面图、标尺、标注；还有一些关于注记的设置。

第六步：单击"确定"按钮之后，在屏幕上出现所选断面线的断面图。

（二）根据里程文件绘制

根据里程文件绘制断面图，里程文件格式见《CASS 9.1 软件用户手册》。

一个里程文件可包含多个断面的信息，此时绘断面图就可一次绘出多个断面。

里程文件的一个断面信息内允许有该断面不同时期的断面数据，这样绘制这个断面时就可以同时绘出实际断面线和设计断面线。

其他方法参考《CASS 9.1 软件用户手册》。

习题与思考题

1. 为什么工程人员可以在图上量取各种几何信息？
2. 在纸质地形图上量取数据时，应该注意些什么？

第十二章

地籍测量和房产测量

第一节 地籍测量

地籍是记载土地的权属、位置、数量、价值、利用等基本状况的图册及数据，是土地登记、管理、征税等的重要依据。地籍测量又称地籍调查，是依照国家规定，通过权属调查和地籍测量核实宗地权属，确认宗地界线，查明宗地面积、用途、等级和位置等情况，形成数据、图件、表册等调查资料，为土地登记、核发土地权属证书提供依据，是土地管理的基础工作。地籍测量包括权属调查、地籍平面控制测量、地籍勘丈、地籍图绘制等内容。

一、土地权属调查

土地权属调查以宗地为单位进行，针对宗地权属来源及所在位置、界址、数量、用途和等级等情况进行调查。其通过现场指界、标定宗地界址、调查土地用途和等级，形成地籍调查表、土地权属界线协议书或土地权属争议缘由书、宗地草图等土地管理所需的图册资料。

（一）工作底图的选择与制作

工作底图比例尺宜与测绘制作的地籍图成图比例尺一致；坐标系统宜与测绘制作的地籍图成图的坐标系统一致；已有土地利用现状图和地籍图等图件可作为调查工作底图；已有地形图和航空航天正射影像图等图件可作为调查工作底图；无图件的地区，在地籍子区范围内绘制所有宗地的位置关系图形成调查工作底图。工作底图上应标绘地籍区和地籍子区界线；除无图件的地区外，工作底图都应该是数字化的，并输出一份纸质的工作底图用于土地权属调查和地形要素的调绘或修补测量。

（二）预编宗地代码

1. 宗地

宗地是指土地权属界址线封闭的地块或空间，是地籍调查的基本单元。在地籍子区范围内，划分国有土地使用权宗地和集体土地所有权宗地。在集体土地所有权宗地内，划分集体建设用地使用权宗地、宅基地使用权宗地。

两个或两个以上农民集体共同所有的地块，且土地所有权界线难以划清的，应设为共有宗地。两个或两个以上权利人共同使用的地块，且土地使用权界线难以划清的，应设为共用宗地。

土地权属有争议的地块可设为一宗地。公用广场、停车场、市政道路、公共绿地、市政设施用地、城市（镇、村）内部公用地、空闲地等可单独设立宗地。

2. 宗地代码

根据土地登记申请书及土地权属来源证明材料，将每一宗地标绘到工作底图上，在地籍子区范围内，从西到东、从北到南，统一预编宗地代码，并填写到地籍调查表及土地登记申请书上。通过地籍调查正式确定宗地代码。

（三）土地权属状况调查

1. 调查内容和方法

（1）土地权利人。调查核实土地权利人的姓名或者土地权利人的名称、单位性质、行业代码、组织机构代码、法定代表人（或负责人）姓名及其身份证明、代理人姓名及其身份证明等。

（2）土地权属性质及来源。调查核实土地的权属来源证明材料、土地权属性质、使用权类型、使用期限等。

（3）土地位置。调查核实宗地坐落、四至、所在乡（镇）、村的名称、所在图幅等。

（4）土地用途。调查核实土地的批准用途和实际用途。根据土地权属来源证明材料或用地批准文件确定批准用途，并现场调查确定实际用途。对集体土地不调查批准用途和实际用途，宗地内各种地类的面积及其分布直接引用已有土地利用现状调查成果。

（5）其他。土地的共有共用、权利限制等情况。

2. 调查情况处理

土地权属状况与实际情况一致的，按照土地权属状况填写地籍调查表；无土地权属来源证明材料或土地权属来源证明材料缺失、不完整，以及土地权属状况与实际情况不一致的，按照实际调查情况填写地籍调查表，在地籍调查表的说明栏中填写情况说明，必要时附由权利人提供的相关证明材料的复印件。

（三）界址调查

1. 指界

对于土地权属来源证明材料合法、界址明确、经实地核实界址无变化的宗地，可直接利用已有资料填写地籍调查表，原土地权属来源证明材料复印件作为地籍调查表的附件。土地权属来源证明材料中界址不明确的宗地，以及界址与实地不一致的宗地，需要现场指界，并将实际用地界线和批准用地界线标绘到工作底图上，并在地籍调查表的权属调查记事栏中予以说明。无土地权属来源证明材料，根据法律、法规及有关政策规定，经核实为合法拥有或使用的土地，可根据双方协商、实际利用状况及地方习惯现场指界。

（1）发送指界通知书。根据调查计划，将指界通知书送达调查宗地和相邻宗地权利人并留存回执。土地权利人下落不明的，可采取公告方式，告知其在指定的时间到指定地点出席指界。

（2）指界人。权利人是单位的，指界人是法定代表人或其代理人；权利人是个人的，指界人是权利人本人或其代理人。法定代表人出席指界的，应出具法定代表人身份证明书和本人身份证明；权利人本人出席指界的，应出具本人身份证明。代理人出席指界的，应出具代理人身份证明及指界委托书。共有或共用宗地，由共有人或共用人共同出席指界或共同委托代理人出席指界，并出具代理人身份证明和指界委托书。

（3）现场指界。调查员、本宗地指界人及相邻宗地指界人应同时到场进行指界。指界无争议的，几方在地籍调查表和土地权属界线协议书上签字盖章，指界结果即生效。与未确定土地使用权的国有土地相邻的宗地，可根据土地权属来源资料单方指界。指界时，调查员应查验指界人身份证明。

（4）异常情况的处理。如一方缺席，其宗地界线根据土地权属来源证明材料及另一方所指界线确定。如双方缺席，其宗地界线由调查人员根据土地权属来源证明材料、实际使用现状及地方习惯确定。将现场调查结果及违约缺席指界通知书送达违约缺席者。违约缺席者对调查结果如有异议，须在收到调查结果之日起15日内，重新提出划界申请，并负责重新划界的全部费用。如逾期不申请，经公告15日后，则上述确定的界线自动生效。

指界人在指界后，不在地籍调查表上、土地权属界线协议书上签字盖章的，参照违约缺席指界规定执行。

界址线有争议的土地，需填写土地权属争议缘由书并签字盖章。

2. 界址点和界标设置

调查员对指界人指定的界址点，应现场设置界标，确认界址线类型、位置，并标注在调查底图上。

界址点的设置应能准确表达界址线的走向。相邻宗地的界址线交叉处应设置界址点。土地权属界线依附于沟、渠、路、河流、田埂等线状地物的交叉点应设置界址点。在一条界址线上存在多种界址线类别时，变化处应设置界址点。

在界址点上应按规定设置界标，界标类型由界址线双方的土地权利人确定。设置界标有困难时（如界址点在水中），应在地籍调查表或土地权属界线协议书中，采用标注界址点位和说明权属界线走向等方式描述界址点具体位置。损坏的界标，可根据已有解析界址点坐标和界址点间距、宗地草图、土地权属界线协议书等资料，采用现场放样、勘丈等方法恢复界址点。

3. 界址边长丈量

界址边长应实地丈量。解析法测量的界址点，每个界址点至少丈量一条界址点与邻近地物的相关距离或条件距离；未采用解析法测量的界址点，每个界址点至少丈量两条界址点与邻近地物的相关距离或条件距离。确实无法丈量界址边长、界址点与邻近地物的相关距离或条件距离时（如界址点在水中等特殊情况），应在界址标示表中的说明栏中说明原因。

采用钢尺丈量界址边长时，应控制在两个尺段以内。超过两个尺段时，解析法测量的界址点，可采用坐标反算界址边长，并在界址标示表的说明栏中说明。

（四）绘制宗地草图

经实地核查，宗地实际状况与原地籍调查表中的宗地草图一致的，无须重新绘制宗地草图；否则须现场依据实地丈量的界址边长、界址点与邻近地物的相关距离或条件距离绘制宗地草图。宗地草图是描述宗地位置、界址点、界址线和相邻宗地关系的现场记录，内容包括宗地号、坐落地址、权利人，宗地界址点、界址点号、界址边长、界址点与邻近地物的距离及界址线，宗地内的主要地物，相邻宗地号、坐落地址、权利人或相邻地物，丈量者、丈量日期、检查者、检查日期、概略比例尺、指北针等，示例如图12-1所示。

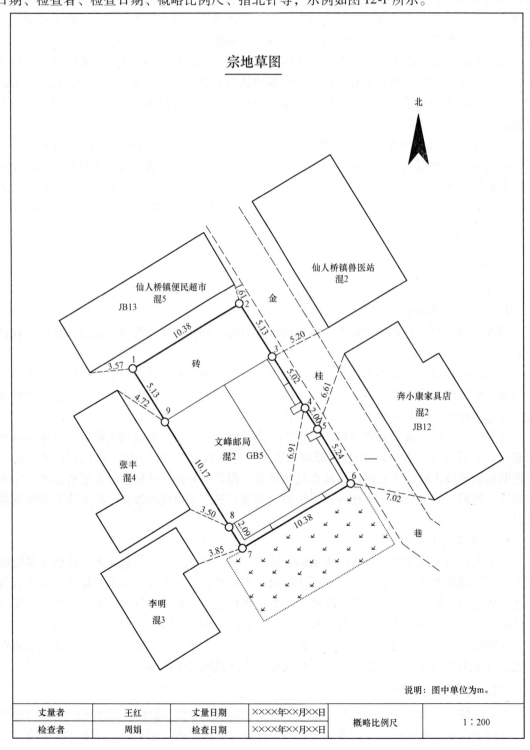

图 12-1 宗地草图

面积较大、界线复杂的宗地，可不绘制宗地草图，宜利用正射影像图、地形图、土地利用现状图、地籍图等绘制土地权属界线附图。

宗地草图应选用适宜长期保存、使用的纸张绘制，也可直接在地籍调查表上绘制，较大宗地可分幅绘制。宗地草图上标注的界址边长、界址点与邻近地物的相关距离或条件距离等应为实地调查丈量的结果。数字注记字头向北、向西书写，注记过密的地方可移位放大表示。

（五）填写地籍调查表

地籍调查应填写地籍调查表、界址标示表、界址签章表、界址说明表、共有/共用宗地面积分摊表，填写内容和方法见表 12-1~表 12-5。

表 12-1 地籍调查表

基本表					
土地权利人			单位性质		
			证件类型		
			证件编号		
			通信地址		
土地权属性质			使用权类型		
土地坐落					
法定代表人或负责人姓名		证件类型		电话	
		证件编号			
代理人姓名		证件类型		电话	
		证件编号			
国民经济行业分类代码					
预编宗地代码			宗地代码		
所在图幅号	比例尺				
	图幅号				
宗地四至	北				
	东				
	南				
	西				
批准用途			实际用途		
	地类编码			地类编码	
批准面积/m²	宗地面积/m²		建筑占地面积/m²		
			建筑面积/m²		
使用期限	年 月 日至 年 月 日				
共有/共用权利人情况					
说明					

表 12-2 界址标示表

界址点号	界标种类			界址间距/m	界址线类别								界址线位置			说明
	钢钉	水泥桩	喷涂		道路	沟渠	围墙	围栏	田埂				内	中	外	

表 12-3 界址签章表

界址线			邻宗地		本宗地	日期
起点号	中间点号	终点号	相邻宗地权利人（宗地代码）	指界人姓名（签章）	指界人姓名（签章）	

表 12-4 界址说明表

	点号	说明
界址点位说明	J3	点位于两沟渠中心线的交点上
	界线段	说明
主要权属界线走向说明	J1—J2	由 J1 沿××公路中央走向至 J2

表 12-5 共有/共用宗地面积分摊表

土地坐落	区（县）		街道（乡、镇）		
权利人名称				宗地代码	
宗地面积/m²					
共有/共用面积情况	共有/共用权利人名称	所有权/使用权面积/m²		独有/独用面积/m²	分摊面积/m²

（六）制作土地权属界线协议书或土地权属争议缘由书

1. 土地权属界线协议书

面积较大、界线复杂的集体土地所有权宗地和国有土地使用权宗地宜制作土地权属界线协议书，协议书的内容包括签订单位名称、签订的日期、界址说明、权属界线的附图、确定权属界线涉及的单位及调查人员的签字盖章手续等（表12-6）。

表12-6　土地权属界线协议书

＿＿＿＿与＿＿＿＿相邻的土地权属界线，根据历史上形成的权属界线和有关文件规定，在双方自愿的基础上，经友好协商，于＿＿＿＿年＿＿＿＿月＿＿＿＿日，经相邻双方实地核实，确认土地权属界线正确无争议。 　　土地权属界线所涉及图幅号：＿＿＿＿＿＿＿＿。 　　本协议书一式三份，界线双方和县（市、区）国土资源局各存一份。 　　本协议自双方签章之日起生效。 　　签订单位（盖章）： 　　法定代表人或负责人（签章）： 　　指界人（签章）：　　　　　　　　　　　　　　　　　　　　　年　　月　　日 　　签订单位（盖章）： 　　法定代表人或负责人（签章）： 　　指界人（签章）：　　　　　　　　　　　　　　　　　　　　　年　　月　　日 　　调查人员（签章）：　　　　　　　　　　　　　　　　　　　　年　　月　　日

2. 土地权属争议缘由书及争议界线示意图

对于争议宗地，应制作土地权属争议缘由书，包括权属争议缘由书和土地权属争议界线示意图（表12-7和表12-8）。

表12-7　土地权属争议缘由书和示意图

土地权属争议缘由书   　　＿＿＿＿与＿＿＿＿的土地权属界线于＿＿＿＿年＿＿＿＿月＿＿＿＿日经双方指界人实地踏勘，确认存在争议。经双方商定：暂划定临时界线作为工作界线，此界线仅供面积量算，不作确定权属界线的依据。 　　土地权属争议界线所涉及图幅号：＿＿＿＿＿＿＿＿。 　　本协议书一式三份，界线双方和县（市、区）国土资源局各存一份。 　　单位（盖章）：　　　　　　　　单位（盖章）： 　　法定代表人或负责人（签章）：　　法定代表人或负责人（签章）： 　　指界人（签章）：　　　　　　　　指界人（签章）： 　　调查人员（签章）：　　　　　　　　　　　　　　　　　　　　年　　月　　日

表 12-8　土地权属争议界线示意图

附图	
工作界线的实地位置和走向说明	（本权属单位盖章）　　　　　　　　　　　　（相邻权属单位盖章）
本权属单位认可的权属界线实地位置、走向说明及理由	（本权属单位盖章）
相邻权属单位认可的权属界线实地位置、走向说明及理由	（相邻权属单位盖章）
其他说明	

二、地籍控制测量

地籍控制网分为地籍首级控制网和地籍图根控制网，各等级控制网的布设应遵循"从整体到局部、分级布网"的原则。

地籍平面控制网的基本精度应符合四等网或 E 级网中最弱边相对中误差不得超过 1/45 000；四等网或 E 级以下网最弱点相对于起算点的点位中误差不得超过 ±5 cm。

控制点的选点、埋石、标石类型、点名和点号等按照《城市测量规范》（CJJ/T 8—2011）执行）。乡（镇）政府所在地至少有两个等级为一级以上的埋石点，埋石点至少和一个同等级（含）以上的控制点通视。

（一）地籍首级控制测量

1. 地籍首级平面控制测量

地籍首级平面控制网点的等级分为三、四等或 D、E 级和一、二级。三、四等平面控制网主要采用静态全球定位系统定位方法建立；一、二级平面控制网可采用导线测量方法施测。

已有的国家二、三、四等三角点和国家 B、C、D、E 级 GPS 点可直接作为地籍首级平面控制网点。已有的三、四等城市平面控制点（含 GPS）和一、二级城市平面控制点（含 GPS）可直接作为地籍首级平面控制网点。已有相邻控制点的水平间距与原有坐标反算边长的相对误差不超过表 12-9 的规定。

表 12-9　已有相邻控制点的水平间距与原有坐标反算边长的相对误差

等级	相邻控制点的水平间距与原有坐标反算边长的相对误差≤
二等、C 级	1/120 000
三等、D 级	1/80 000
四等、E 级	1/45 000
一级	1/14 000
二级	1/10 000

已有平面控制网点不能满足要求的，可采用静态、快速静态全球定位系统方法加密二级以上的地籍首级平面控制网点。也可采用光电测距导线等方法加密一、二级地籍平面控制网点。加密各等级平面控制网点时，应联测 3 个以上高等级平面控制网点。

2. 首级高程控制测量

首级高程控制网点可采用水准测量、三角高程测量等方法施测。原则上只测设四等或等外水准点的高程。在首级高程控制网中，最弱点的高程中误差相对于起算点不大于 ±2 cm。

（二）地籍图根控制测量

1. 地籍图根平面控制测量

可用动态全球定位系统定位方法、快速静态全球定位系统定位方法或导线测量方法建立地籍图根控制网点。当采用静态和快速静态全球定位系统定位方法时，观测、计算及其技术指标的选择按照《城市测量规范》（CJJ/T 8—2011）规定的二级 GPS 点测量的要求执行。

采用 RTK 方法布设图根点时，应保证每一个图根点至少与一个相邻图根点通视。测量应有有效检核。每个图根点均应有两次独立的观测结果，两次测量结果的平面坐标较差不得大于 ±3 cm，在限差内取平均值作为图根点的平面坐标。

采用图根导线测量时，导线网宜布设成附合单导线、闭合单导线或结点导线网。导线上相邻的短边与长边边长之比不小于 1/3。受地形限制布设成支导线时，每条支导线总边数不超过 2 条，总长度不超过起算边的 2 倍。图根导线测量技术指标见表 12-10。

表 12-10　图根导线测量技术指标

等级	附合导线长度/km	平均边长/m	测回数 J2	测回数 J6	测回差/″	方位角闭合差/″	坐标闭合差/m	导线全长相对闭合差
一级	1.2	120	1	2	18	$\pm 24\sqrt{n}$	0.22	1/5 000
二级	0.7	70	1	1		$\pm 40\sqrt{n}$	0.22	1/3 000

注：n 为边长数。

2. 地籍图根高程控制测量

图根高程控制网点高程的较差不得大于 ±5 cm，采用三角高程施测时，高程线路与一级、二级图根平面导线点重合，其技术要求按照《城市测量规范》（CJJ/T 8—2011）执行。

三、界址点测量

(一) 解析法测量界址点

解析法是指采用全站仪、GPS 接收机、钢尺等测量工具,采用极坐标法、直角坐标法(正交法)、截距法(内外分点法)、距离交会法、角度交会法、全球卫星导航定位系统测量方法等全野外测量技术获取界址点坐标和界址点间距的方法。解析法测量界址点坐标取位至 0.001 m,精度应符合表 12-11 的要求。

表 12-11 解析界址点的精度

级别	界址点相对于邻近控制点的点位误差,相邻界址点间距误差/cm	
	中误差	允许误差
一	±5.0	±10.0
二	±7.5	±15.0
三	±10.0	±20.0

注:1. 土地使用权明显界址点精度不低于一级,隐蔽界址点精度不低于二级。
  2. 土地所有权界址点可选择一、二、三级精度

解析法测量界址点所使用的测量工具应检定合格并在有效期内才能用于作业。当采用全站仪测量时,观测时应做测站检查,检查点可以是定向点、邻近控制点和已测设的界址点;当采用钢尺量距时,宜丈量两次并进行尺长改正,两次较差的绝对值应小于 5 cm;无论采用哪种方法测量界址点,都应进行有效检核。采用界址点点位坐标或界址点间距进行检核,精度应满足表 12-11 的规定。

经土地权属调查确认的已有界址点,现场核实界标未损坏、移动,并进行检测,如检测结果在允许误差范围内,应使用原界址点坐标成果;如检测结果超过允许误差,经相关土地权利人同意后,采用检测的界址点坐标,并在地籍调查表中的地籍测量记事栏中说明。

如果测量员没有参与现场指界,施测界址点之前应根据地籍调查表、宗地草图和工作底图到现场细致勘查界址点的位置及其周围的环境,为测量控制点的选取、界址点和地籍图施测方法的选择做好充分的准备。

(二) 图解法测量界址点

图解法是指采用标示界址、绘制宗地草图、说明界址点位和说明权属界线走向等方式描述实地界址点的位置,由数字摄影测量加密或在正射影像图、土地利用现状图、扫描数字化的地籍图和地形图上获取界址点坐标和界址点间距的方法。图解界址点坐标不能用于放样确定实地界址点的精确位置。界址点精度应符合表 12-12 的要求。

表 12-12 图解界址点的精度

序号	项目	图上中误差/mm	图上允许误差/mm
1	相邻界址点的间距误差	±0.3	±0.6
2	界址点相对于邻近控制点的点位误差	±0.3	±0.6
3	界址点相对于邻近地物点的间距误差	±0.3	±0.6

四、地籍图测绘

可采用全野外数字测图、数字摄影测量和编绘法等方法测绘地籍图。测图的具体技术应根据测图比例尺和测图方法，按照相关的规范执行。图面必须主次分明、清晰易读。精度应符合表 12-13 的规定。

表 12-13 地籍图平面位置精度

序号	项 目	图上中误差 /mm	图上允许误差 /mm	备注
1	相邻界址点的间距误差	±0.3	±0.6	荒漠、高原、山地、森林及隐蔽地区等可放宽至 1.5 倍
2	界址点相对于邻近控制点的点位误差	±0.3	±0.6	
3	界址点相对于邻近地物点的间距误差	±0.3	±0.6	
4	邻近地物点的间距误差	±0.4	±0.8	
5	地物点相对于邻近控制点的点位误差	±0.5	±1.0	

（一）地籍图的内容及表示方法

地籍图的内容包括行政区划、地籍、地形、数学和图廓等基本要素。

行政区划要素主要是行政界线和行政区名称。不同等级的行政区界线相重合时应遵循高级覆盖低级的原则，只表示高级行政区界线，行政区界线在拐角处不得间断，应在转角处绘出点或线。行政区界线按行政级别从高到低依次为省级界线、市级界线、县级界线和乡级界线。当按照标准分幅编制地籍图时，在乡（镇、街道办事处）的驻地注记名称外，还应在内外图廓线之间、行政区界线与内图廓线的交汇处的两边注记乡（镇、街道办事处）的名称。地籍图上不注记行政区代码和邮政编码。

地籍要素包括地籍区界线、地籍子区界线、土地权属界线、界址点、地籍区号、地籍子区号、宗地号（含土地权属类型代码和宗地顺序号）、地类代码、土地权利人名称、坐落地址等。界址线与行政区界线相重合时，只表示行政区界线，同时在行政区界线上标注土地权属界址点，行政区界线在拐角处不得间断，应在转角处绘出点或线。地籍区、地籍子区界线叠置于省级界线、市级界线、县级界线、乡级界线和土地权属界线之下。叠置后其界线仍清晰可见。在地籍图上，土地使用权宗地，宗地号及其地类代码用分式的形式标注在宗地内，分子注宗地号，分母注地类代码。对于集体土地所有权宗地，只注记宗地号。宗地面积太小注记不下时，允许移注在空白处并以指示线标明。宗地的坐落地址可选择性注记。按照标准分幅编制地籍图时，若地籍区、地籍子区、宗地被图幅分割，其相应的编号应分别在各图幅内按照规定注记。如分割的面积太小注记不下时，允许移注在空白处并以指示线标明。地籍图上应注记集体土地所有权人名称、单位名称和住宅小区名称。个人用地的土地使用权人名称一般不需要注记。可根据需要在地籍图上绘出土地级别界线，注记土地级别。

界址线依附的地形要素（地物、地貌）应标示，不可省略。可根据需要标示地貌，如等高线、高程注记、悬崖、斜坡、独立山头等。

数学要素包括内外图廓线、内图廓点坐标、坐标格网线、控制点、比例尺、坐标系统等。

图廊要素包括分幅索引、密级、图名、图号、制作单位、测图时间、测图方法、图式版本、测量员、制图员、检查员等。

(二) 地籍图的测绘方法

1. 全野外数字测图

全野外数字测图方法用于测绘 1:500、1:1 000、1:2 000 比例尺地籍图。全野外数字测图的测量工具主要包括全站仪、钢尺和 GPS 接收机等。这些工具应检定合格并在有效期内方能用于作业。解析界址点测量方法按上述要求进行。明显地形要素主要采用极坐标法测量，符合 RTK 系统观测条件的也可采用 RTK 定位方法。如果有相同比例尺的工作底图，则在底图上详细标注地形要素测量点的编号、属性和点与点之间的连接方式。如果没有工作底图，则应现场绘制地形要素观测草图，观测草图宜选择适当的纸张并作为测量原始资料保留。根据工作底图、土地权属调查成果和现场观测草图，在计算机上采用数字测量软件系统导入外业测量数据编辑处理生成地籍图。

2. 数字摄影测量成图

数字摄影测量方法可用于所有比例尺地籍图的测绘。如果要求界址点精度符合表 12-11 的规定，则界址点坐标应采用解析法施测。根据规定的内容外业调绘地形要素。将解析法测量的界址点坐标文件导入数字摄影测量系统，解析界址点与数字摄影测量的地物点实地为同一位置时，应以解析界址点坐标代替地物点坐标。根据工作底图、土地权属调查成果和地形要素调绘成果，对规定的内容和表示方法等进行编辑处理生成地籍图。

3. 编绘法成图

按照规定选择和制作工作底图。以工作底图为基础，可采用全野外数字测量方法补测地形要素，也可采用数字摄影测量方法补测地形要素。对需要满足表 12-11 规定的界址点应采用解析法测量其坐标。在工作底图上根据宗地草图的丈量数据、解析界址点坐标和补测的地形要素，进行编辑处理生成地籍图。地籍图的数据内容、数据质量、数据分层、要素代码应符合数据库建设的要求。以数字正射影像为基础，依据土地权属调查成果编绘地籍图。

(三) 宗地图的编制

以地籍图为基础，利用地籍数据编绘宗地图，根据宗地的大小和形状确定比例尺和幅面，宗地图的内容如下：

(1) 宗地所在图幅号、宗地代码。
(2) 宗地权利人名称、面积及地类号。
(3) 本宗地界址点、界址点号、界址线、界址边长。
(4) 宗地内的建筑物、构筑物及宗地外紧靠界址点线的附着物。
(5) 邻宗地的宗地号及相邻宗地间的界址分隔线。
(6) 相邻宗地权利人、道路、街巷名称。
(7) 指北方向和比例尺。
(8) 宗地图的制图者、制图日期、审核者、审核日期等。

宗地图的绘制与宗地草图的绘制类似。

(四) 地籍索引图的编制

为便于检索和使用，地籍调查工作结束后，应以县级为单位编制地籍索引图。地籍索引图主要表达本调查区内地籍区、地籍子区以及大比例尺测图区域的分区界线及其编号，主要道路、铁路、河流及和图幅分幅的关系。地籍索引图在地籍图分幅接图表的基础上参照地籍图缩小编制而成。地籍索引图的比例尺以一幅图能包含全调查区范围而定。

五、面积量算

面积量算是指水平投影面积量算或椭球面面积量算。面积量算的方法主要有解析法和图解法。条件许可时，应采用解析法量算的面积代替图解法量算的面积。

利用解析法获取的界址点坐标或界址点间距量算面积，称为解析法面积量算。根据界址点坐标成果表上数据，量算面积公式如下：

$$S = \frac{1}{2}\sum_{i=1}^{n} x_i(y_{i-1} - y_{i+1})$$

$$S = \frac{1}{2}\sum_{i=1}^{n} y_i(x_{i-1} - x_{i+1})$$

利用图解法获取的界址点坐标或界址点间距量算面积，称为图解法面积量算，图解法量算的宗地面积，应在地籍调查表的说明栏注明"本宗地面积为图解面积"，土地登记时，应在土地登记卡和土地证书的说明栏注明"本宗地面积为图解面积"。采用图解法量算面积时，两次独立量算的较差应满足下式的规定。

$$\Delta S \leq \pm 0.0003 M \sqrt{S}$$

式中　ΔS——两次量算面积较差；
　　　S——所量算面积；
　　　M——图的比例尺分母。

使用图解法量算面积时，图形面积不应小于 5 mm²，图上量距应量至 0.2 mm。

面积量算按区域的大小分县级行政区面积、乡级行政区面积、行政村面积、地籍区面积、地籍子区面积、宗地面积、地类图斑面积、建筑占地面积和建筑面积量算。地籍数据需作面积控制，进行"整体 = $\sum$ 部分"的面积逻辑检验，上一级行政区域的面积等于所包含的下级行政区域的面积之和。面积的控制与量算的原则为"从整体到局部，层层控制，分级量算，块块检核"。

六、检查验收

地籍测量成果实行三级检查、一级验收的"三检一验"制度。即作业员的自检、作业队（组）的互检、作业单位的专检和国土资源主管部门的验收。"三检"工作由作业单位组织实施，接受县级国土资源主管部门的监督和指导。检查、验收过程应有记录，专检和验收结束后应编写检查（验收）报告。地籍测量成果的验收由省级国土资源主管部门组织实施。

（一）地籍测量验收检查的内容

地籍测量检查验收应按土地权属调查、地籍控制测量、界址测量与地籍图测绘分类逐项进行。

1. 土地权属调查

土地权属调查的验收检查项目包括地籍区、地籍子区的划分是否正确；权源文件是否齐全、有效、合法；权属调查确认的权利人、权属性质、用途、年限等信息与权源材料上的信息是否一致；指界手续和材料是否齐备，界址点位和界址线是否正确、有无遗漏，实地有无设立界标；地籍调查表填写内容是否齐全、规范、准确，与地籍图上注记的内容是否一致，有无错漏；宗地草图与实地是否相符，要素是否齐全、准确，四邻关系是否清楚、正确，注记是否清晰合理。

2. 地籍控制测量

地籍控制测量的验收检查项目包括坐标系统的选择是否符合要求；控制网点布设是否合理，埋石是否符合要求；起算数据是否正确、可靠；施测方法是否正确，各项误差有无超限；各种观测记录手簿记录数据是否齐全、规范；成果精度是否符合规定；资料是否齐全。

3. 界址测量与地籍图测绘

界址测量与地籍图测绘验收检查的项目包括地籍、地形要素有无错漏，图上表示的各种地籍要素与地籍调查结果是否一致；观测记录及数据是否齐全、规范；界址点成果表有无错漏；界址点、界址边和地物点精度是否符合规定；地籍图精度是否符合规定；图幅编号、坐标注记是否正确；宗地号编列是否符合要求，有无重、漏；各种符号、注记是否正确；房屋及地类号、结构、层数、坐落地址等有无错漏；图廓整饰及图幅接边是否符合要求；地籍索引图的绘制是否正确；面积量算方法及结果、分类面积汇总是否正确等。

（二）地籍测量检查要求

1. 自检

自检是作业员在作业过程中或作业阶段结束时对作业质量的检查，自检比例为100%。

2. 互检

互检是下一工序的作业队（组）对上一工序的作业成果进行的全面检查，互检的检查比例，内业为100%，外业可根据内业检查发现的问题进行有针对性的重点检查，但实际操作的检查比例不得低于30%，巡视检查比例不得低于70%。

3. 专检

专检是由作业单位质量管理机构组织的对成果质量进行的检查，专检的检查比例，内业为100%，外业实际操作的检查比例不得低于20%，巡视检查比例不得低于40%。专检除按照规定的内容进行检查外，还应检查下列内容：全检记录；技术方案的执行情况，总结报告、工作报告等是否符合要求。

（三）验收

验收是验收组对作业成果质量进行抽检，对最终的质量做出是否合格的评定。验收时抽检的比例，内业为随机抽检5%～10%，外业实际操作的抽检比例视内业抽检情况决定，但不得低于5%。对抽检发现的问题，作业单位应积极采取解决措施，及时进行返工。验收完成后验收组应出具内容具体、表述清晰、数据准确、结论可靠的验收报告和存在问题的书面处理意见。验收报告一份交被检单位，一份由国土资源主管部门存档。如果问题较多或较严重，质量评定为不合格的，要求作业单位整改后再申请验收。

作业中有伪造成果行为；实地界址点设定不正确比例超过5%；控制网点布局严重不合理，或起算数据有错误，或控制测量主要精度指标达不到要求；界址点点位中误差或间距中误差超限或误差大于2倍中误差的个数超过5%；面积量算错误的宗地数超过5%等均应评定为不合格，不予验收，退回整改后再申请验收。

第二节 房产测量

房产测量主要是采集和表述房屋和房屋用地的有关信息,为房产产权、产籍管理、房地产开发利用、交易、征收税费,以及为城镇规划建设提供数据和资料。房产测量包括房产平面控制测量、房产调查、房产要素测量、房产图绘制、房产面积测算、变更测量、成果资料的检查与验收等基本内容。房产测量成果包括房产簿册、房产数据和房产图集。

一、房产平面控制测量

房产平面控制点的布设,应遵循从整体到局部、从高级到低级、分级布网的原则,也可越级布网,控制点均应埋设固定标志,建筑物密集区的控制点平均间距在 100 m 左右,建筑物稀疏区的控制点平均间距在 200 m 左右。房产平面控制网分为二、三、四等和一、二、三级。房产平面控制测量可选用三角测量、三边测量、导线测量、GPS 定位测量等方法。平面控制网都应分级进行统一平差或联合整体平差,平差后应进行精度评定。平差计算和数据处理的数字取位应符合表 12-14 的规定。

表 12-14 平差计算和数据处理的数字取位

等级	水平角观测方向值及各项改正数/″	边长观测值及各项改正数/m	边长与坐标/m	方位角/″
二等	0.01	0.000 1	0.001	0.01
三、四等	0.1	0.001	0.001	0.1
一、二、三级	1	0.001	0.001	1

(一)三角测量

三角网的主要技术指标应符合表 12-15 的规定。

表 12-15 三角的技术指标

等级	平均边长/km	测角中误差/″	起算边边长相对中误差	最弱边边长相对中误差	水平角观测测回数			三角形最大闭合差/″
					DJ1	DJ2	DJ6	
二等	9	±1.0	1/300 000	1/120 000	12	—	—	±3.5
三等	5	±1.8	1/200 000(首级) 1/120 000(加密)	1/8 000	6	9	—	±7.0
四等	2	±2.5	1/120 000(首级) 1/8 000(加密)	1/45 000	4	6	—	±9.0
一级	0.5	±5.0	1/60 000(首级) 1/45 000(加密)	1/20 000	—	2	6	±15.0
二级	0.2	±10.0	1/20 000	1/10 000	—	1	3	±30.0

三角形内角不应小于 30°,确有困难时,个别角可放宽至 25°。

(二)三边测量

三边网的主要技术指标应符合表 12-16 的规定。

表 12-16　三边网的主要技术指标

等级	平均边长 /km	测距相对中误差	测距中误差 /mm	使用测距仪等级	测距测回数 往	测距测回数 返
二等	9	1/300 000	±30	Ⅰ	4	4
三等	5	1/160 000	±30	Ⅰ、Ⅱ	4	4
四等	2	1/120 000	±16	Ⅰ Ⅱ	2 4	2 4
一级	0.5	1/33 000	±15	Ⅱ	2	
二级	0.2	1/17 000	±12	Ⅱ	2	
三级	0.1	1/8 000	±12	Ⅱ	2	

（三）导线测量

导线应尽量布设成直伸导线，并构成网形。导线布成结点网时，结点与结点、结点与高级点向的附合导线长度，不超过表 12-17 中规定的附合导线长度的 70%。当附合导线长度短于规定长度的 1/2 时，导线全长的闭合差可放宽至不超过 0.12 m。各等级测距导线的主要技术指标应符合表 12-17 的规定。

表 12-17　各等级测距导线的主要技术指标

等级	平均边长 /km	附合导线长度 /km	每边长测距中误差/mm	测角中误差 /″	导线全长相对闭合差	水平角观测的测回数 DJ1	水平角观测的测回数 DJ2	水平角观测的测回数 DJ6	方位角闭合差 /″
三等	3.0	15	±18	±1.5	1/60 000	—	12	—	$\pm 3n^{1/2}$
四等	1.6	10	±18	±2.5	1/40 000	8	6	—	$\pm 5n^{1/2}$
一级	0.3	3.6	±15	±5.0	1/14 000	4	2	6	$\pm 10n^{1/2}$
二级	0.2	2.4	±12	±8.0	1/10 000	—	1	3	$\pm 16n^{1/2}$
三级	0.1	1.5	±12	±12.0	1/6 000	—	1	3	$\pm 24n^{1/2}$

注：n 为导线转折角的个数

（四）GPS 定位测量

GPS 网应布设成三角网形或导线网形，或构成其他独立检核条件可以检核的图形。GPS 网点与原有控制网的高级点重合应不少于 3 个。当重合不足 3 个时，应与原控制网的高级点进行联测，重合点与联测点的总数不得少于 3 个。控制测量前，应充分收集测区已有的控制成果和资料，按规范的规定和要求进行比较和分析，凡符合规范要求的已有控制点成果，都应充分利用；对达不到规范要求的控制网点，也应尽量利用其点位，并对有关点进行联测。GPS 相对定位测量的仪器要求和技术指标应符合表 12-18 和表 12-19 的规定。

表 12-18　GPS 相对定位测量的仪器要求

等级	平均边长 /km	GPS 接收机性能	测量量	接收机标称精度优于	同步观测接收机数量
二等	9	双频（或单频）	载波相位	10 mm + 2ppm · D	≥2

续表

等级	平均边长 /km	GPS 接收机性能	测量量	接收机标称精度优于	同步观测接收机数量
三等	5	双频（或单频）	载波相位	10 mm + 3ppm·D	≥2
四等	2	双频（或单频）	载波相位	10 mm + 3ppm·D	≥2
一级	0.5	双频（或单频）	载波相位	10 mm + 3ppm·D	≥2
二级	0.2	双频（或单频）	载波相位	10 mm + 3ppm·D	≥2
三级	0.1	双频（或单频）	载波相位	10 mm + 3ppm·D	≥2

注：D 为基线长，以 km 为单位

表 12-19　GPS 相对定位测量的技术指标

等级	卫星高度角 /°	有效观测卫星总数	时段中任一卫星有效观测时间/min	观测时段数	观测时段长度 /min	数据采样间隔 /s	点位几何图形强度因子 PDOP
二等	≥15	≥6	≥20	≥2	≥90	15～60	≤6
三等	≥15	≥4	≥5	≥2	≥10	15～60	≤6
四等	≥15	≥4	≥5	≥2	≥10	15～60	≤8
一级	≥15	≥4	—	≥1	—	15～60	≤8
二级	≥15	≥4	—	≥1	—	15～60	≤8
三级	≥15	≥4		≥1		15～60	≤8

二、房产调查

房产调查是对每个权属单元的位置、权界、权属、数量和利用状况等基本情况，以及地理名称和行政境界的调查，分房屋调查和房屋用地调查。

房产调查应利用已有的地形图、地籍图、航摄相片，以及有关产籍等资料，以丘、幢为单位按"房屋调查表"（表 12-20）和"房屋用地调查表"（表 12-21）逐项实地进行调查。

表 12-20　房屋调查表

市区名称或代码号_____　房产区号_____　房产分区号_____　丘号_____　序号_____

坐落	区（县）街道（镇）胡同（街巷）号	邮政编码	
产权主	住址		
用途	产别	电话	

房屋状况	幢号	权号	户号	总层数	所在层次	建筑结构	建成年份	占地面积/m²	使用面积/m²	建筑面积/m²	墙体归属 东 南 西 北	产权来源

房屋权界线示意图		附加说明	
		调查意见	

调查者：　　　　　　　　　　　　　　　　　　　　　　　　　　　　年　　月　　日

表 12-21　用地调查表

市区名称或代码号_____　　房产区号_____　　房产分区号_____　　丘号_____　　序号_____

坐落		区（县）街道（镇）胡同（街巷）号					邮政编码			
产权性质			产权主			土地等级		税费		
所有人				住址				所有制性质		
用地来源				用地用途分类						
用地状况	四至面积	东	南	西	北	界标	东	南	西	北
		合计用地面积				房屋占地面积		院地面积		分摊面积
用地略图									附加说明	
									调查意见	
调查者：								年	月	日

（一）房屋用地调查

房屋用地调查主要针对用地坐落、产权性质、等级、税费、用地人、用地单位所有制性质、使用权来源、四至、界标、用地用途分类、用地面积和用地纠纷等基本情况进行调查，绘制用地略图。房屋用地调查应以丘为单元分户进行。丘是指地表上一块有界空间的地块。一个地块只属于一个产权单元时称独立丘，一个地块属于几个产权单元时称组合丘。有固定界标的按固定界标划分、没有固定界标的按自然界线划分。

1. 房屋用地坐落、四至、界标、界线

房屋用地坐落：是指房屋用地所在街道的名称和门牌号。房屋用地坐落在胡同和小巷时，应加注附近主要街道名称；缺门牌号时，应借用毗连房屋门牌号并加注东、南、西、北方位；房屋用地坐落在两个以上街道或有两个以上门牌号时，应全部注明。

用地四至：是指用地范围与四邻接壤的情况，一般按东、南、西、北方向注明邻接丘号或街道名称。

用地界标：是指用地界线上的各种标志，包括道路、河流等自然界线，房屋墙体、围墙、栅栏等围护物体，以及界碑、界桩等埋石标志。

用地界线：是指房屋用地范围的界线，包括共用院落的界线，由产权人（用地人）指界与邻户认证来确定。提供不出证据或有争议的应根据实际使用范围标出争议部位，按未定界处理。

2. 房屋用地的产权性质、来源、用途、等级

房屋用地的产权性质按国有、集体两类填写，集体所有的还应注明土地所有单位的全称。

房屋用地来源是指取得土地使用权的时间和方式，比如国有的有转让、出让、征用、划拨等方式。

房屋用地用途分类以土地使用功能为主导因素，兼顾其他相关因素进行，见表12-22。

表12-22 房屋用地用途分类

一级分类		二级分类		含义
编号	名称	编号	名称	
10	商业金融业用地	11	商业服务业	指各种商店、公司、修理服务部、生产资料供应站、饭店、旅社、对外经营的食堂、文印誊写社、报刊门市部、蔬菜销转运站等用地
		12	旅游业	指主要为旅游业服务的宾馆饭店、大厦、乐园、俱乐部、旅行社、旅游商店、友谊商店等用地
		13	金融保险业	指银行、储蓄所、信用社、信托公司、证券交易所、保险公司等用地
20	工业、仓储用地	21	工业	指独立设置的工厂、车间、手工业作坊、建筑安装的生产场地、排渣（灰）场等用地
		22	仓储	指国家、省（自治区、直辖市）及地方的储备、中转、外贸、供应等各种仓库、油库、材料堆积场及其附属设备等用地
30	市政用地	31	市政公用设施	指自来水厂、泵站、污水处理厂、变电（所）站、煤气站、供热中心、环卫所、公共厕所、火葬场、消防队、邮电局（所）及各种管线工程专用地段等用地
		32	绿化	指公园、动植物园、陵园、风景名胜、防护林、水源保护林以及其他公共绿地等用地
40	公共建筑用地	41	文、体、娱	指文化馆、博物馆、图书馆、展览馆、纪念馆、体育场馆、俱乐部、影剧院、游乐场、文艺体育团体等用地
		42	机关、宣传	指党政事业机关及工、青、妇等群众组织驻地，广播电台、电视台、出版社、报社、杂志社等用地
		43	科研、设计	指科研、设计机构用地，如研究院（所）、设计院及其试验室、试验场等用地
		44	教育	指大专院校、中等专业学校、职业学校、干校、党校、中小学校、幼儿园、托儿所、业余进修院（校）、工读学校等用地
		45	医卫	指医院、门诊部、保健院（站、所）、疗养院（所）、救护站、血站、卫生院、防治所、检疫站、防疫站、医学化验、药品检验用地
50	住宅用地			指供居住的各类房屋用地
60	交通用地	61	铁路	指铁路线路及场站、地铁出入口等用地
		62	民用机场	指民用机场及其附属设施用地
		63	港口码头	指供客、货运船停靠的场所用地
		64	其他交通	指车场（站）、广场、公路、街、巷、小区内的道路等用地

续表

一级分类		二级分类		含义
编号	名称	编号	名称	
70	特殊用地	71	军事设施	指军事设施用地，包括部队机关、营房、军用工厂、仓库和其他军事设施用地
		72	涉外	指外国使馆、驻华办事处等用地
		73	宗教	指专门从事宗教活动的庙宇、教堂等用地
		74	监狱	指监狱用地，包括监狱、看守所、劳改场（所）等用地
80	水域用地			指河流、湖泊、水库、坑塘、沟渠、防洪堤坝等用地
90	农用地	91	水田	指筑有田埂（坎）可以经常蓄水用于种植水稻等水生物的耕地
		92	菜地	指以种植蔬菜为主的耕地，包括温室、塑料大棚等用地
		93	旱地	指水田、菜地以外的耕地，包括水浇地和一般旱地
		94	园地	指种植以采集果、叶、根、茎等为主的集约经营的多年生木本和草本植物，覆盖度大于50%或每亩株数大于合理株数70%的土地，包括果树苗圃等用地
00	其他用地			指各种未利用土地、空闲地等其他用地

3. 房屋用地的税费

房屋用地的税费是指房屋用地的使用人每年向相关部门缴纳的费用，以年度缴纳金额为准。

4. 房屋用地的使用权主、使用人

房屋用地的使用权主是指房屋用地的产权主的姓名或单位名称。房屋用地的使用人是指房屋用地的使用人的姓名或单位名称。

5. 用地略图

用地略图是以用地单元为单位绘制的略图，表示房屋用地位置、四至关系、用地界线、共用院落的界线，以及界标类别和归属，并注记房屋用地界线边长。

（二）**房屋调查**

房屋调查主要是查清房屋坐落、产权人、产别、层数、所在层次、建筑结构、建成年份、用途、墙体归属、权源、产权纠纷和他项权利等基本情况，并绘制房屋权界线示意图。房屋调查以幢为单元分户进行，幢是指一座独立的，包括不同结构和不同层次的房屋，幢号以丘为单位，自进大门起，从左到右，从前到后，用数字1、2等的顺序按S形编号。

1. 房屋的坐落、总层数、所在层次、墙体归属

房屋的坐落按房屋用地调查的要求进行调查。

房屋总层数是指房屋的自然层数，一般按室内地坪±0.000 m以上计算；采光窗在室外地坪以上的半地下室，其室内层高在2.20 m以上的，计算自然层数。房屋总层数为房屋地上层数与地下层数之和。假层、附层（夹层）、插层、阁楼（暗楼）、装饰性塔楼，以及突出屋面的楼梯间、水箱间不计层数。

房屋所在层次是指本权属单元的房屋在该幢楼房中的第几层，地下层次以负数表示。

房屋墙体归属是房屋四面墙体所有权的归属，分为自有墙、共有墙和借墙三类。

2. 房屋产权人

私人所有的房屋，一般按照产权证件上的姓名。产权人已死亡的，应注明代理人的姓名；产权是共有的，应注明全体共有人姓名。

单位所有的房屋，应注明单位的全称。两个以上单位共有的，应注明全体共有单位名称。

房地产管理部门直接管理的房屋，包括公产、代管产、托管产、拨用产四种产别。公产应注明房地产管理部门的全称；代管产应注明代管及原产权人姓名；托管产应注明托管及委托人的姓名或单位名称；拨用产应注明房地产管理部门的全称及拨借单位名称。

3. 房屋产权来源、产别、用途

房屋产权来源是指产权人取得房屋产权的时间和方式，如继承、分析、买受、受赠、交换、自建、翻建、征用、收购、调拨、价拨、拨用等。产权来源有两种以上的，应全部注明。在调查中对产权不清或有争议的，以及设有典当权、抵押权等他项权利的，应做出记录。

房屋产别是指根据产权占有不同而划分的类别，按两级分类调记。具体分类标准按表 12-23 执行。

表 12-23　房屋产别表

一级分类		二级分类		含义
编号	名称	编号	名称	
10	国有房产	11	直管产	指归国家所有的房产，包括由政府接管、国家经租、收购、新建以及由国有单位自筹资金建设或购买的房产。 指由政府接管、国家经租、收购、新建、扩建的房产（房屋所有权已正式划拨给单位的除外），大多数由政府房地产管理部门直接管理、出租、维修，少部分免租拨借给单位使用
		12	自管产	指国家划拨给全民所有制单位所有以及全民所有制单位自筹资金购买、建造的房产
		13	军产	指中国人民解放军军队所有的房产，包括由国家划拨的房产、利用军费开支或军队自筹资金购买、建造的房产
20	集体所有房产			指城市集体所有制单位所有的房产，即集体所有制单位投资建造、购买的房产
30	私有房产			指私人所有的房产，包括中国公民、港澳台同胞、海外侨胞、在华外国侨民、外国人所投资建造、购买的房产，以及中国公民投资的私营企业（私营独资企业、私营合伙企业和私营有限责任公司）所投资建造、购买的房产
		31	部分产权	指按照房改政策，职工个人以标准价购买的住房，拥有部分产权
40	联营企业房产			指不同所有制性质的单位之间共同组成新的法人型经济实体所投资建造、购买的房产
50	股份制企业房产			指股份制企业所投资建造、购买的房产

续表

一级分类		二级分类		含义
编号	名称	编号	名称	
60	港、澳、台投资房产			指港、澳、台地区投资者以合资、合作或独资在祖国大陆创办的企业所投资建造或购买的房产
	涉外房产			指中外合资经营企业、中外合作经营企业和外资企业、外国政府、社会团体、国际性机构所投资建、或购买的房产
70	其他房产			凡不属于以上各类别的房屋，都归在这一类，包括因所有权人不明，由政府房地产管理部门、全民所有制单位、军队代为管理的房屋以及宗教、寺庙等房屋

房屋用途是指房屋的实际用途。具体分类标准按表12-24执行。一幢房屋有两种以上用途，应分别调查注明。

表12-24 房屋用途分类

一级分类		二级分类		内容
编号	名称	编号	名称	
10	住宅	11	成套住宅	指由若干卧室、起居室、厨房、卫生间、室内走道或客厅等组成的供一户使用的房屋
		12	非成套住宅	指人们生活居住的但不成套的房屋
		13	集体宿舍	指机关、学校、企事业单位的单身职工、学生居住的房屋，集体宿舍是住宅的一部分
20	工业、交通、仓储	21	工业	指独立设置的各类工厂、车间、手工作坊、发电厂等从事生产活动的房屋
		22	公用设施	指自来水、泵站、污水处理、变电、燃气、供热、垃圾处理、环卫、公厕、殡葬、消防等市政公用设施
		23	铁路	指铁路系统从事铁路运输的房屋
		24	民航	指民航系统从事民航运输的房屋
		25	航运	指航运系统从事航运运输的房屋
		26	公交运输	指公路运输、公共交通系统从事客、货运输，装卸，搬运的房屋
		27	仓储	指用于储备、中转、外贸、供应等各种仓库、油库用房
30	商业、金融、信息	31	商业服务	指各类商店、门市部、饮食店、粮油店、菜市场、理发店、照相馆、浴室、旅社、招待所等从事商业和为居民生活服务所用的房屋
		32	经营	指各种开发、装饰、中介公司等从事各类经营业务活动所用的房屋
		33	旅游	指宾馆、饭店、乐园、俱乐部、旅行社等从事旅游服务所用的房屋
		34	金融保险	指银行、储蓄所、信用社、信托公司、证券公司、保险公司等从事金融服务所用的房屋
		35	电信信息	指各种邮电、电信部门、信息产业部门从事电信与信息工作所用的房屋

续表

一级分类		二级分类		内容
编号	名称	编号	名称	
40	教育、医疗、卫生、科研	41	教育	指大专院校、中等专业学校、中学、小学、幼儿园、托儿所、职业学校、业余学校、干校、党校、进修学校、工读学校、电视大学等从事教育所用的房屋
		42	医疗卫生	指各类医院、门诊部、卫生所（站）、检（防）疫站、保健院（站）、疗养院、医学化验、药品检验等医疗卫生机构从事医疗、保健、防疫、检验所用的房屋
		43	科研	指各类从事自然科学、社会科学等研究设计、开发所用的房屋
50	文化、娱乐、体育	51	文化	指文化馆、图书馆、展览馆、博物馆、纪念馆等从事文化活动所用的房屋
		52	新闻	指广播电视台、电台、出版社、报社、杂志社、通讯社、记者站等从事新闻出版所用的房屋
		53	娱乐	指影剧院、游乐场、俱乐部、剧团等从事文娱演出所用的房屋
		54	园林绿化	指公园、动物园、植物园、陵园、苗圃、花圃、花园、风景名胜、防护林等所用的房屋
		55	体育	指体育场馆、游泳池、射击场、跳伞塔等从事体育活动所用的房屋
60	办公	61	办公	指党政机关、群众团体、行政事业单位等所用的房屋
70	军事	71	军事	指中国人民解放军军事机关、营房、阵地、基地、机场、码头、工厂、学校等所用的房屋
80	其他	81	涉外	指外国使、领馆，驻华办事处等涉外所用的房屋
		82	宗教	指寺庙、教堂等从事宗教活动所用的房屋
		83	监狱	指监狱、看守所、劳改场（所）等所用的房屋

4. 房屋建筑结构、建成年份

房屋建筑结构可根据房屋的梁、柱、墙等主要承重构件的建筑材料划分类别，具体分类标准按表 12-25 执行。

表 12-25　房屋建筑结构分类

分类		内容
编号	名称	
1	钢结构	承重的主要构件是用钢材料建造的，包括悬索结构
2	钢、钢筋混凝土结构	承重的主要构件是用钢、钢筋混凝土建造的，如一幢房屋一部分梁柱采用钢、钢筋混凝土构架建造
3	钢筋混凝土结构	承重的主要构件是用钢筋混凝土建造的，包括薄壳结构、大模板现浇结构及使用滑模、升板等建造的钢筋混凝土结构的建筑物

续表

分类		内容
编号	名称	
4	混合结构	承重的主要构件是用钢筋混凝土和砖木建造的,如一幢房屋的梁是用钢筋混凝土制成,以砖墙为承重墙,或者梁是用木材建造,柱是用钢筋混凝土建造
5	砖木结构	承重的主要构件是用砖、木材建造的,如一幢房屋是木制房架、砖墙、木柱
6	其他结构	凡不属于上述结构的房屋都归此类,如竹结构、砖拱结构、窑洞等

房屋建成年份是指房屋实际竣工年份。拆除翻建的,应以翻建、竣工年份为准。一幢房屋有两种以上建成年份,应分别注明。

5. 房屋权界线及其示意图

房屋权界线是指房屋权属范围的界线,包括共有共用房屋的权界线,以产权人的指界与邻户认证来确定,对有争议的权界线,应做相应记录。

房屋权界线示意图是以权属单元为单位绘制的略图,表示房屋及其相关位置、权界线、共有共用房屋权界线,以及与邻户相连墙体的归属,并注记房屋边长。对有争议的权界线应标注部位。

三、房产要素测量

(一) 界址测量

1. 界址点测量

界址点的编号,以高斯投影的一个整千米格网为编号区,每个编号区的代码以该千米格网西南角的横纵坐标千米值表示。点的编号在一个编号区内从 1~9999 连续顺编。点的完整编号由编号区代码、点的类别代码、点号三部分组成,编号形式如下:编号区代码由 9 位数组成,第 1、2 位数为高斯坐标投影带的带号或代号,第 3 位数为横坐标的百千米数,第 4、5 位数为纵坐标的千千米和百千米数,第 6、7 位和第 8、9 位数分别为横坐标和纵坐标的十千米和整千米数。点的类别代码用 1 位数表示,其中 3 表示界址点。点号用 5 位数表示,从 1~99999 连续顺编。

房产界址点的精度应满足表 12-26 的要求。

表 12-26 房产界址点的精度要求   mm

界址点等级	界址点相对于邻近控制点的点位误差和相邻界址点间的间距误差	
	限差	中误差
一	±0.04	±0.02
二	±0.10	±0.05
三	±0.20	±0.10

界址点从邻近基本控制点或高级界址点起算,以极坐标法、支导线法或正交法等野外解析法测定,也可在全野外数据采集时和其他房地产要素同时测定。

2. 丘界线测量

需要测定丘界线边长时，用预检过的钢尺丈量其边长，丘界线丈量精度应符合规范规定，也可由相邻界址点的解析坐标计算丘界线长度。对不规则的弧形丘界线，可按折线分段丈量。测量结果应标示在分丘图上，作为计算丘面积及复丈检测的依据。

3. 界标地物测量

界标地物应根据设立的界标类别、权属界址位置（内、中、外）选用各种测量方法测定，其测量精度应符合规范规定，测量结果应标示在分丘图上。界标与邻近较永久性的地物宜进行联测。

4. 境界测量

各级行政区划界应根据勘界协议、有关文件准确测绘，各级行政区划界上的界桩、界碑按其坐标值展绘。

（二）房屋及其附属设施测量

1. 房屋及其角点测量

需要测定房角点的坐标时，房角点坐标的精度等级和限差执行与界址点相同的标准；房屋应逐幢测绘，不同产别、不同建筑结构、不同层数的房屋应分别测量，独立成幢房屋，以房屋四面墙体外侧为界测量；毗连房屋四面墙体，在房屋所有人指界下，区分自有、共有或借墙，以墙体所有权范围为界测量。每幢房屋除测定其平面位置外，还应分幢分户丈量作图。丈量房屋以勒脚以上墙角为准；测绘房屋以外墙水平投影为准。

房角点测量一般采用极坐标法、正交法。对规整的矩形建筑物，可直接测定三个房角点坐标，另一个房角点的坐标可通过计算求出。

2. 房屋附属设施测量

柱廊以柱外围为准；檐廊以外轮廓投影为准，架空通廊以外轮廓水平投影为准；门廊以柱或围护物外围为准，独立柱的门廊以顶盖投影为准；挑廊以外轮廓投影为准；阳台以底板投影为准；门墩以墩外围为准；门顶以顶盖投影为准；室外楼梯和台阶以外围水平投影为准。

3. 其他建筑物、构筑物测量

其他建筑物、构筑物包括不属于房屋、不计算房屋建筑面积的独立地物以及工矿专用或公用的储水池、油库、地下人防干支线等。独立地物的测量，应根据地物的几何图形测定其定位点。亭以柱外围为准；塔、烟囱、罐以底部外围轮廓为准；水井以中心为准。构筑物按需要测量。共有部位测量前，须对共有部位认定，可参照购房协议、房屋买卖合同中设定的共有部位，经实地调查后予以确认。

（三）陆地交通、水域测量

陆地交通测量是指铁路、道路桥梁测量。铁路以轨距外缘为准；道路以路缘为准；桥梁以桥头和桥身外围为准测量。

水域测量是指河流、湖泊、水库、沟渠、池塘测量。河流、湖泊、水库等水域以岸边线为准；沟渠、池塘以坡顶为准测量。

（四）其他相关地物测量

其他相关地物包括天桥、站台、阶梯路、游泳池、消火栓、检阅台、碑以及地下构筑物等。消火栓、碑不测其外围轮廓，以符号中心定位；天桥、阶梯路均依比例绘出，取其水平投影位置;站台、游泳池均依边线测绘,内加简注;地下铁道、过街地道等不测出其地下物的位置,只标示出入口位置。

四、房产测量的方法

(一)野外解析法测量

1. 极坐标法测量

极坐标法是由平面控制点或自由设站的测量站点,通过测量方向和距离,来测定目标点的位置。界址点的坐标一般应有两个不同测站点测定的结果,取两成果的中数作为该点的最后结果。对间距很小的相邻界址点应由同一条线路的控制点进行测量。可增设辅助房产控制点,补充现有控制点的不足;辅助房产控制点参照三级房产平面控制点的有关规定执行,但可以不埋设永久性的固定标志。极坐标法测量可用全站型电子速测仪,也可用经纬仪配以光电测距仪或其他符合精度要求的测量设备。

2. 直角坐标法

直角坐标法是借助测线和短边支距测定目标点的方法。直角坐标法使用钢尺丈量距离配以直角棱镜进行测量。支距长度不得超过 50 m。直角坐标法测量使用的钢尺须经检定合格。

3. 距离交会测量

距离交会是借助控制点、界址点和房角点的解析坐标值,按三边测量定出测站点坐标,以测定目标点的方法。

(二)航空摄影测量

利用航空摄影测量方法测绘 1:500、1:1 000 房产分幅平面图,可采用精密立体测图仪、解析测图仪、精密立体坐标量测仪机助测图和数字测图方法。对航摄资料的基本要求应符合《1:500 1:1 000 1:2 000 地形图航空摄影测量数字化测图规范》(GB/T 15967—2008)的规定。

1. 相片控制点测量

平面控制点相对邻近基本控制点的点位中误差不超过图上 ±0.1 mm。高程控制点相对邻近高程控制点的高程中误差不超过 ±0.1 mm。像片控制点可以采用全野外布点法或解析空中三角测量区域平差布点法。

相片平面控制点坐标,一般采用三角网、三边网、测距导线和 GPS 静态相对定位测量等方法测定。用 GPS 静态相对定位方法测定时,GPS 观测应使用优于 10 mm + 3 ppm 标称精度的接收机进行。

2. 内业加密点测量

内业加密点分为平面加密点、高程加密点和平高加密点。内业加密控制点对邻近野外控制点的平面点位中误差和高程中误差不超过表 12-27 的规定。

表 12-27 加密点平面和高程中误差　　　　　　　　　　　　　　　　　　　　mm

比例尺	加密点平面中误差 (平地、丘陵地)	加密点高程中误差 (平地、丘陵地)
1:1 000	0.35	0.5
1:500	0.18	0.5

界址点和房角点。如采用航测法内业加密测量时,其精度分别应符合表12-26的要求。

3. 相片调绘与调绘志

用航空摄影测量方法测绘房产图,一般采用全野外相片调绘和立体测图仪测绘的方法。当采用立体测图仪测绘时,可以在室内用精密立体测图仪或解析测图仪进行地物要素的测绘,然后用所测绘的原图到外业进行地物要素的补调或补测。要求判读准确,描绘清楚,图式符号运用恰当,各种注记正确无误。

调绘相片和航测原图上各种要素应以红、绿、黑三色表示。其中房产要素、房产编号和说明用红色,水系用绿色,其他用黑色。

相片上无影像、影像模糊和被影像或阴影遮盖的地物,应在调绘期间进行补调或补测。外业直接在相片上表示某些要素有一定困难,可采用"调绘志"方法,即在调绘片上蒙附等大的聚酯薄膜,画出调绘面积与相片上准确套合,作业中着重将界址、权属界线、阴影、屋檐改正等有关情况及数字记录在上面,表述有关地物的形状、尺寸及其相关位置或某些说明资料,为内业提供应用。

4. 外业补测

对相片上无影像的地物、影像模糊的地物、被阴影或树木影像覆盖的地物,作业期间应进行补调或补测。补调或补测可采用以明显地物点为起点的交会法或截距法,在相片上或调绘志上标明与明显地物点的相关距离2~3处,取位至0.01 m;补调或补测难度较大且影响精度时采用平板仪作业。对航摄后拆除的地物,则应在相片相应位置用红色划去,成片的应标出范围并加文字说明。

5. 屋檐宽度测量与屋檐改正

当屋檐宽度大于图上0.2 mm时,应在相片或采集原图上相应位置注明实量的宽度,丈量取位至0.01 m。内业立体测图或图形编辑时应根据实量长度对屋檐进行改正。

6. 数据采集

利用航空摄影相片,在解析测图仪或数字化扫描仪上采用航测数字测图的原理和方法获得数字图,以满足房产管理的需要。解析测图仪内定向的框标坐标量测误差不超过±0.005 mm,个别不得超过±0.008 mm,绝对定向的平面坐标误差不超过图上±0.3 mm,个别不得超过±0.4 mm;高程定向误差不超过加密点的高程中误差;绘图桌定向的平面误差不超过图上±0.3 mm。定向残差要配赋至最小,且配赋合理。房产数字图的数据采集成果应进行检核,在保证数据采集成果无误的基础上才能进行数据处理与图形编辑。

7. 数据处理与图形编辑

数据处理包括数据的检查和更新、数据的选取和运算、图形的变换和标示等。图形编辑包括按有关技术规定建立符号库、规定图形要素的层次及颜色、数字注记和文字注记,应符合《房产测量规范 第2单元:房产图图式》(GB/T 17986.2—2000)的规定。

最后,根据要求的文件格式建立数据文件与图形文件。

(三) **全野外数据采集**

全野外数据采集是指利用电子速测仪和电子记簿或便携式计算机所组成的野外数据采集系统,记录的数据可直接传输至计算机,通过人机交互处理生成图形数据文件,可自动绘制房地产图。

每日施测前,应对数据采集软件进行测试;当日工作结束以后,应检查录入数据是否齐全和正确。野外作业过程中应绘制测量草图,草图上的点号和输入记录的点号应一一对应。全野外数据的采集精度应符合表12-26的要求。

五、房产图绘制

(一) 房产测量草图绘制

测量草图是地块、建筑物、位置关系和房地调查的实地记录,是展绘地块界址、房屋、计算面积和填写房产登记表的原始依据。在进行房地产测量时应根据项目的内容用铅笔绘制测量草图。

测量草图分房屋用地测量草图和房屋测量草图。草图绘制可用787 mm×1 092 mm 的1/8、1/16、1/32规格的图纸。测量草图绘制应选择合适的概略比例尺,使其内容清晰易读。在内容较集中的地方可绘制局部图。测量草图应在实地绘制,测量的原始数据不得涂改擦拭。汉字字头一律向北、数字字头向北或向西。测量草图的图式符号参照《房产测量规范 第2单元:房产图图式》(GB/T 17986.2—2000) 执行。

房屋用地测量草图应表示的内容包括平面控制网点及点号;界址点、房角点相应的数据;墙体的归属;房屋产别、房屋建筑结构、房屋层数;房屋用地用途类别;丘(地)号;道路及水域;有关地理名称,门牌号;观测手簿中所有未记录的测定参数;测量草图符号的必要说明;指北方向线;测量日期,作业员签名。

房屋测量草图均按概略比例尺分层绘制。房屋外墙及分隔墙均绘单实线。图纸上应注明房产区号、房产分区号、丘(地)号、幢号、层次及房屋坐落,并加绘指北方向线。住宅楼单元号、室号,注记实际开门处。逐间实量,注记室内净空边长(以内墙面为准)、墙体厚度,数字取至厘米。室内墙体凸凹部位在0.1 m以上者如柱垛、烟道、垃圾道、通风道等均应表示。有固定设备的附属用房如厨房、厕所、卫生间、电梯楼梯等均须实量边长,并加必要的注记。遇有地下室、复式房、夹层、假层等应另绘草图。房屋外廊的全长与室内分段丈量之和(含墙身厚度)的较差在限差内时,应以房屋外廊数据为准,分段丈量的数据按比例配赋。超差须进行复量。

(二) 房产图绘制

房产图是房产产权、产籍管理的重要资料。按房产管理的需要,房产图可分为房产分幅平面图(以下简称分幅图)、房产分丘平面图(以下简称分丘图)和房屋分户平面图(以下简称分户图)。

1. 分幅图的绘制

分幅图是全面反映房屋及其用地的位置和权属等状况的基本图,是测绘分丘图和分户图的基础资料。分幅图采用50 cm×50 cm正方形分幅,图上每隔10 cm展绘坐标网点,图廓线上坐标网线向内侧绘5 mm短线,图内绘10 mm的十字坐标线。一般不注图名,如注图名时图廓左上角应加绘图名接图表。建筑物密集区一般采用1:500比例尺,其他区域可以采用1:1 000比例尺。

分幅图应标示控制点、行政境界、丘界、房屋、房屋附属设施和房屋围护物,以及与房地产有关的地籍地形要素和注记。

分幅图一般只标示区、县和镇的境界线,街道办事处或乡的境界线根据需要标示,境界线重合时，用高一级境界线标示，境界线与丘界线重合时，用丘界线标示，境界线跨越图幅时，应在内外图廓间的界端注出行政区划名称。明确无争议的丘界线用丘界线标示，有争议或无明显界线又提不出凭证的丘界线用未定丘界线标示。丘界线与房屋轮廓线或单线地物线重合时用丘界线标示。

房屋应分幢测绘，以外墙勒脚以上外围轮廓的水平投影为准，装饰性的柱和加固墙等一般不标示；临时性的过渡房屋及活动房屋不标示；同幢房屋层数不同的应绘出分层线。窑洞只绘住人的。架空房屋以房屋外围轮廓投影为准，用虚线表示；虚线内四角加绘小圈表示支柱。

柱廊以柱的外围为准，图上只标示四角或转折处的支柱；底层阳台以底板投影为准；门廊以柱或围护物外围为准，独立柱的门廊以顶盖投影为准；门顶以盖投影为准；门墩以墩的外围为准；室外楼梯以水平投影为准，宽度小于图上 1 mm 的不标示；与房屋相连的台阶按水平投影标示，不足五阶的不标示。围墙、栅栏、栏杆、篱笆和铁丝网等界标围护物，根据需要标示。临时性或残缺不全的和单位内部的围护物不标示。

丘号、房产区号、房产分区号、丘支号、幢号、房产权号、门牌号、房屋产别、结构、层数、房屋用途和用地分类等房地产要素，根据调查资料以相应的数字、文字和符号标示。

当注记过密容纳不下时，除丘号、丘支号、幢号和房产权号必须注记，门牌号可首末两端注记、中间跳号注记外，其他注记按上述顺序从后往前省略。单位名称只注记区、县级以上和使用面积大于图上 100 cm^2 的单位。

2. 分丘图的绘制

分丘图是分幅图的局部图，是绘制房屋产权证附图的基本图。幅面可在 787 mm × 1 092 mm 的1/32 ~1/4 选用；图上需要注出西南角的坐标值，以千米数为单位注记至小数后三位；各种注记的字头应朝北或朝西；比例尺根据丘面积的大小，可在 1∶100 ~ 1∶1 000 选用；图纸一般采用聚酯薄膜。

分丘图上除标示分幅图的内容外，还应标示房屋权界线、界址点点号、窑洞使用范围，挑廊、阳台、建成年份、用地面积、建筑面积、墙体归属和四至关系等各项房地产要素。

分丘图上应分别注明所有周邻产权所有单位（或人）的名称。本丘与邻丘毗连墙体时，共有墙以墙体中间为界，量至墙体厚度的 1/2 处；借墙量至墙体的内侧；自有墙量至墙体外侧并用相应符号表示。房屋权界线与丘界线重合时，标示丘界线；房屋轮廓线与房屋权界线重合时，标示房屋权界线。

3. 分户图的绘制

分户图是在分丘图基础上绘制的细部图，以一户产权人为单位，表示房屋权属范围的细部图，以明确房产毗连房屋的权利界线，供核发房屋所有权证的附图使用。

分户图的方位应使房屋的主要边线与图框边线平行，按房屋的方向横放或竖放，并在适当位置加绘指北方向符号。幅面可选用 787 mm × 1 092 mm 的 1/32 或 1/16 等尺寸。比例尺一般为 1∶200，当房屋图形过大或过小时，比例尺可适当放大或缩小。分户图上房屋的丘号、幢号应与分丘图上的编号一致。房屋边长应实际丈量至 0.01 m，并注在图上相应位置。

分户图应标示房屋权界线、四面墙体的归属和楼梯、走道等部位以及门牌号、所在层次、户号、室号、房屋建筑面积和房屋边长等。房屋产权面积包括套内建筑面积和共有分摊面积，本户所在的丘号、户号、幢号、结构、层数、层次标注在分户图框内。楼梯、走道等共有部位，需在范围内加简注。

（三）房产图的绘制方法

1. 全野外采集数据成图

利用全站仪或经纬仪、测距仪、电子平板、电子记簿等设备在野外采集的数据，通过计算机编辑，生成图形数据文件，经检查修改，准确无误后，可通过绘图仪绘出所需成图比例尺的房产图。

2. 航摄相片采集数据成图

将各种航测仪器量测的测图数据，通过计算机处理生成图形数据文件；在屏幕上对照调绘片进行检查修改。对影像模糊的地物、被阴影和树木遮盖的地物及摄影后新增的地物应到实地检查补测。待准确无误后，可通过绘图仪按所需成图比例尺绘出规定规格的房产图。

3. 野外解析测量数据成图

利用正交法、交会法等采集的测图数据通过计算机处理，编辑成图形文件。在屏幕上，对照野外记录草图检查修改，准确无误后，可通过绘图仪绘出所需规格的房产图，或计算出坐标，展绘出所需规格的房产图。

4. 平板仪测绘房产图

平板仪测绘是指大平板仪（或小平板仪）配合皮尺量距测绘。测站点点位精度相对于邻近控制点的点位中误差不超过图上 ±0.3 mm。图根控制点相对于起算点的点位中误差不超过图上 ±0.1 mm，采用图解交会法测定测站点时，前、侧方交会不得少于 3 个方向，交会角不得小于30°或大于150°，前、侧方交会的示误三角形内切圆直径应小于图上 0.4 mm。平板仪对中偏差不超过图上 0.5 mm。

5. 编绘法绘制房产图

房产图根据需要可利用已有地形图和地籍图进行编绘。作为编绘的已有资料，精度必须符合要求，比例尺应等于或大于绘制图的比例尺。

六、房产面积测算

（一）房产面积测算的内容

面积测算是指水平面积测算。房产面积测算包括房屋面积和房屋用地面积的测算，其中房屋面积又分房屋建筑面积、房屋使用面积、房屋共有建筑面积、房屋产权面积。

（二）面积测算的要求

各类面积测算必须独立测算两次，其较差应在规定的限差以内，取中数作为最后结果。量距应使用经检定合格的卷尺或其他能达到相应精度的仪器和工具。面积以平方米为单位，取 0.01 m²。房产面积的测算精度误差不得超过表 12-28 计算的结果。

表 12-28 房产面积的精度要求

房产面积的精度等级	限差	中误差
一	$0.02S^{1/2} + 0.0006S$	$0.01S^{1/2} + 0.0003S$
二	$0.04S^{1/2} + 0.002S$	$0.02S^{1/2} + 0.001S$
三	$0.08S^{1/2} + 0.006S$	$0.04S^{1/2} + 0.003S$
注：S 为房产面积，单位为 m²		

(三) 房屋建筑面积测算

1. 建筑面积的测算规则

（1）建筑物的建筑面积应按自然层外墙结构外围水平面积之和计算建筑面积。结构层高在 2.20 m 及以上的，应计算全面积；结构层高在 2.20 m 以下的，应计算 1/2 面积。主体结构外的室外阳台、雨篷、檐廊、室外走廊、室外楼梯等按相应规则计算建筑面积。当外墙结构本身在一个层高范围内不等厚时，以楼地面结构标高处的外围水平面积计算。

（2）建筑物内设有局部楼层时，对于局部楼层的二层及以上楼层，有围护结构的应按其围护结构外围水平面积计算，无围护结构的应按其结构底板水平面积计算。结构层高在 2.20 m 及以上的，应计算全面积；结构层高在 2.20 m 以下的，应计算 1/2 面积。

（3）形成建筑空间的坡屋顶，结构净高在 2.10 m 及以上的部位应计算全面积；结构净高在 1.20 m 及以上至 2.10 m 以下的部位应计算 1/2 面积；结构净高在 1.20 m 以下的部位不应计算建筑面积。

（4）场馆看台下的建筑空间，结构净高在 2.10 m 及以上的部位应计算全面积；结构净高在 1.20 m 及以上至 2.10 m 以下的部位应计算 1/2 面积；结构净高在 1.20 m 以下的部位不应计算建筑面积。室内单独设置的有围护设施的悬挑看台，应按看台结构底板水平投影面积计算建筑面积。有顶盖无围护结构的场馆看台应按其顶盖水平投影面积的 1/2 计算面积。

注：场馆看台下的建筑空间因其上部结构多为斜板，所以采用净高的尺寸划定建筑面积的计算范围和对应规则。室内单独设置的有围护设施的悬挑看台，因其看台上部设有顶盖且可供人使用，所以按看台板的结构底板水平投影计算建筑面积。

（5）地下室、半地下室应按其结构外围水平面积计算建筑面积。结构层高在 2.20 m 及以上的，应计算全面积；结构层高在 2.20 m 以下的，应计算 1/2 面积。

（6）出入口外墙外侧坡道有顶盖的部位，应按其外墙结构外围水平面积的 1/2 计算面积。

注：出入口坡道分有顶盖出入口坡道和无顶盖出入口坡道，出入口坡道顶盖的挑出长度，为顶盖结构外边线至外墙结构外边线的长度；顶盖以设计图纸为准，对后增加及建设单位自行增加的顶盖等，不计算建筑面积。顶盖不分材料种类（如钢筋混凝土顶盖、彩钢板顶盖、阳光板顶盖等）。

（7）建筑物架空层及坡地建筑物吊脚架空层，应按其顶板水平投影计算建筑面积。结构层高在 2.20 m 及以上的，应计算全面积；结构层高在 2.20 m 以下的，应计算 1/2 面积。

（8）建筑物的门厅、大厅应按一层计算建筑面积，门厅、大厅内设置的走廊应按走廊结构底板水平投影面积计算建筑面积。结构层高在 2.20 m 及以上的，应计算全面积；结构层高在 2.20 m 以下的，应计算 1/2 面积。

（9）建筑物间的架空走廊，有顶盖和围护结构的，应按其围护结构外围水平面积计算全面积；无围护结构、有围护设施的，应按其结构底板水平投影面积计算 1/2 面积。

（10）立体书库、立体仓库、立体车库，有围护结构的，应按其围护结构外围水平面积计算建筑面积；无围护结构、有围护设施的，应按其结构底板水平投影面积计算建筑面积。无结构层的应按一层计算，有结构层的应按其结构层面积分别计算。结构层高在 2.20 m 及以上的，应计算全面积；结构层高在 2.20 m 以下的，应计算 1/2 面积。

注：起局部分隔、存储等作用的书架层、货架层或可升降的立体钢结构停车层均不属于结构层，故该部分分层不计算建筑面积。

（11）有围护结构的舞台灯光控制室，应按其围护结构外围水平面积计算。结构层高在 2.20 m 及以上的，应计算全面积；结构层高在 2.20 m 以下的，应计算 1/2 面积。

（12）附属在建筑物外墙的落地橱窗，应按其围护结构外围水平面积计算。结构层高在 2.20 m 及以上的，应计算全面积；结构层高在 2.20 m 以下的，应计算 1/2 面积。

（13）窗台与室内楼地面高差在 0.45 m 以下且结构净高在 2.10 m 及以上的凸（飘）窗，应按其围护结构外围水平面积计算 1/2 面积。

（14）有围护设施的室外走廊（挑廊），应按其结构底板水平投影面积计算 1/2 面积；有围护设施（或柱）的檐廊，应按其围护设施（或柱）外围水平面积计算 1/2 面积。

（15）门斗应按其围护结构外围水平面积计算建筑面积。结构层高在 2.20 m 及以上的，应计算全面积；结构层高在 2.20 m 以下的，应计算 1/2 面积。

（16）门廊应按其顶板水平投影面积的 1/2 计算建筑面积；有柱雨篷应按其结构板水平投影面积的 1/2 计算建筑面积；无柱雨篷的结构外边线至外墙结构外边线的宽度在 2.10 m 及以上的，应按雨篷结构板的水平投影面积的 1/2 计算建筑面积。

注：雨篷分为有柱雨篷和无柱雨篷。有柱雨篷，没有挑出宽度的限制，也不受跨越层数的限制，均计算建筑面积。无柱雨篷，其结构板不能跨层，并受挑出宽度的限制，设计挑出宽度大于或等于 2.10 m 时才计算建筑面积。挑出宽度，是指雨篷结构外边线至外墙结构外边线的宽度，弧形或异形时，取最大宽度。

（17）设在建筑物顶部的、有围护结构的楼梯间、水箱间、电梯机房等，结构层高在 2.20 m 及以上的应计算全面积；结构层高在 2.20 m 以下的，应计算 1/2 面积。

（18）围护结构不垂直于水平面的楼层，应按其底板面的外墙外围水平面积计算建筑面积。结构净高在 2.10 m 及以上的部位，应计算全面积；结构净高在 1.20 m 及以上至 2.10 m 以下的部位，应计算 1/2 面积；结构净高在 1.20 m 以下的部位，不应计算建筑面积。

注：斜围护结构与斜屋顶采用相同的计算规则，即只要外壳倾斜，就按结构净高划段，分别计算建筑面积。

（19）建筑物的室内楼梯、电梯井、提物井、管道井、通风排气竖井、烟道，应并入建筑物的自然层计算建筑面积。有顶盖的采光井应按一层计算面积，结构净高在 2.10 m 及以上的，应计算全面积，结构净高在 2.10 m 以下的，应计算 1/2 面积。

注：建筑物的楼梯间层数按建筑物的层数计算。有顶盖的采光井包括建筑物中的采光井和地下室采光井。

（20）室外楼梯应并入所依附建筑物自然层，并应按其水平投影面积的 1/2 计算建筑面积。

注：利用室外楼梯下部的建筑空间不得重复计算建筑面积；利用地势砌筑的为室外踏步，不计算建筑面积。

（21）在主体结构内的阳台，应按其结构外围水平面积计算全面积；在主体结构外的阳台，应按其结构底板水平投影面积计算 1/2 面积。

注：建筑物的阳台，不论其形式如何，均以建筑物主体结构为界分别计算建筑面积。

（22）有顶盖无围护结构的车棚、货棚、站台、加油站、收费站等，应按其顶盖水平投影面积的 1/2 计算建筑面积。

（23）以幕墙作为围护结构的建筑物，应按幕墙外边线计算建筑面积。

注：设置在建筑物墙体外起装饰作用的幕墙，不计算建筑面积。

（24）建筑物的外墙外保温层，应按其保温材料的水平截面面积计算建筑面积，并计入自然层建筑面积。

注：建筑物外墙外侧有保温隔热层的，保温隔热层以保温材料的净厚度乘以外墙结构外边线长度按建筑物的自然层计算建筑面积，其外墙外边线长度不扣除门窗和建筑物外已计算建筑面积构件（如阳台、室外走廊、门斗、落地橱窗等部件）所占长度。当建筑物外已计算建筑面积的构件（如阳台、室外走廊、门斗、落地橱窗等部件）有保温隔热层时，其保温隔热层也不再计算建筑面积。外墙是斜面者按楼面楼板处的外墙外边线长度乘以保温材料的净厚度计算。外墙外保温以沿高度方向满铺为准，某层外墙外保温铺设高度未达到全部高度时（不包括阳台、室外走廊、门斗、落地橱窗、雨篷、飘窗等）不计算建筑面积。保温隔热层的建筑面积是以保温隔热材料的厚度来计算的，不包含抹灰层、防潮层、保护层（墙）的厚度。

（25）与室内相通的变形缝，应按其自然层合并在建筑物建筑面积内计算。对于高低联跨的建筑物，当高低跨内部连通时，其变形缝应计算在低跨面积内。

注：与室内相通的变形缝是指暴露在建筑物内，在建筑物内可以看得见的变形缝。

（26）对于建筑物内的设备层、管道层、避难层等有结构层的楼层，结构层高在 2.20 m 及以上的，应计算全面积；结构层高在 2.20 m 以下的，应计算 1/2 面积。

2. 成套房屋套内建筑面积的测算

成套房屋的套内建筑面积由套内房屋使用面积、套内墙体面积、套内阳台建筑面积三部分组成。

（1）套内房屋使用面积。套内房屋使用面积为套内房屋使用空间的面积，以水平投影面积按以下规定计算：

①套内使用面积为套内卧室、起居室、过厅、过道、厨房、卫生间、厕所、储藏室、壁柜等空间面积的总和。

②套内楼梯按自然层数的面积总和计入使用面积。

③不包括在结构面积内的套内烟囱、通风道、管道井面积均计入使用面积。

④内墙面装饰厚度计入使用面积。

（2）套内墙体面积。套内墙体面积是套内使用空间周围的围护或承重墙体或其他承重支撑体所占的面积，其中各套之间的分隔墙和套与公共建筑空间的分隔墙以及外墙（包括山墙）等共有墙，均按水平投影面积的一半计入套内墙体面积。套内自有墙体按水平投影面积全部计入套内墙体面积。

（3）套内阳台建筑面积。套内阳台建筑面积均按阳台外围与房屋外墙之间的水平投影面积计算。其中封闭的阳台按水平投影全部计算建筑面积，未封闭的阳台按水平投影的一半计算建筑面积。

3. 共有建筑面积的分摊

（1）共有建筑面积的计算方法。整幢建筑物的建筑面积扣除整幢建筑物各套套内建筑面积之和,并扣除已作为独立使用的地下室、车棚、车库、为多幢建筑物服务的警卫室、管理用房,以及人防工程等建筑面积,即整幢建筑物的共有建筑面积。

共有建筑面积的内容包括电梯井、管道井、楼梯间、垃圾道、变电室、设备间、公共门厅、过道、地下室、值班警卫室等,以及为整幢建筑物服务的公共用房和管理用房的建筑面积。

(2) 共有建筑面积的分摊方法。各套(单元)的套内建筑面积乘以公用建筑面积分摊系数,得到购房者应合理分摊的公用建筑面积。

$$分摊的公用建筑面积 = 公用建筑面积分摊系数 \times 套内建筑面积$$

将整栋建筑物的公用建筑面积除以整栋建筑物的各套套内建筑面积之和,得到建筑物的公用建筑面积分摊系数。

$$公用建筑面积分摊系数 = 公用建筑面积 \div 套内建筑面积之和$$

住宅楼依照上述的方法,计算各套房屋分摊所得的共有建筑面积。商住楼共有建筑面积,首先根据住宅和商业等的不同使用功能按各自的建筑面积将全幢的共有建筑面积分摊成住宅和商业两部分,即住宅部分分摊得到的全幢共有建筑面积和商业部分分摊得到的全幢共有建筑面积。然后住宅和商业部分将所得的分摊面积再各自进行分摊。将分摊得到的全幢共有建筑面积,加上本身的共有建筑面积,按各层套内的建筑面积依比例分摊至各层,作为各层共有建筑面积的一部分,加至各层的共有建筑面积中,得到各层总的共有建筑面积,然后根据层内各套房屋的套内建筑面积按比例分摊至各套,求出各套房屋分摊得到的共有建筑面积。多功能综合楼共有建筑面积按照各自的功能,参照商住楼的分摊计算方法进行分摊。

(四)用地面积测算规则

1. 用土地面积测算的范围

用地面积以丘为单位进行测算,包括房屋占地面积测算、其他用途的土地面积测算、各项地类面积的测算。

2. 不计算的用地面积的范围

(1) 与建筑物内不相连通的建筑部件。

(2) 骑楼、过街楼底层的开放公共空间和建筑物通道。

(3) 舞台及后台悬挂幕布和布景的天桥、挑台等。

(4) 露台、露天游泳池、花架、屋顶的水箱及装饰性结构构件。

(5) 建筑物内的操作平台、上料平台、安装箱和罐体平台。

(6) 勒脚、附墙柱、垛、台阶、墙面抹灰、装饰面、镶贴块料面层、装饰性幕墙,主体结构外的空调室外机搁板(箱)、构件、配件,挑出宽度在 2.10 m 以下的无柱雨篷和顶盖高度达到或超过两个楼层的无柱雨篷。

(7) 窗台与室内地面高差在 0.45 m 以下且结构净高在 2.10 m 以下的凸(飘)窗,窗台与室内地面高差在 0.45 m 及以上的凸(飘)窗。

(8) 室外爬梯、室外专用消防钢楼梯。

(9) 无围护结构的观光电梯。

(10) 建筑物以外的地下人防通道,独立的烟囱、烟道、地沟、油(水)罐、气柜、水塔、储油(水)池、储仓、栈桥等构筑物。

（五）面积测算的方法

面积测算可采用坐标解析、实地量距和图解等方法。

七、变更测量

变更分为现状变更和权属变更。

现状变更包括房屋的新建、拆迁、改建、扩建，房屋建筑结构、层数的变化；房屋的损坏与灭失，包括全部拆除或部分拆除、倒塌和烧毁；围墙、栅栏、篱笆、铁丝网等围护物以及房屋附属设施的变化；道路、广场、河流的拓宽、改造，河、湖、沟渠、水塘等边界的变化；地名、门牌号的更改；房屋及其用地分类面积增减变化。

权属变更包括：房屋买卖、交换、继承、分割、赠与、兼并等引起的权属的转移；土地使用权界的调整，包括合并、分割、塌没和截弯取直；征拨、出让、节让土地而引起的土地权属界线的变化；他项权利范围的变化和注销。

变更测量应根据房地产变更资料，先进行房地产要素调查，包括现状、权属和界址调查，再进行分户权界和面积的测定，调整有关的房地产编码，最后进行房地产资料的修正。

习题与思考题

1. 土地权属调查的主要内容有哪些？
2. 绘制宗地草图时，草图必须表示的要素有哪些？
3. 界址点的测量方法有哪几种？
4. 地籍图应包含哪几种基本要素？
5. 多边形 ABCDE 五个角点的坐标分别为：点 A（101，105），点 B（228，166），点 C（204，273），点 D（156，232），点 E（88，176），计算多边形 ABCDE 的面积。
6. 房产调查的主要内容有哪些？
7. 房产分户图应表示哪些内容？
8. 哪些建筑在计算面积时计算 1/2 面积？
9. 成套房屋的建筑面积包含哪几部分？
10. 房产面积测算的方法有哪几种？

第十三章

施工测量的基本工作

第一节 施工放样的基本内容和方法

施工放样,就是将设计图纸上的目标建(构)筑物的某些特征点,根据图纸上的坐标、尺寸及相互之间的关系,以控制网为基准将其按一定精度要求,标定在地面上,为工程的施工提供位置依据。这项工作又称为测设,简称放样。实际上,前面介绍的测图是采集地面上的地形特征点的位置信息并按测量规范绘制成图的工作,也就是采样(测定)的过程。放样和采样是相逆的过程,放样是将图纸上的特征点标定到实际地面上,一般是为工程的施工服务的。

无论是放样建筑物的范围、轴线,还是放样建筑物的细部,实际上都是放样一些特征点。如放样图纸上某条线段,可以通过放样该线段的两个端点(特征点),再依这两个端点标定直线,则线段的长度、方向和位置就确定了。也就是说,可以通过点定义线。再进一步,可以由线定义面、由面定义三维实体。不论建(构)筑物多么复杂,都是由一些三维实体组成,最终可以用一系列的特征点来描述。因此,放样的实质就是在实地标定建(构)筑物的特征点。标定建构筑物的特征点需要依据控制点进行,而控制点和放样点的相对位置可以用距离、角度和高差来确定。因此,放样已知水平角、放样已知水平距离、放样已知高程是施工测量的基本工作。

一、水平角的放样

放样已知水平角就是根据水平角的已知数据和其中一个方向,将另一方向在地面上标定,使其夹角等于已知水平角。

(一)一般方法(正倒镜分中法)

如图 13-1 所示,在控制点 O 处安置好经纬仪,盘左位置瞄准控制点 A,并使水平度盘读数为 $0°00'00''$(或者 α_{OA})。转

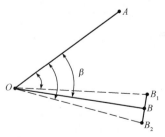

图 13-1 正倒镜分中法

动照准部，使水平度盘读数恰好为 β（或者 α_{OB}），在此视线上定出点 B_1。盘右位置，重复上述步骤，再放样一次，定出点 B_2。若点 B_1、B_2 距离不大，则取线段 B_1B_2 的中点标定为 B，则 $\angle AOB$ 就是要放样的角 β。

（二）精确方法

如图 13-2 所示，当放样精度要求较高时，可采用精确方法，步骤如下：

（1）用正倒镜分中法放样出点 B_1。

（2）用测回法对 $\angle AOB_1$ 观测若干个测回，求出各测回平均值 β_1，并计算：

$$\Delta\beta = \beta - \beta_1$$

（3）量取 OB_1 的水平距离。

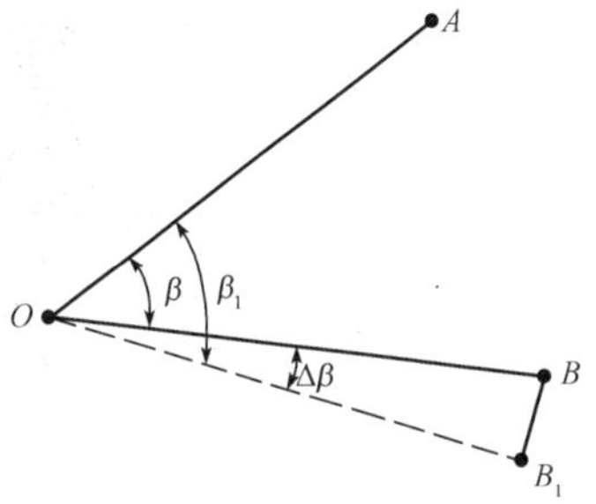

（4）计算改正距离：

$$BB_1 = OB_1 \tan\Delta\beta \approx OB_1 \frac{\Delta\beta}{\rho''}$$

图 13-2　水平角的精密测设

（5）自 B_1 点沿 OB_1 的垂直方向量出距离 BB_1，标定出点 B，则 $\angle AOB$ 就是要精密放样的水平角度。

注意：在量取改正距离时，当 $\Delta\beta$ 为正，则沿 OB_1 的垂直方向向外量取；当 $\Delta\beta$ 为负，则沿 OB_1 的垂直方向向内量取。

二、水平距离的放样

放样已知水平距离就是从地面一已知点开始，沿给定方向放样出已知水平距离，以定出第二个端点的工作。根据放样的精度要求不同，分为一般放样方法和精密放样方法。

（一）一般放样方法

当场地条件较好，精度要求不很高，且距离不大时，常用钢尺放样方法。

自地面上一已知点 A 开始，沿所给方向和已知长度值 D，用钢尺丈量出另一端点，设为 B_1。为了提高测量精度，在起点 A 处改变钢尺初始读数，按照同样的方法放样出另一端点，设为点 B_2。由于测量误差原因，点 B_1 与 B_2 一般不重合，若相对误差在允许范围内，则标定两点的中点为 B 最终位置，则 AB 为已知距离。

（二）精密放样方法

精度要求较高，或者距离较大，不便于用钢尺放样时，可采用光电测距仪或全站仪精密放样已知水平距离。

如图 13-3 所示，在待放样距离的一个端点——点 A 安置全站仪，将反射棱镜在已知方向上前后移动，使仪器上水平距离的显示值略大于放样的距离，定出点 C_1。在点 C_1 安置反射棱镜，精确测出水平距离 D'，求出 D' 与应放样的水平距离 D 之差 $\Delta D = D - D'$。再沿放样方向用钢尺量取 ΔD 的数值，将 C_1 改正至点 C，并用木桩标定。将反光棱镜安置于点 C，再实测 AC 距离，其不符值应在限差之内，否则，应再次进行改正，直至符合限差为止。

目前，很多全站仪都有免棱镜测距功能。这为放样距离提供了很大的方便。不过，使用这种仪器时，需注意到棱镜常数。如果采用棱镜放样，必须加棱镜常数改正，如果采用免棱镜放样,必须去除棱镜常数改正项。

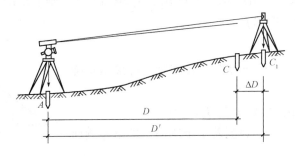

图 13-3　全站仪放样已知距离

三、高程的放样

放样已知高程,就是利用水准仪或全站仪,根据已知水准点,将设计高程标定到现场作业面上。

(一) 在地面上放样已知高程

如图 13-4 所示,某建筑物的室内地坪设计高程为 512.000 m,附近有一水准点 BM_3,其高程为 $H_3 = 511.680$ m。现在要求把该建筑物的室内地坪高程放样到木桩 A 上,作为施工时控制高程的依据。

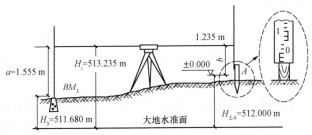

图 13-4　测设已知高程

放样步骤如下:

(1) 在水准点 BM_3 和木桩 A 之间大约中点位置安置水准仪,在 BM_3 立水准尺上,用水准仪的水平视线测得后视读数为 1.555 m,此时视线高程为
$$H_i = 511.680 + 1.555 = 513.235 \text{ (m)}$$

(2) 计算点 A 水准尺尺底,即室内地坪高程时的前视读数:
$$b = 513.235 - 512.000 = 1.235 \text{ (m)}$$

(3) 上下移动竖立在木桩 A 侧面的水准尺,直至水准仪的水平视线在尺上截取的读数为 1.235 时,紧靠尺底在木桩上画一水平线,其高程即 512.000 m。

若需将已知高程放样到已有建筑上,则只需水准尺贴着墙面,上下移动到所需位置。

(二) 基坑或高墙的高程放样

当向较深的基坑或较高的建筑物上放样已知高程点时,可能遇到水准尺长度不够的问题。此时可利用检定过的钢尺向下或向上传递高程。以下以深基坑为例说明。

如图 13-5 所示，欲在深基坑内设置一点 B，使其高程为 H。地面附近有一水准点 BM_R，其高程为 H_R。

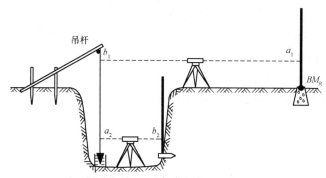

图 13-5　利用钢尺传递高程

放样步骤如下：

（1）在基坑一边架设吊杆，杆上吊一根零点向下的钢尺，尺的下端挂上垂球。

（2）在地面上点 BM_R 和吊杆中间位置安置一台水准仪进行水准测量，设水准仪在点 R 所立水准尺上读数为 a_1，在钢尺上读数为 b_1。

（3）在坑底安置另一台水准仪，设水准仪在钢尺上读数为 a_2。

（4）计算点 B 水准尺底高程为 H 时，点 B 处水准尺的读数应为

$$b_2 = (H_R + a_1) - (b_1 - a_2) - H$$

（5）上下移动水准尺，使读数为 b_2，在基坑壁上紧靠水准尺底绘一条水平线 L_1。

（6）改变钢尺悬挂位置，重复（2）、（3）、（4）、（5）步，再得一条水平线 L_2。

（7）若 L_1、L_2 高差小于容许值，取其平分线标定为已知高程。

四、坡度的放样

在道路、管线等工程中，有时需要测量员放样设计的坡度线。坡度线的放样，常常采用经纬仪。如果设计的坡度很小，也可采用水准仪。

坡度的放样问题如图 13-6 所示，已知点 A 的设计高程 H_{A0}、AB 的水平距离 D 及设计坡度 i_{AB} 已知，要求将坡度线 AB 标定在实地。具体实施方法如下：

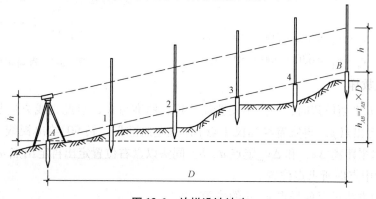

图 13-6　放样设计坡度

（1）在点 A 打木桩，测设设计高程 H_{A0}；

（2）在点 A 安置经纬仪，从设计高程标识线处量取仪器高 h；

（3）由坡度计算设计竖直角：$\alpha_{AB} = \arctan i_{AB}$；

（4）盘左，转动望远镜，使竖直度盘读数 $= 90° - \alpha_{AB}$；

（5）在 AB 方向上打1、2、3、4、B 等木桩，贴着木桩立水准尺，上下升降水准尺，使经纬仪中横丝读数为仪器高 h；

（6）在水准尺尺底画水平标识线；

（7）在实地依各桩的水平标识线的连线标定设计坡度。

第二节　点的平面位置放样

点的平面位置放样就是根据已知控制点的平面坐标和待放样点的平面坐标，反算出放样水平距离和（或）放样的水平角度，再利用上节介绍的基本放样方法标定出设计点位。应根据所用的仪器设备、控制点的分布情况、场地条件及待放样点的位置精度要求等因素，选择合适的放样方法，一般有直角坐标法、极坐标法、角度交会法和距离交会法等。

一、直角坐标法

直角坐标法是根据直角坐标原理，利用纵横坐标之差，放样点的平面位置。直角坐标法尤其适用于采用建筑方格网或建筑基线控制的、量距方便的建筑施工场地的放样工作。

如图 13-7 所示，要求在建筑方格网内放样一矩形房屋的 4 个角点。放样步骤如下：

（一）**计算放样数据**

（1）建筑物的长度：

$$\Delta y_{ac} = y_c - y_a = 680 - 630 = 50 \text{（m）}$$

（2）建筑物的宽度：

$$\Delta x_{ac} = x_c - x_a = 650 - 620 = 30 \text{（m）}$$

（3）放样点 A 的放样数据（点 I 与点 a 的纵横坐标之差）：

$$\Delta x_{Ia} = x_a - x_I = 620 - 600 = 20 \text{（m）}$$
$$\Delta y_{Ia} = y_a - y_I = 630 - 600 = 30 \text{（m）}$$

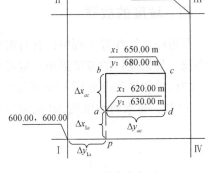

图 13-7　直角坐标法

（二）**点位放样**

放样点 a、b 平面位置时，在点 I 安置经纬仪，照准点 IV，沿此视线方向从 I 向 IV 放样水平距离 Δy_{Ia} 定出点 p。再安置经纬仪于点 p，盘左照准 IV，转 90°给出视线方向，沿此方向分别放样出水平距离 Δx_{Ia} 和 Δy_{ab} 定点 a、b。同法以盘右位置定出再定出点 a、b，取点 a、b 盘左和盘右的中点即所求点位置。

采用同样的方法可以放样点 c、d 的位置。

一般在放样后，需在已放样的点上架设经纬仪，测量各个角度，并丈量各条边长，以检查是否满足精度要求。

如果待放样点位的精度要求较高，可以利用精确方法放样水平距离和水平角。

二、极坐标法

极坐标法是根据一个水平角和一段水平距离，放样点的平面位置，适用于量距方便，且待放样点距控制点较近的建筑施工场地。

（一）计算放样数据

(1) 计算 AB、AP 边的坐标方位角。

$$\alpha_{AB} = \arctan \frac{\Delta y_{AB}}{\Delta x_{AB}}$$

$$\alpha_{AP} = \arctan \frac{\Delta y_{AP}}{\Delta x_{AP}}$$

(2) 计算 AP 与 AB 之间的夹角。

$$\beta = \alpha_{AB} - \alpha_{AP}$$

(3) 计算点 A、P 间的水平距离。

$$D_{AP} = \sqrt{(x_P - x_A)^2 + (y_P - y_A)^2} = \sqrt{\Delta x_{AP}^2 + \Delta y_{AP}^2}$$

用以上公式便计算出相应的放样数据。

（二）举例

如图 13-8 所示，已知 $x_A = 348.758$ m，$y_A = 433.570$ m，$x_P = 370.000$ m，$y_P = 458.000$ m，$\alpha_{AB} = 103°48'48''$，试计算放样数据 β 和 D_{AP}。

具体计算请读者自行进行。若矩形房屋的其他三点 S、R、Q 的坐标均已知，则可计算出各点放样的水平角和水平距离。

放样时，将经纬仪安置在点 A，瞄准点 B，按顺时针方向放样 β，得到 AP 方向，沿此方向放样水平距离 D_{AP}，得到 P 点的平面位置。同理放样出其余三点的位置。

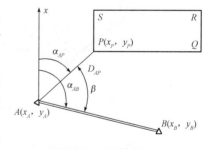

图 13-8 极坐标法

矩形房屋，则需检查建筑物四角是否等于 90°，各边长是否等于设计长度，其误差均应在限差以内。

放样距离和角度时，可根据精度要求分别采用一般方法或精密方法。

三、交会法

交会法是在两个或多个控制点上安置经纬仪，通过放样已知水平角角度或者已知距离，交会出点的平面位置。根据放样元素的不同，可分为角度交会法和距离交会法；根据仪器架设的位置不同，又可分为前方交会法、侧方交会法、后方交会法等。本书仅介绍常用的用角度进行前方交会和用钢尺进行距离交会两种交会方法。

（一）用角度进行前方交会法

用角度进行前方交会法适用于待放样点距控制点较远，且量距较困难的施工场地。

如图 13-9 所示，已知点 A、B、C、P 的坐标，依据实地上的点 A、B、C 放样点 P。步骤如下：

1. 计算放样数据

（1）按坐标反算公式，分别计算出各直线坐标方位角 α_{AB}、α_{AP}、α_{BP}、α_{CB} 和 α_{CP}。

（2）计算水平角 β_1、β_2 和 β_3。

2. 点位放样方法

将经纬仪安置在点 A，瞄准点 B，利用 β_1 按照盘左盘右分中法，定出 AP 方向线。然后，在点 B 安置经纬仪，瞄准点 A，利用 β_2 按照盘左盘右分中法，定出 BP 方向线。两方向线交于点 P。

为检验放样的精度，将经纬仪安置在另一点 C，利用同样的方法定出 CP 方向线。由于放样误差的存在，三条方向线 AP、BP、CP 理论上交于点 P，但实际上在点 P 处形成误差三角形（图 13-10）。它直观地反映了放样点 P 的交会误差。根据该误差三角形判断交会点是否满足放样的精度要求，一般当误差三角形的边长不超过 4 cm 时，标定误差三角形的重心作为点 P 的位置。

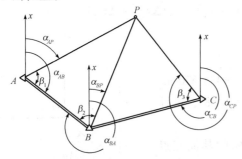
图 13-9 前方交会法

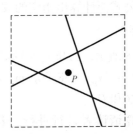
图 13-10 误差三角形

（二）用钢尺进行距离交会法

当待放样点至控制点的距离较近（不超过钢尺的尺长），且地势平坦、量距方便，精度要求不很高时，可采用距离交会法。距离交会法是由两个控制点放样两段已知水平距离，交会定出点的平面位置。大致过程如下：

1. 计算放样数据

根据点 A、B、P 的坐标值，分别计算出 D_{AP} 和 D_{BP}。

2. 点位放样方法

用钢尺分别以控制点 A、B 为圆心，以 D_{AP}、D_{BP} 为半径，在地面上画弧，交会出点 P。

距离交会法的优点是不需要仪器，速度快，现场施工员可方便实施，但精度比较低。

四、全站仪三维坐标放样法

全站仪三维坐标放样法的原理等同于极坐标法，由于采用了较经纬仪先进的仪器，不仅具有放样精度高、速度快的特点,而且可以直接放样点的三维位置。同时,由于在施工放样中受地形条件的限制较小,从而在生产实践中得到了广泛应用。

全站仪三维坐标放样法,就是根据控制点和待放样点的坐标和高程直接定出点位的一种方法。其大致步骤如下:

(1) 仪器安置在控制点上,量取仪器高,输入控制点和放样点的坐标和高程、仪器高和反射棱镜高。

(2) 选择仪器内置的放样模式;注意选择目标类型:有棱镜和免棱镜。

(3) 立尺员持反射棱镜立在待放样点附近,观测员瞄准棱镜,按坐标放样功能键,观察全站仪显示的棱镜位置与放样点的三维坐标差。

(4) 观测员根据坐标差值,指挥立尺员移动棱镜位置,直到三维坐标差值均等于零。

(5) 立尺员标定棱镜位置,即放样点的点位。

为了能够发现错误,放样点位置标定后,应再用全站仪内置的测量模式,测定标定点的三维坐标,与设计坐标比较以资检核。

习题与思考题

1. 施工放样与测绘地形图有何区别与联系?
2. 施工放样的基本工作有哪些?
3. 点的平面位置放样有哪几种方法?它们各适用于什么场合?
4. 设有控制点 A、B,需放样点 P。请用极坐标放样点 P 的数据,其坐标如下:

$$x_A = 348.20 \text{ m}, y_A = 433.50 \text{ m}, H_A = 201.05 \text{ m};$$
$$x_B = 398.20 \text{ m}, y_B = 503.00 \text{ m}, H_B = 203.10 \text{ m};$$
$$x_P = 370.20 \text{ m}, y_P = 458.50 \text{ m}, H_P = 202.08 \text{ m}。$$

5. 简述分别用直角坐标法、极坐标法、角度交会法、距离交会法放样点 P 的平面位置的步骤,并简述放样点 P 的设计高程的步骤。

第十四章

建筑施工测量

第一节 施工测量概述

一、施工测量的概念和内容

施工测量是指在施工阶段进行的测量工作。其任务是把图纸上设计好的建（构）筑物的平面位置及高程，按设计和施工的要求放样（测设）到实地，作为施工的依据，并在施工过程中通过一系列的测量工作，指导和衔接各施工阶段和工种间的施工。由此可见，施工测量贯穿施工过程的始终。

施工测量的主要内容包括：

(1) 建立施工控制网，建（构）筑物的施工放样，构件与设备的安装测量，检查和验收工作。

(2) 每道工序完成后，都要通过测量检查工程各部位的实际位置是否达到要求，根据实测验收记录，编绘竣工图和相关资料，作为验收时鉴定工程质量和工程交付后管理、维修、改建、扩建等的依据。

(3) 变形观测工作，对于高层和超高层建筑物和特殊构筑物，在施工期间以及建成以后，应进行随位移和沉降等变形观测，确保施工及使用安全。变形观测结果还可作为鉴定工程质量和验证工程设计、施工是否合理的依据。

二、施工测量的特点

施工测量是直接为工程施工服务的，因此它必须与施工组织计划相协调。测量人员必须了解设计的意图、设计图纸、施工工艺、施工方法、精度要求等，随时掌握工程进度及设计变更，使测设满足施工精度和进度的需要。

施工测量的精度主要取决于建（构）筑物的结构类型、大小、性质、用途、材料、施工方法等因素。一般高层建筑施工测量精度应高于低层建筑，装配式建筑施工测量精度应高于非装配式建筑,钢结构建筑施工测量精度应高于钢筋混凝土结构建筑;局部定位精度高于整体定位精度。

由于施工现场各工序交叉作业、材料堆放、运输频繁、场地变动及施工机械的振动,测量标志易遭破坏,因此,测量标志从形式、选点到埋设均应便于使用、保管和检查,如有破坏,要及时恢复。

三、施工测量的原则

由于建筑施工现场有各种各样的建(构)筑物,并且分布面广,开工兴建时间也不相同。为了保证各个建(构)筑物的平面位置和高程都符合设计要求,建筑施工测量和地形图测绘一样,也应遵循"从整体到局部,先控制后碎部"的原则。即先在施工现场建立统一的平面控制网和高程控制网,然后以此为基础,测设出各个建(构)筑物的位置。另外,施工测量的检核工作也很重要,因此,必须加强外业和内业的检核工作。

第二节 施工控制测量

一、施工控制测量概述

与测图控制网相比,施工控制网具有控制范围小、控制点密度大、精度要求高及使用频繁等特点。工程建设勘察设计阶段已建立的控制网,是为测图而建立的,未考虑施工的需要,所以控制点的分布、密度和精度,都难以满足施工测量的要求。此外,在平整场地时,控制点可能被破坏。因此,在施工之前,需要在建筑场地重新建立专门的施工控制网。施工控制网分为平面控制网和高程控制网两种。

二、施工平面控制网

施工平面控制网的布设形式应根据建筑物的总体布置、建筑施工场地的大小、测区的地形条件等因素确定。新建的大中型建筑场地上,工业厂房、民用建筑、内部道路等大部分沿着互相平行或垂直方向布设,施工控制网一般布设成矩形格网,称为建筑方格网。对于地势平坦且又简单的小型施工场地,常布设一条或多条平行于主要建筑物轴线的基线作为建筑施工的平面控制,称为建筑基线。对于地形起伏较大的山区或丘陵地区,常用三角网。对于地形平坦而通视比较困难的地区,如扩建或改建的施工场地,或建筑物分布很不规则时,则可采用导线网。随着GPS的广泛应用,建筑施工控制测量也采用GPS网。三角网、导线网、GPS网的建立方法参见第八章。本章主要介绍建筑方格网和建筑基线。

(一)建筑基线

建筑基线是指工业建筑场地的施工控制基准线。建筑基线常用于面积较小、地势较为平坦而狭长的简单小型建筑场地。

1. 建筑基线的布设形式

根据建筑设计总平面图的施工坐标系及建筑物的布置情况,建筑基线可以设计成三点一字形、三点 L 形、四点 T 形及五点十字形等形式，如图 14-1 所示。建筑基线的形式灵活多样，适用于各种地形条件。

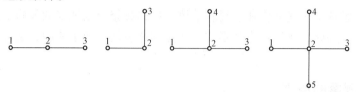

图 14-1　建筑基线的布设形式

设计时应该注意以下几点：
（1）建筑基线应平行或垂直于主要建筑物的轴线。
（2）建筑基线主点间应相互通视，边长 100～400 m。
（3）主点在不受挖土损坏的条件下，应尽量靠近主要建筑物。
（4）建筑基线的测设精度应满足施工放样的要求。

2. 建筑基线的测设

根据建筑场地的不同，建筑基线的测设方法有根据建筑红线测设与根据测量控制点测设两种。

（1）根据建筑红线测设。根据规划部门审核批准的规划图来测设的建筑用地的边界线称为建筑红线，其界桩可以作为测设建筑基线的依据，其连线通常是正交的。如图 14-2 所示，AB、BC 为建筑红线，以建筑红线为基础，可以用平行推移的方法建立建筑基线 21、13，1、2、3 为建筑基线点，测设完后需进行检核，即检查 $\angle 213$ 是否为直角，误差应小于等于 20″。

（2）根据测量控制点测设。在新建筑区，可以利用建筑基线的设计坐标和附近已有控制点的坐标，用极坐标法测设建筑基线。如图 14-3 所示，A、B 为附近已有控制点，C、P、D 为选定的建筑基线点。测设过程如下：

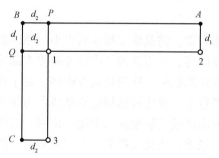

图 14-2　根据建筑红线测设建筑基线

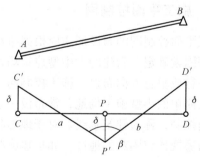

图 14-3　根据测量控制点测设建筑基线

①测设主点。据已知点 A、B 按极坐标法测设出三个主点的概略位置 C'、P'、D'，并用大木桩标定。

②检查三个定位点的直线性。安置经纬仪于点 P'，检测 $\angle C'P'D'$，如果观测角值 β 与 180° 之差大于 10″，则进行调整。

③调整三个定位点的位置。先根据三个主点间的距离 a、b 按下式计算出改正数 δ，即

$$\delta = \frac{ab}{a+b}\left(90° - \frac{\beta}{2}\right)\frac{1}{\rho''} \tag{14-1}$$

当 $a=b$ 时，则得

$$\delta = \frac{a}{2}\left(90° - \frac{\beta}{2}\right)\frac{1}{\rho''} \tag{14-2}$$

式中，$\rho'' = 206\ 265''$。然后将定位点 C'、P'、D' 沿与基线垂直的方向移动 δ，从而得到点 C、P、D（注意：点 P' 移动的方向与点 C'、D' 相反）。按 δ 移动三个定位点之后，再重复检查和调整 C、P、D，直到误差在允许范围之内为止。

④调整三个定位点间的距离。先用钢尺检查 C、P 及 P、D 间的距离，若检查结果与设计长度之差的相对较差大于 1∶10 000，则以点 P 为准，按设计长度调整点 C、D。

（二）建筑方格网

1. 布设建筑方格网

建筑方格网的布设，应根据建筑设计总平面图上各建筑物、构筑物、道路及各种管线的布设情况，结合现场的地形情况拟定。如图 14-4 所示，布置时应先选定建筑方格网的主轴线 MN 和 CD，然后布置方格网。方格网的形式可布置成正方形或矩形，当场区面积较大时，常分两级。首级可采用十字形、口字形或田字形，然后加密方格网。当场区面积不大时，尽量布置成全面方格网。布网时，方格网的主轴线应布设在场区的中部，并与主要建筑物的基本轴线平行。方格网的折角应严格 90°。方格网的边长一般为 100~200 m。矩形方格网的边长视建筑物的大小和分布而定，为了便于使用，边长尽可能为 50 m 或它的整倍数。方格网的边长应保证通视且易于测距和测角，点位标石应能长期保存。

2. 确定主点的施工坐标和坐标换算

（1）确定主点的施工坐标方法与建筑基线相同。

（2）坐标换算。在设计和施工部门，为了工作上的方便，常采用一种独立坐标系统，称为施工坐标系或建筑坐标系。如图 14-5 所示，施工坐标系的纵轴通常用 A 表示，横轴用 B 表示，施工坐标也叫 A、B 坐标。

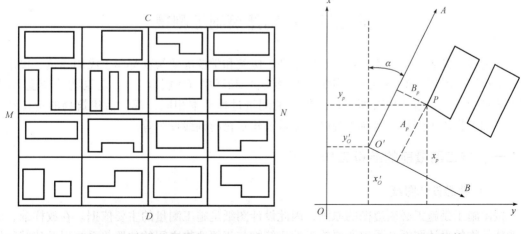

图 14-4　建筑方格网的布设　　　　　图 14-5　坐标换算

施工坐标系的 A 轴和 B 轴，应与厂区主要建筑物或主要道路、管线方向平行。坐标原点设在总平面图的西南角,使所有建筑物和构筑物的设计坐标均为正值。施工坐标系与国家测量坐标系之间的关系,可用施工坐标系原点 O' 的测量系坐标 x_0^1、y_0^1 及 $O'A$ 轴的坐标方位角 α 来确定。在进行施工测量时,上述数据由勘测设计单位给出。

如图 14-5 所示,设已知点 P 的施工坐标为 AP 和 BP,换算为测量坐标时,可按下式计算:

$$x_P = x_0' + A_P\cos\alpha - B_P\sin\alpha$$
$$y_P = y_0' + A_P\sin\alpha + B_P\cos\alpha \tag{13-3}$$

3. 测设建筑方格网

建筑方格网的测设施测方法与建筑基线相似。

三、高程控制网的建立

场区高程控制网,应布设成闭合水准路线、附合水准路线或节点网。大中型施工项目的场区高程测量精度,不应低于三等水准。场区水准点,可单独布设在场地相对稳定的区域,也可布设在平面控制点的标石上。水准点间距宜小于 1 km,距离建(构)筑物不宜小于 25 m,距回填土边线不宜小于 15 m。施工中,当少数高程控制点标石不能保存时,应将其高程引测到稳固的建(构)筑物上,引测精度不得低于原高程点的精度等级。

建筑物高程控制网不应低于四等水准要求,水准点可设置在平面控制网的标桩或外围的固定地物上,也可单独埋设。水准点个数不得少于 2 个。当场地高程控制点距离施工建(构)筑物小于 200 m 时,可直接利用。施工中,高程控制点标桩不能保存时,应将其高程引测到稳固的建(构)筑物上,引测精度不得低于四等水准。

另外,为了测设方便和减小误差,在一般厂房的内部或附近应专门设置 ±0.000 m 标高水准点。但需注意,设计中各建(构)筑物的 ±0.000 m 的高程不一定相等,应严格加以区别。

第三节　民用建筑施工测量

住宅楼、商店、办公楼、食堂、俱乐部、医院和学校等建筑物都属于民用建筑。民用建筑分为单层、低层(2~3 层)、多层(4~8 层)和高层(9 层以上)。建筑物的高度不同,施工测量的方法和精度也有所不同,但总的测量过程基本相同,都包括建筑物的定位和放样、基础工程施工测量、墙体工程施工测量及建筑物的轴线投测等。

一、施工测量前的准备工作

(一)熟悉设计图纸

按图施工是施工必须遵循的原则,因此设计图纸是施工测量的主要依据。在放样前,应熟悉建筑物的设计图纸,了解所要施工的建筑物与相邻地物之间的位置关系,以及建筑物尺寸和施工要求等,并仔细核对各设计图纸的有关尺寸。

测设时,必须具备下列图纸资料。

（1）总平面图。如图 14-6 所示，从总平面图上，可以查取或计算设计建筑物与原有建筑物或测量控制点之间的平面尺寸和高差，作为测设建筑物总体位置的依据。

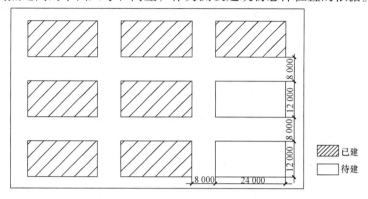

图 14-6　建筑总平面图

（2）建筑平面图。如图 14-7 所示，利用它可以查取建筑物的总尺寸和建筑内部各定位轴线之间的关系尺寸等，是施工放样的基本资料。

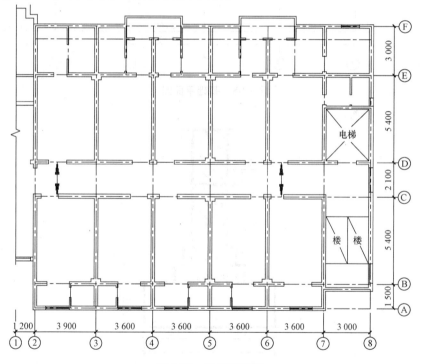

图 14-7　建筑平面图

（3）基础平面图。如图 14-8 所示，从基础平面图中，可以查出基础边线与定位轴线的平面尺寸，这是基础轴线测设的必要数据。

（4）基础详图。如图 14-9 所示，从基础详图中，可以查出基础立面尺寸和设计标高，是基础高程测设的依据。

（5）建筑物的立面图和剖面图。从建筑物的立面图和剖面图中，可以查出基础、地坪、门窗、楼板、屋架和屋面等设计高程,它是高程测设的主要依据。

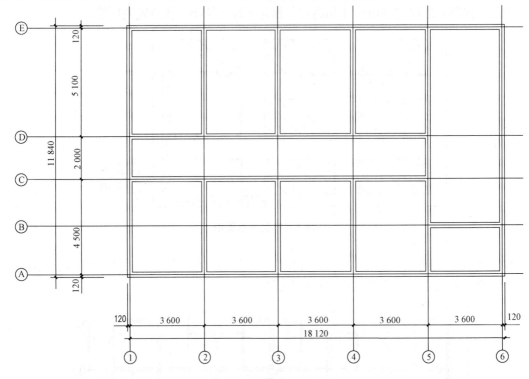

图 14-8　基础平面图

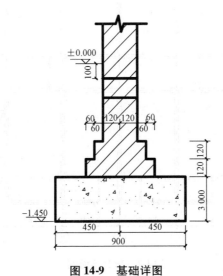

图 14-9　基础详图

(二) 现场踏勘

现场踏勘的目的是全面了解现场情况,检核平面控制点和水准点。

(三) 拟定放样方案

放样方案包括放样数据和所用仪器、工具、草图等。一般根据放样的精度要求,选择相应等级的仪器。在测量之前，应对所有的仪器进行检验和校正。

二、建筑物的定位和放线

（一）建筑物的定位

建筑物的定位，就是将建筑物外廓各轴线交点（图14-10 中的 A_1、A_6、E_1、E_6）测设到地面上，作为基础放样和细部放样的依据。

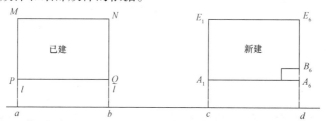

图 14-10　建筑物的定位

测设定位点的方法很多，有极坐标法、直角坐标法等，具体操作可根据施工控制网来进行，还可以根据已有建筑物或建筑红线等来放样。下面介绍根据已有建筑物测设拟建建筑物的方法。

（1）如图 14-10 所示，已建房屋与待建房屋间距 20 m，待建房屋长 18 m，宽 12 m。首先用钢尺沿已建房屋的东、西墙，延长出距离 l 得点 a、b，做出标志。

（2）在点 a 安置经纬仪，瞄准点 b，并从点 b 沿 ab 方向量取 20.120 m（因为新建楼的外墙 240 mm，轴线偏里，离外墙皮 120 mm），定出点 c，再继续沿 ab 方向从点 c 起量取 17.760 m，定出点 d，cd 线可作为测设新建楼平面位置的建筑基线。

（3）分别在点 c、d 安置经纬仪，瞄准点 a，顺时针方向测设 90°，沿此视线方向量取距离点 $l+0.120$ m 的位置，定出点 A_1、A_6，再继续量取 11.760 m，定出点 E_1、E_6。A_1、A_6、E_1 和 E_6 即新建楼外廓定位轴线的交点。

（4）检查 E_1、E_6 之间的距离是否等于 17.760 m，$\angle E_1$ 和 $\angle E_6$ 是否等于 90°，其误差应在允许范围内。

若施工场地已有建筑方格网或建筑基线，可直接采用直角坐标法进行定位。

（二）建筑物的放线

建筑物的放线，是指根据已定位的外墙轴线交点桩（角桩），详细测设出建筑物各轴线的交点桩（或称中心桩），然后，根据交点桩用白灰撒出基槽开挖边界线，放线方法如下。

1. 在外墙轴线周边上测设中心桩位置

如图 14-10 所示，在点 A_1 安置经纬仪，瞄准点 A_6，用钢尺沿 A_1A_6 的方向量出相邻两轴线间的距离，定出 A_2、A_3、A_4 等，同理，可定出其他各轴线交点。

2. 轴线恢复位置的方法

在施工中，由于开挖基槽，角桩和中心桩要被挖掉，为了便于轴线位置的恢复，需要把各轴线延长到基槽外安全的地方，并做好标志，其方法主要有设置轴线控制桩和设置龙门板两种。

（1）设置轴线控制桩。在基槽外基础轴线的延长线上做控制桩，作为开槽后各施工阶段恢复轴线的依据。轴线控制桩一般设置在基槽外 2～4 m 处，打下木桩，桩顶钉上小钉，准确标出轴线位置,并浇筑混凝土保护,如图 13-11 所示。若附近有建筑物,也可把轴线投测到建筑物上,用红漆做出标志,以代替轴线控制桩。

(2) 设置龙门板。小型民用建筑施工中,常将各轴线引测到基槽外的水平木板上。水平木板称为龙门板,固定龙门板的木桩称为龙门桩,如图 14-12 所示。设置龙门板的步骤如下:

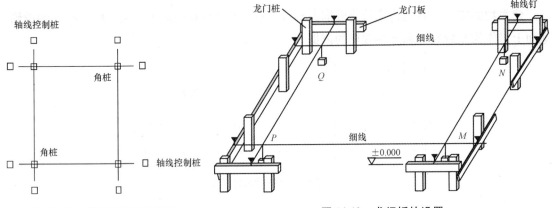

图 14-11 轴线控制桩的设置　　　　图 14-12 龙门板的设置

在建筑物四角与隔墙两端,基槽开挖边界线以外 1.5～2 m 处,设置龙门桩。龙门桩要求竖直、牢固,龙门板的外侧面应与基槽平行。

根据施工场地的水准点,用水准仪在每个龙门桩外侧,测设出该建筑物室内地坪设计高程线(即 ±0.000 m 标高线)。沿龙门桩上 ±0.000 m 标高线钉设龙门板,使龙门板顶面的高程正好为 ±0.000 m,允许误差为 ±5 mm。

在点 P 安置经纬仪,瞄准点 Q,沿视线方向在龙门板上定出一点,用小钉做标志,纵转望远镜在点 P 的龙门板上也钉一个小钉。用同样的方法,将各轴线引测到龙门板上,所钉小钉称为轴线钉。轴线钉定位误差应小于 ±5 mm。

最后,用钢尺沿龙门板的顶面,检查轴线钉的间距,其误差不超过 1/2 000。检查合格后,以轴线钉为准,将墙边线、基础边线、基槽开挖边界线等标定在龙门板上。

三、建筑物基础施工测量

(一) 放样基槽开挖边界线

基槽开挖前,按照基础详图标注的开挖宽度,并顾及基槽挖深应放坡的尺寸,计算出基槽开挖边界线的宽度。根据轴线控制桩或龙门板的轴线位置,由轴线向两边各量出基槽开挖边界线的一半,并做出标志,在两个对应标志之间拉线,在拉线位置撒白灰,就可按白灰位置开挖基槽。

(二) 基槽抄平

建筑施工中的高程测设,又称抄平。

要控制基槽的开挖深度,当快挖到槽底设计标高时,应用水准仪根据地面上 ±0.000 m 点,在槽壁上测设一些水平小木桩,即水平桩(又称腰桩),如图 14-13 所示,使水平桩的上表面离槽底的设计标高为一固定值(如 0.500 m)。

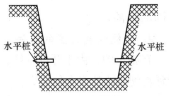

图 14-13 基槽深度施工测量

为了施工时使用方便，一般在槽壁各拐角处、深度变化处和基槽壁上每隔 2 ~ 3 m 测设一水平桩。水平桩可作为挖槽深度、修平槽底和基础垫层施工的依据。

（三）垫层中线的投测

基础垫层打好后，根据轴线控制桩或龙门板上的轴线钉，用经纬仪或用拉绳挂垂球的方法，把轴线投测到垫层上，并用墨线弹出墙中心线和基础边线，作为砌筑基础的依据。由于整个墙身砌筑均以此线为准，这是确定建筑物位置的关键环节，因此要严格校核后方可进行砌筑施工。

四、墙体施工测量

（一）基础墙标高的控制

房屋基础墙是指 ± 0.000 m 以下的砖墙，它的高度是用基础皮数杆来控制的。如图 14-14 所示，基础皮数杆是一根木制的杆子，在杆上事先按照设计尺寸，将砖、灰缝厚度画出线条，并标明 ± 0.000 m 和防潮层的标高位置。立皮数杆时，先在立杆处打一木桩，用水准仪在木桩侧面定出一条高于垫层某一数值（如 100 mm）的水平线，然后将皮数杆上标高相同的一条线与木桩上的水平线对齐，并用大铁钉把皮数杆与木桩钉在一起，作为基础墙的标高依据。基础施工结束后，应用水准仪检查基础墙的标高，允许误差为 ± 10 mm。

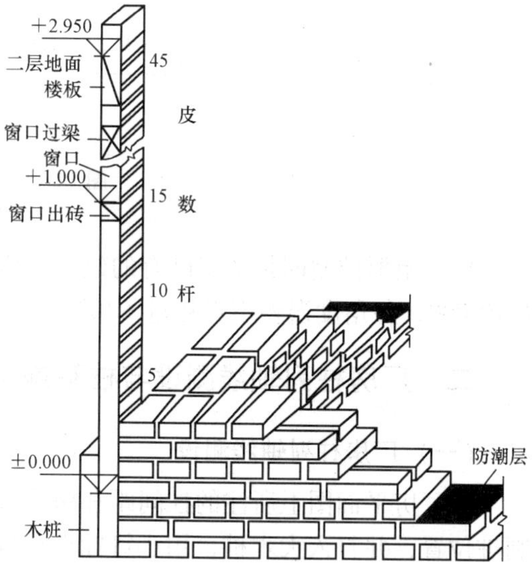

图 14-14　皮数杆

（二）主体墙标高的控制

± 0.000 m 以上的墙体为主体墙。其标高通常也用皮数杆控制。皮数杆上，根据设计尺寸，按砖、灰缝的厚度画出线条，并标明 ± 0.000 m、门、窗、楼板等的标高位置。墙身皮数杆的设立与基础皮数杆相同，使皮数杆上的 ± 0.000 m 标高与房屋的室内地坪标高相吻合。在墙的转角处，每隔 10 ~ 15 m 设置一根皮数杆。在墙身砌起 1 m 以后，就在室内墙身上定出 + 0.500 m 的标高线，作为该层地面施工和室内装修用基准线。第二层以上墙体施工中，要用水准仪测出楼板四角的标高，取平均值作为地坪标高，并以此作为立皮数杆的标志。框架结构的民用建筑，墙体砌筑是在框架施工后进行的，故可在柱面上画线，代替皮数杆。

第四节　工业厂房施工测量

工业建筑中以厂房为主体。一般工业厂房构件都采用预制构件，如柱子、吊车梁和屋架等。因此，工业建筑施工测量的工作主要是保证预制构件安装到位，其主要工作包括厂房矩形控制网测设、厂房柱列轴线测设与柱基施工测量及厂房预制构件安装测量等。

一、厂房矩形控制网测设

工业厂房具有柱子多、轴线多、测设精度要求高的特点,在施工测量中一般都应建立厂房矩形控制网,作为厂房施工测设的依据。如图 14-15 所示,说明了建筑方格网、厂房矩形控制网和厂房的相互位置关系。

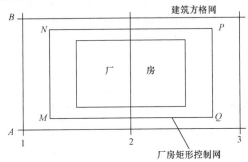

图 14-15 厂房矩形控制网

厂房矩形控制网是依据已有的建筑方格网按直角坐标法来建立的,其边长误差不得超过 1/10 000,各角度误差不得超过 ±10″。

二、厂房柱列轴线测设与柱基施工测量

(一)厂房柱列轴线测设

依厂房平面图上所注的柱间距和跨距尺寸,用钢尺沿矩形控制网各边量出各柱列轴线控制桩位置,并打入大木桩,用小钉标出点位,如图 14-16 中的 A、B、C、1、2 等。丈量时应以相邻的两个距离指标桩为起点分别进行,以便检核。

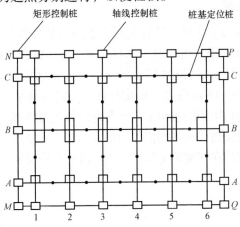

图 14-16 厂房柱列轴线放样

(二)柱基定位和放线

(1)安置两台经纬仪,在两条互相垂直的柱列轴线控制桩上,沿轴线方向交会出各柱基的位置(柱列轴线的交点),此项工作称为柱基定位。

(2) 在柱基的四周轴线上,打入四个定位小木桩,其桩位应在基槽开挖边界线以外,比基槽深度大 1.5 倍的地方,作为修坑和立模的依据。

(3) 按照基础详图所注尺寸和基槽放坡宽度,用特制角尺放出基槽开挖边界线,并撒出白灰线以便开挖。

(4) 在进行柱基测设时,应注意柱列轴线不一定都是柱基的中心线,而一般立模、吊装等习惯用中心线,此时,应将柱列轴线平移,定出柱基中心线。

(三) 柱基施工测量

(1) 基槽开挖深度的控制。当基槽挖到一定深度时,采用设置水平桩控制,作为检查基槽槽底标高和控制垫层的依据。

(2) 杯形基础立模测量。杯形基础立模测量有以下三项工作:

①基础垫层打好后,根据基槽周边定位小木桩,用拉线吊垂球的方法,把柱基定位线投测到垫层上,弹出墨线,用红漆画出标记,作为柱基立模板和布置基础钢筋的依据。

②立模时,将模板底线对准垫层上的定位线,并用垂球检查模板是否垂直。

③将柱基顶面设计标高测设在模板内壁,作为浇灌混凝土的高度依据。

三、厂房预制构件安装测量

(一) 柱子安装测量

1. 柱子安装的基本要求

柱子中心线应与相应的柱列轴线一致,其允许偏差为 ±5 mm。牛腿顶面和柱顶面的实际标高应与设计标高一致,其允许误差为 ±(5~8) mm。柱身垂直允许误差:当柱高 ≤ 5 m 时,允许偏差为 ±5 mm;当柱高为 5~10 m 时,允许偏差为 ±10 mm;当柱高超过 10 m 时,允许偏差为柱高的 1/1 000,但不得大于 20 mm。

2. 柱子安装前的准备工作

(1) 在柱基顶面投测柱列轴线。柱基拆模后,用经纬仪根据柱列轴线控制桩,将柱列轴线投测到杯口顶面上,如图 14-17 所示,并弹出墨线,用红漆画出"▲"标志,作为安装柱子时确定轴线的依据。如果柱列轴线不通过柱子的中心线,应在杯形基础顶面上加弹柱中心线。

用水准仪在杯口内壁,测设一条一般为 −0.600 m 的标高线(一般杯口顶面的标高为 −0.500 m),并画出"▼"标志,如图 14-17 所示,作为杯底找平的依据。

(2) 柱身弹线。安装前,将每根柱子按轴线位置进行编号。在每根柱子的三个侧面弹出柱中心线,如图 14-18 所示,并在每条线的上端和下端近杯口处画出"▶"标志。根据牛腿面的设计标高,从牛腿面向下用钢尺量出 −0.600 m 的标高线,并画出"▼"标志。

(3) 杯底找平。先量出柱子的 −0.600 m 标高线至柱底面的长度,再在相应的柱基杯口内,量出 −0.600 m 标高线至杯底的高度,以确定杯底找平厚度,用水泥砂浆根据找平厚度,在杯底进行找平,使牛腿面符合设计高程。

3. 柱子的安装测量的步骤

柱子安装测量的目的是保证柱子位置正确、柱身铅直和牛腿面高程符合设计要求。柱子安装测量的步骤如下:

（1）预制的钢筋混凝土柱子插入杯口后，应使柱子三面的中心线与杯口中心线对齐，用木楔或钢楔临时固定。

（2）柱子立稳后，立即用水准仪检测柱身上的 ±0.000 mm 标高线，其容许误差为 ±3 mm。

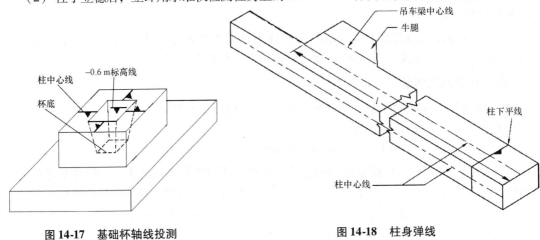

图 14-17　基础杯轴线投测　　　　图 14-18　柱身弹线

（3）柱子的调直，如图 14-19 所示，用两台经纬仪，分别安置在柱基纵、横轴线上，离柱子的距离不小于柱高的 1.5 倍，先用望远镜瞄准柱底的中心线标志，固定照准部后，再缓慢抬高望远镜观察柱子偏离十字丝竖丝的方向，指挥用钢丝绳拉直柱子，直至从两台经纬仪中观测到的柱子中心线都与十字丝竖丝重合为止。

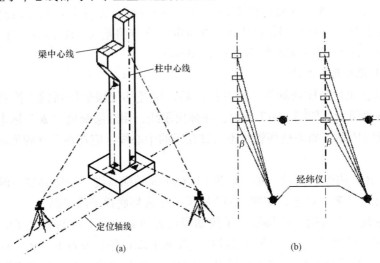

图 14-19　柱子的调直

（4）在杯口与柱子的缝隙中浇入混凝土，以固定柱子的位置。

（5）在实际安装时，一般是一次把许多柱子都竖起来，然后进行垂直校正。这时，可把两台经纬仪分别安置在纵横轴线的一侧，一次可校正几根柱子，如图 14-19 所示，但仪器偏离轴线的角度，应在 15°以内。

（二）吊车梁安装测量和校正

吊车梁安装测量主要是为了保证吊车梁中心线位置和吊车梁的标高满足设计要求。

1. 吊车梁安装测量

（1）在柱面上量出吊车梁顶面标高。根据柱子上的 ±0.000 m 标高，用钢尺沿柱面向上量出吊车梁顶面设计标高线

（2）在吊车梁上弹出梁的中心线。如图 14-20 所示，在吊车梁的顶面和两端面上，用墨线弹出中心线，作为安装定位的依据。

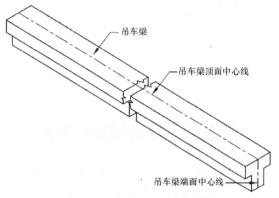

图 14-20　吊车梁中心弹线

（3）在牛腿面上弹出梁的中心线。根据厂房中心线，在牛腿面上投测出吊车梁的中心线，投测方法如下。如图 14-21（a）所示，利用厂房中心线 A_1A_1，根据设计轨道间距，在地面上测设出吊车梁中心线（也是吊车轨道中心线）$A'A'$ 和 $B'B'$。在吊车梁中心线的一个端点 A'（或 B'）上安置经纬仪，瞄准另一个端点 A'（或 B'），固定照准部，抬高望远镜，即可将吊车梁中心线投测到每根柱子的牛腿面上，并用墨线弹出梁的中心线。

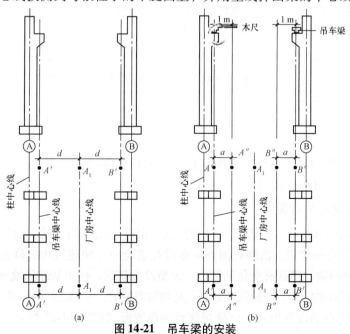

图 14-21　吊车梁的安装

2. 吊车梁的校正

对吊车梁的中心线进行检测，校正方法如下。

（1）如图 14-21（b）所示，在地面上，从吊车梁中心线向厂房中心线方向量出长度 a（一般取 1 m），得到平行线 $A''A''$ 和 $B''B''$。

（2）在平行线一端点 A''（或 B''）上安置经纬仪，瞄准另一端点 A''（或 B''），固定照准部，抬高望远镜进行测量。此时，另一人在梁上移动横放的木尺，当视线正对准尺上 1 m 刻划线时，尺的零点应与梁面上的中心线重合。如不重合，可用撬杠移动吊车梁，使吊车梁中心线到 $A''A''$（或 $B''B''$）的间距等于 1 m 为止。

吊车梁安装就位后，先按柱面上定出的吊车梁设计标高对吊车梁面进行调整，然后将水准仪安置在吊车梁上，每隔 3 m 测一点高程，并与设计高程比较，误差应在 3 mm 以内。

第五节　建筑物变形测量

为保证建筑物在施工、使用中的安全，以及为建筑物的设计、施工、管理及科学研究提供可靠的资料，在建筑物施工和运行期间，需要对建筑物的稳定性进行测量，我们把这种测量称为建筑物的变形测量。建筑物变形测量的主要内容有建筑物沉降观测、建筑物倾斜观测、建筑物裂缝和位移观测等。

一、建筑物沉降观测

建筑物沉降观测是指一般用水准测量的方法，周期性地观测建筑物上的沉降观测点和水准基点之间的高差变化。通过沉降观测测定地基的沉降量、沉降差及沉降速度，计算基础倾斜、局部倾斜及构件倾斜等，以监视建筑物在施工及使用过程中的安全。

（一）水准基点的布设

水准基点是沉降观测的基准，因此水准基点的布设应满足以下要求：

（1）要有足够的稳定性。水准基点必须设置在沉降影响范围以外，冰冻地区水准基点应埋设在冰冻线以下 50 cm。

（2）要具备检核条件。为了保证水准基点高程的正确性，水准基点最少应布设 3 个，以便相互检核。

（3）要满足一定的观测精度。水准基点和观测点之间的距离应适中，相距太远会影响观测精度，一般应在 100 m 范围内。

（二）沉降观测点的布设

进行沉降观测的建筑物，应埋设沉降观测点，沉降观测点的布设应满足以下要求：

（1）沉降观测点的位置。沉降观测点应布设在能全面反映建筑物沉降情况的部位，如建筑物四角、沉降缝两侧、荷载有变化的部位、大型设备基础、柱子基础和地质条件变化处。

（2）沉降观测点的距离。一般沉降观测点是均匀布置的，它们之间的距离一般为 10 ~ 20 m。

（3）沉降观测点的设置形式。沉降观测点的设置形式如图 14-22 所示。

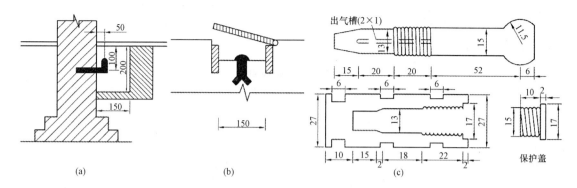

图 14-22 沉降观测点的设置形式
（a）管井式标志（适用于建筑物内部埋设，单位：mm）；
（b）悬式标志（适用于设备基础上埋设，单位：mm）；
（c）螺栓式标志（适用于墙体上埋设，单位：mm）

（三）沉降观测

（1）观测周期。观测的时间和次数，应根据工程的性质、施工进度、地基地质情况及基础荷载的变化等实际情况而定。

①当埋设的沉降观测点稳固后，在建筑物主体开工前，进行第一次观测。

②在建筑物主体施工过程中，一般每盖 1～2 层观测一次。如中途停工时间较长，应在停工时和复工时进行观测。

③当发生大量沉降或严重裂缝时，应立即或几天一次连续观测。

④建筑物封顶或竣工后，一般每月观测一次，如果沉降速度减缓，可改为 2～3 个月观测一次，直至沉降稳定为止。

（2）观测方法。观测时先后视水准基点，接着依次前视各沉降观测点，最后再次后视该水准基点，两次后视读数之差不应超过 ±1 mm。另外，沉降观测的水准路线（从一个水准基点到另一个水准基点）应为闭合水准路线。

（3）精度要求。沉降观测的精度应根据建筑物的性质而定。

①多层建筑物的沉降观测，可采用 DS3 型水准仪，采用三等水准测量进行，其水准路线的闭合差不应超过 $\pm 1.40\sqrt{n}$ mm（n 为测站数）。

②高层建筑物的沉降观测，则应采用精密水准仪，用二等水准测量的方法进行，其水准路线的闭合差不应超过 $\pm 0.6\sqrt{n}$ mm（n 为测站数）。

（四）沉降观测成果整理

（1）整理原始记录。每次观测结束后，应检查记录的数据和计算是否正确，精度是否合格，然后，调整高差闭合差，推算出各沉降观测点的高程，并填入"沉降观测表"，见表 14-1。

（2）计算沉降量。

①计算各沉降观测点的本次沉降量：

沉降观测点的本次沉降量 = 本次观测所得的高程 - 上次观测所得的高程

②计算累积沉降量：

累积沉降量 = 本次沉降量 + 上次累积沉降量

将计算出的沉降观测点的本次沉降量、累积沉降量和观测日期、荷载情况等记入"沉降观测表"。

表 14-1 沉降观测表

观测次数	观测时间	各观测点的沉降情况						…	施工进展情况	荷载情况 /(t·m^{-2})
		1			2			…		
		高程 /m	本次下沉 /mm	累积下沉 /mm	高程 /m	本次下沉 /mm	累积下沉 /mm	…		
1	2001.01.10	50.454	0	0	50.473	0	0	…	一层平口	40
2	2001.02.23	50.448	-6	-6	50.467	-6	-6	…	三层平口	60
3	2001.03.16	50.443	-5	-11	50.462	-5	-11	…	五层平口	70
4	2001.04.14	50.440	-3	-14	50.459	-3	-14	…	七层平口	80
5	2001.05.14	50.438	-2	-16	50.456	-3	-17	…	九层平口	110
6	2001.06.04	50.434	-2	-18	50.452	-4	-21	…	主体完	—
7	2001.08.30	50.429	-5	-23	50.447	-5	-26	…	竣工	—
8	2001.11.06	50.425	-4	-27	50.445	-2	-28	…	使用	—
9	2002.02.28	50.423	-2	-29	50.444	-1	-29	…	—	—
10	2002.05.06	50.422	-1	-30	50.443	-1	-30	…	—	—
11	2002.08.05	50.421	-1	-31	50.443	0	-30	…	—	—
12	2002.12.25	50.421	0	-31	50.443	0	-30	…	—	—

注：水准点的高程：BM_1 为 49.538 mm，BM_2 为 50.123 mm，BM_3 为 49.776 mm

（3）绘制沉降曲线。为了更清楚地表示沉降与时间的相互关系，还要画出每一观测点的时间与沉降量的关系曲线图，如图 14-23 所示。

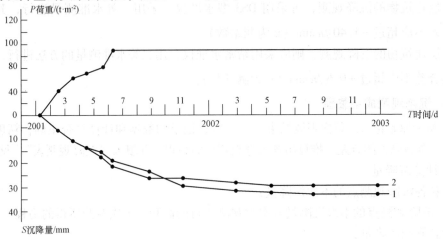

图 14-23 沉降曲线

二、建筑物倾斜观测

用测量仪器或其他专用仪器测量建筑物的倾斜度随时间变化的工作，称为倾斜观测。

一般建筑物基础的不均匀沉降会导致建筑物主体倾斜。倾斜观测主要有以下几种方法。

（一）测定基础沉降差法

如图 14-24 所示，在建筑物基础上选设沉降观测点 A、B，用精密水准测量法定期观测点 A、B 沉降差 Δh、点 A、B 的距离为 L，则基础倾斜度 i 为

$$i = \frac{\Delta h}{L}$$

例如，测得 $\Delta h = 0.023$ m，$L = 7.25$ m，倾斜度 $i = 0.003\,172 = 0.317\,2\%$。

（二）激光垂准仪法

建筑物顶部与底部间有竖向通道，如图 14-25 所示，在建筑物顶部适当位置安置接收靶，垂线下的地面或地板上埋设点位安置激光垂准仪，激光垂准仪的铅垂激光束投射到顶部接收靶，接收靶上直接读取或用直尺量出顶部两位移量 Δu、Δv，进而计算出倾斜度与倾斜方向角。计算公式如下：

$$\left.\begin{array}{l} i = \dfrac{\sqrt{\Delta u^2 + \Delta v^2}}{h} \\ \alpha = \tan^{-1}\dfrac{\Delta v}{\Delta u} \end{array}\right\}$$

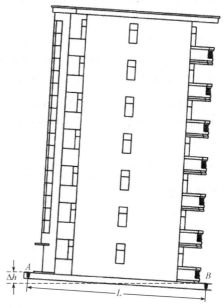

图 14-24　测定基础沉降差法观测建筑物倾斜

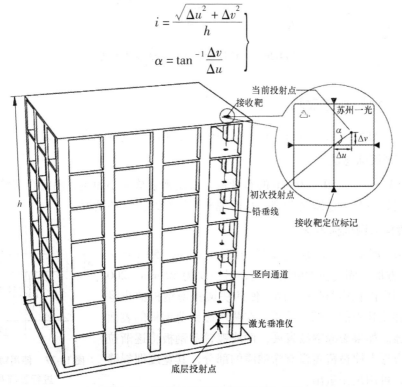

图 14-25　激光垂准仪法观测建筑物倾斜

(三) 经纬仪投点法

经纬仪投点法是用经纬仪在两个正交的方向,将建(构)筑物顶部的观测点投影到底部观测点的水平面上,以测定位移大小、位移方向及倾斜度的方法。这种方法主要适用于建筑物周围比较空旷的主体倾斜度观测。

如图 14-26 所示,将经纬仪安置在固定测站上,该测站到建筑物的距离为建筑物高度的 1.5 倍以上。瞄准建筑物 X 墙面上部的观测点 M,用盘左、盘右分中投点法,定出下部的观测点 N。用同样的方法,在与 X 墙面垂直的 Y 墙面上定出上观测点 P 和下观测点 Q。M、N 和 P、Q 即所设观测标志。隔一段时间后,在原固定测站上,安置经纬仪,分别瞄准上观测点 M 和 P,用盘左、盘右分中投点法,得到 N' 和 Q'。如果,N 与 N'、Q 与 Q' 不重合,说明建筑物发生了倾斜。用尺子量出在 X、Y 墙面的偏移值 ΔA、ΔB,然后用矢量相加的方法,计算出该建筑物的总偏移值 ΔD,即 $\Delta D = \sqrt{\Delta A^2 + \Delta B^2}$,再根据总偏移值和建筑总高度,计算出倾斜度 i。

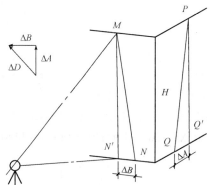

图 14-26 经纬仪投点法观测建筑物倾斜

三、建筑物的裂缝观测

当建筑物出现裂缝后应及时进行裂缝观测。常用的裂缝观测方法有以下三种。

(一) 石膏板标志法

用厚约 10 mm,宽 50~80 mm 的石膏板,长度视裂缝大小而定,固定在裂缝两侧。当裂缝继续发展时,石膏板也跟着开裂,从而观察裂缝继续发展的情况。

(二) 镀锌薄钢板标志法

如图 14-27 所示,用两块镀锌薄钢板,一块取 150 mm × 150 mm 的正方形,固定在裂缝的一侧;另一块为 50 mm × 200 mm 的矩形,固定在裂缝的另一侧,使两块镀锌薄钢板的边缘相互平行,并使其中的一部分重叠。在两块镀锌薄钢板的表面涂上红色油漆。如果裂缝继续发展,两块镀锌薄钢板将逐渐拉开,露出正方形上原被覆盖没有涂油漆的部分,其宽度即裂缝加大的宽度,可用尺子量出。

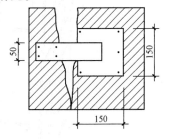

图 14-27 使用镀锌薄钢板进行裂缝观测

（三）裂缝观测仪

采用现代电子成像技术，将被测结构裂缝原貌成像于主机显示屏幕上，通过屏幕上高精度激光刻度尺，读出真实可靠的裂缝宽度数据，如图 14-28 所示。

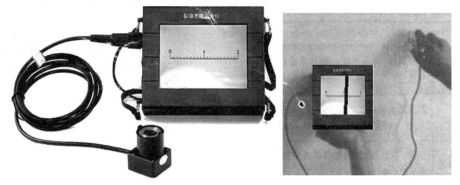

图 14-28　裂缝观测仪

四、建筑物位移观测

建筑物位移是指建筑物在规定的平面位置上随时间变化的位移量和位移速度。建筑物位移观测就是根据平面控制点测定建筑物的平面位置随时间而移动的大小及方向，也称水平位移观测。位移观测首先要在建筑物附近埋设测量控制点，再在建筑物上设置位移观测点。位移观测的方法有以下两种。

（一）角度前方交会法

利用角度前方交会法，在不同时间对相同观测点进行角度观测，按前方交会公式计算出观测点的坐标，利用两次观测计算出的坐标差值，计算该点的水平位移量。

（二）基准线法

某些建筑物只要求测定某特定方向上的位移量，如大坝在水压力方向上的位移量，这种情况下可采用基准线法进行水平位移观测。观测时，先在位移方向的垂直方向上建立一条基准线，如图 14-29 所示。

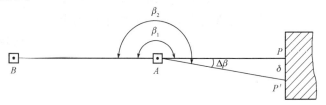

图 14-29　位移观测基准线法

A、B 为控制点，P 为观测点。只要定期测量观测点 P 与基准线 AB 的角度变化值 $\Delta\beta$，即可测定水平位移量，$\Delta\beta$ 测量方法为：在点 A 安置经纬仪，第一次观测水平角 $\angle BAP = \beta_1$，第二次观测水平角 $\angle BAP' = \beta_2$，两次观测水平角的角值之差即 $\Delta\beta$：

$$\Delta\beta = \beta_2 - \beta_1$$

其位移量可按下式计算：

$$\delta = D_{AP} \frac{\Delta \beta}{\rho}$$

五、建筑物的挠度观测

建筑物在应力作用下产生弯曲和扭曲时，应进行挠度观测。对于平置的构件，在两端及中间设置三个沉降点进行沉降观测，可以测得某时间段内三个点的沉降量，分别为 h_a、h_b、h_c，则该构件的挠度值为：

$$\tau = \frac{1}{2}(h_a + h_c - 2h_b)\frac{1}{s_{ac}}$$

式中　h_a、h_c——构件两端点的沉降量；

　　　h_b——构件中间点的沉降量；

　　　s_{ac}——两端点间的平距。

对于直立的构件，要设置上、中、下三个位移观测点进行位移观测，利用三点的位移量求出挠度大小。在这种情况下，常把在建筑物垂直面内各不同高程点相对于底点的水平位移称为挠度。挠度观测常采用正垂线法，即从建筑物顶部悬挂一根铅垂线，直通至底部，在铅垂线的不同高程上设置观测点，用测量仪器测出各点与铅垂线之间的相对位移。如图 14-30 所示，任意点 N 的挠度：

$$S_N = S_0 - S_N'$$

式中　S_0——铅垂线最低点与顶点之间的相对位移；

　　　S_N'——任意点 N 与顶点之间的相对位移。

前面讲述了用工程测量的办法求得建（构）筑物的变形，也可以用地面摄影测量方法来测定。简要说就是在变形体周围选择稳定的点，在这些点上安置摄影机，对变形体进行摄影，然后通过量测和量算变形体上目标点的二维或三维坐标，比较不同时刻目标点的坐标，得到各点的位移。这种方法有许多优点，经常用于桥梁等的变形观测。变形量的计算是以首期观测的结果作为基础，即变形量是相对于首期结果而言的，变形观测的成果表现应清晰直观，便于发现变形规律，通常采用列表和作图的形式。

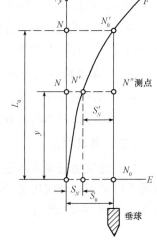

图 14-30　挠度观测

第六节　竣工总平面图的编绘

一、竣工总平面图的编绘目的

在施工过程中，由于种种原因，建（构）筑物竣工后的位置与原设计位置不完全一致，所以，需要编绘竣工总平面图。编绘竣工总平面图的目的如下：

（1）全面反映竣工后的现状。

(2) 为以后建(构)筑物的管理、维修、扩建、改建及事故处理提供依据。
(3) 为工程验收提供依据。

二、竣工总平面图的编绘内容

竣工总平面图的编绘包括竣工测量和资料编绘两方面内容。

(一) 竣工测量

建(构)筑物竣工验收时进行的测量工作,称为竣工测量。在每一个单项工程完成后,必须由施工单位进行竣工测量,并提出该工程的竣工测量成果,作为编绘竣工总平面图的依据。竣工测量的内容包括:

(1) 工业厂房及一般建筑物。测定各房角坐标、几何尺寸,各种管线进出口的位置和高程,室内地坪及房角标高,并附注房屋结构层数、面积和竣工时间。

(2) 地下管线。测定检修井、转折点、起终点的坐标,井盖、井底、沟槽和管顶等的高程,附注管道及检修井的编号、名称、管径、管材、间距、坡度和流向。

(3) 架空管线。测定转折点、结点、交叉点和支点的坐标,支架间距、基础面标高等。

(4) 交通线路。测定线路起终点、转折点和交叉点的坐标,路面、人行道、绿化带界线等。

(5) 特种构筑物。测定沉淀池的外形和四角坐标、圆形构筑物的中心坐标,基础面标高,构筑物的高度或深度等。

竣工测量的基本方法与地形测量相似,区别在于以下几点。

(1) 图根控制点的密度。一般竣工测量图根控制点的密度要大于地形测量图根控制点的密度。

(2) 碎部点的实测。地形测量一般采用视距测量的方法测定碎部点的平面位置和高程;而竣工测量一般采用经纬仪测角、钢尺量距的极坐标法测定碎部点的平面位置,采用水准仪或经纬仪视线水平测定碎部点的高程,也可用全站仪进行测绘。

(3) 测量精度。竣工测量的测量精度要高于地形测量的测量精度。地形测量的测量精度要求满足图解精度,而竣工测量的测量精度一般要满足解析精度,应精确至厘米。

(4) 测绘内容。竣工测量的内容比地形测量的内容更丰富。竣工测量不仅测地面的地物和地貌,还要测地下各种隐蔽工程,如上、下水及热力管线等。

(二) 资料编绘

1. 编绘竣工总平面图的依据

(1) 设计总平面图,单位工程平面图,纵、横断面图,施工图及施工说明。
(2) 施工放样成果、施工检查成果及竣工测量成果。
(3) 更改设计的图纸、数据、资料(包括设计变更通知单)。

2. 竣工总平面图的编绘方法

(1) 在图纸上绘制坐标方格网。绘制坐标方格网的方法、精度要求,与地形测量绘制坐标方格网的方法、精度要求相同。

(2) 展绘控制点。坐标方格网画好后,将施工控制点按坐标值展绘在图纸上。展点对所临近的方格而言,其容许误差为±0.3 mm。

(3) 展绘设计总平面图。根据坐标方格网，将设计总平面图的图面内容，按其设计坐标用铅笔展绘于图纸上，作为底图。

(4) 展绘竣工总平面图。对凡按设计坐标进行定位的工程，应以测量定位资料为依据，按设计坐标（或相对尺寸）和标高展绘；对原设计进行变更的工程，应根据设计变更资料展绘；对凡有竣工测量资料的工程，若竣工测量成果与设计值之比差，不超过所规定的定位容许误差时，按设计值展绘；否则，按竣工测量资料展绘。

（三）平面图整饰

(1) 竣工总平面图的符号应与原设计图的符号一致。有关地形图的图例应使用国家地形图图示符号。

(2) 对于厂房应使用黑色墨线，绘出该工程的竣工位置，并应在图上注明工程名称、坐标、高程及有关说明。

(3) 对于各种地上、地下管线，应用各种不同颜色的墨线，绘出其中心位置，并应在图上注明转折点及井位的坐标、高程及有关说明。

(4) 对于没有进行设计变更的工程，用墨线绘出的竣工位置，与按设计原图用铅笔绘出的设计位置应重合，但其坐标及高程数据与设计值比较可能稍有出入。随着工程的进展，逐渐在底图上，将铅笔线都绘成墨线。对于直接在现场指定位置进行施工的工程、以固定地物定位施工的工程及多次变更设计而无法查对的工程等，只好进行现场实测，这样测绘出的竣工总平面图，称为实测竣工总平面图。

习题与思考题

1. 建筑施工测量主要包括哪些内容？
2. 建筑施工测量的准则是什么？
3. 施工控制网有哪些特点？
4. 什么是建筑基线？什么是建筑方格网？
5. 如何进行柱子的竖直校正工作？
6. 如何设置轴线控制桩（或龙门板）？它有什么作用？
7. 变形监测有哪些内容？

第十五章

线路工程测量

第一节 线路工程测量概述

线路是指道路、给水、排水、电信、各种工业管道及桥梁等工程的中线总称。线路工程建设过程中需要进行的测量工作，称为线路工程测量，简称线路测量。它是城市建设和工业建设的配套工程，是建设工程中的重要环节之一。随着经济的快速增长和城市建设规模的不断扩大，线路工程在城市建设中的作用也越来越大。

一、线路测量的任务和内容

线路测量是为各等级的公路和各种管道设计及施工服务的。它的任务有两方面：一是为线路工程的设计提供地形图和断面图，主要是勘察设计阶段的测量工作；二是按设计位置要求将线路敷设于实地，主要是施工放样的测量工作。整个线路测量工作包括下列内容：

（1）收集规划设计区域内各种比例尺地形图平面图和断面图资料，收集沿线水文、地质以及控制点等有关资料。

（2）根据工程要求，利用已有地形图，结合现场勘察，在中小比例尺图上确定规划路线走向，编制比较方案初步设计等。

（3）根据设计方案在实地标出线路的基本走向，沿着基本走向进行控制测量。

（4）结合线路工程的需要，沿着基本走向测绘带状地形图或平面图，在指定地点测绘工地地形图，如桥位平面图。

（5）根据设计图纸把线路中心线上的各类点位测设到地面上，称为中线测量。

（6）根据工程需要测绘线路纵断面图和横断面图。

（7）根据线路工程的详细设计进行施工测量。

（8）工程竣工后，按照工程实际现状测绘竣工平面图和断面图。

二、线路测量的特点

（1）全线性。测量工作贯穿整个线路工程建设的各个阶段。

（2）阶段性。主要体现在线路工程测量分为初测阶段、定测阶段、放样阶段、监测阶段，每个阶段测量工作均有不同的内容。

（3）渐近性。主要体现在线路测量是从工程项目建立到规划选线、线路勘测、线路施工放样、工程竣工，经历了一个从粗到精的过程。

三、线路测量的基本过程

（一）规划选线阶段

规划选线阶段是线路工程的开始阶段，一般内容包括图上选线、实地勘察和方案论证。

1. 图上选线

设计单位根据建设提出的工程建设目标和要求，初步在地形图上进行比较、选择线路方案，为线路工程初步设计提供地形信息，可以依此测算线路长度、桥梁和涵洞数量、隧道长度，估算选线方案的建设投资费用等。

2. 实地勘察

根据图上选线的多种方案，进行野外实地视察、踏勘、调查，进一步掌握线路沿途的实际情况，收集沿线的实际资料。地形图的现势性往往跟不上经济建设的速度，地形图与实际地形可能存在差异。因此，实地勘察获得的实际资料是图上选线的重要补充资料。

3. 方案论证

根据图上选线和实地勘察的全部资料，结合建设单位的意见进行方案论证，经比较后确定规划线路方案。

（二）线路工程的勘测阶段

线路工程的勘测阶段通常分为初测阶段和定测阶段。

1. 初测阶段

在确定的规划线路上进行勘测、设计工作。主要技术工作：控制测量和带状地形图的测绘，为线路工程设计、施工和运营提供完整的控制基准及详细的地形信息；进行图上定线设计，在带状地形图上确定线路中线直线段及其交点位置，标明直线段连接曲线的有关参数。

初测任务完成后，各种资料应按规定清理组卷，提供电子文档。各种电子文档应符合相关要求和签署的有关规定。

初测应交测量资料包括导线测量记录本、水准测量记录本、横断面记录、调查记录、补充的地形原图及工点地形图、代表性横断面图、初测导线坐标计算表、初测导线成果表、初测水准高程平差计算表、初测水准成果表、测量精度统计表、质量检查资料、测量报告等。

2. 定测阶段

定测阶段主要的技术工作内容是，将定线设计的公路中线（直线段及曲线）测设于实地；进行线路的纵、横断面测量和线路竖曲线设计等。

定测任务完成后，应按要求整理、检查相关资料，按规定清理组卷。定测资料以电子文档形式提交，并应符合相关要求。平面控制点、水准点按统一图示展绘在定测线路平面图上，曲线要素应增加交点坐标信息。测量成果资料使用统一表格格式，包括表名、线段、设计阶段及测量单位名称等。包含坐标的成果表，应注明坐标系统等信息。

线路新线定测应交资料包括 GPS 观测手簿、导线测量记录本、水准测量记录本、中线测量记录本、横断面测量记录本、GPS 平面控制网平差计算手簿及 GPS 控制网联测示意图、导线坐标计算表及导线联测示意图、水准测量平差计算表及水准路线网联测示意图、GPS 平面控制网成果表及点之记、定测导线点成果表及点之记、水准点成果表及点之记、补测地形原图及工点地形图、横断面图、曲线要素表（包括曲线交点坐标）、逐桩坐标表、控制桩表、中桩高程表、测量精度统计及质量检查表、GPS 放线数据（GPS 放中线时提供）、测量报告等。

（三）线路工程的施工放样阶段

根据施工设计图纸及有关资料，在实地放样线路工程的边桩、边坡及其他有关点位，指导施工，保证线路工程建设的顺利进行。

（四）工程竣工运营阶段的监测

线路工程竣工后，对已竣工的工程，要进行竣工验收，测绘竣工平面图和断面图，为工程运营做准备。在运营阶段，还要监测工程的运营状况，评价工程的安全性。

第二节　中线测量

线路中线一般由直线和平曲线两部分组成，如图 15-1 所示。中线测量是指通过直线和曲线测设，将线路的中心线的平面位置测设在实地，并测定路线的实际里程。

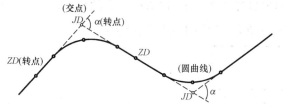

图 15-1　线路中线组成

中线测量的任务是测设中线的起终点、交点（*JD*）和转点（*ZD*）的位置，测量各转角、中线里程桩和加桩的设置和圆曲线的测设等。

路线的交点也包括起终点，是详细测设中线的主要控制点，也称中线的主点。在定线测量中，当相邻点不通视时或连线为长直线时，需在其连线上测定一个或几个转点，一般在直线上每隔 200～300 m 设一转点，在路线上的桥涵等构筑物处也要设转点。

一、交点的测设

（一）穿线法测设交点

穿线法测设交点的步骤：先测设路线中线的直线段，根据两相邻直线段相交在实地定出交点。

在图上选定中线的某些点，如图 15-2 中的点 P_1、P_2、P_3、P_4，根据邻近地物或导线点量得测设数据，用适当的方法在实地测设这些点。由于数据图解和测设工作中均存在偶然误差，使得测设的点不严格在一条直线上。用目测法或经纬仪法，定出一条直线，使其尽可能靠近这些点，这一工作称为穿线。穿线的结果是得到中线直线段上的点 A、B（称为转点）。

用同样的方法测设另一中线直线段上的点 C、D，如图 15-3 所示。AB、CD 直线在地面上测设好后，即可测设交点。将经纬仪安置于点 B，瞄准点 A，倒转望远镜，在视线方向上、接近交点 JD 的大概位置前后打两桩（称为骑马桩）。采用正倒镜分中法在该两桩上定出点 a、b，并钉以小钉，拉上细线。将经纬仪搬至点 C，后视点 D，同法定出点 c、d，拉上细线。在两细线相交处打下木桩，并钉以小钉，得到交点 JD。

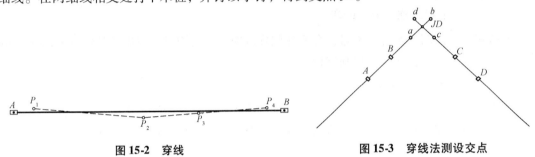

图 15-2 穿线　　　　　　　　图 15-3 穿线法测设交点

（二）根据地物测设交点

如图 15-4 所示，JD_8 的位置已在地形图上选定，在图上量得该点至两房角和电杆的距离，在实际现场用距离交会法测设 JD_8。

（三）根据导线点测设交点

如图 15-5 所示，根据导线点 T_4、T_5 和 JD_{12} 三点的坐标，计算出导线边的方位角 $\alpha_{4,5}$ 和 T_4 至 JD_{12} 的平距 D 和方位角 α，用极坐标法测设 JD_{12}。

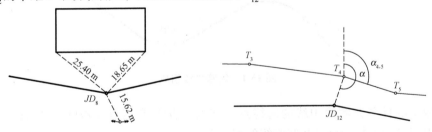

图 15-4 根据地物测设交点　　　　图 15-5 根据导线点测设交点

二、转点的测设

当两交点间距离较远，但尚能通视或已有转点需要加密时，可采用经纬仪直接定线或经纬仪正倒镜分中法测设转点。当相邻两点互不通视时，可采用下述方法。

（1）如图 15-6 所示，JD_5、JD_6 为相邻不通视的两交点，ZD' 为初定转点，今欲检查 ZD' 是否在两交点的连线上，可置经纬仪于 ZD'，用正倒镜分中法延长直线 JD_5ZD' 至 JD_6'。设 JD_6' 与 JD_6 的偏差为 f，用视距法测定距离 a、b，则 ZD' 应横向移动的距离 e 可按下式计算：

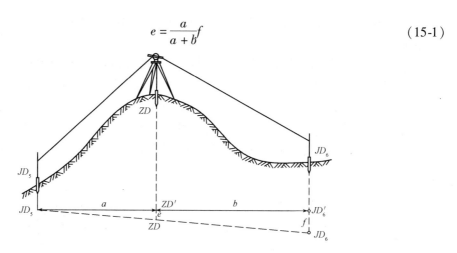

$$e = \frac{a}{a+b}f \tag{15-1}$$

图 15-6 不通视两交点测设转点

将 ZD' 按 e 移至 ZD。再将经纬仪移至 ZD，按上述方法趋近，直至符合要求为止。

（2）在延长线上设转点。图 15-7 中，ZD_8、ZD_9 互不通视，可在其延长线上初定转点 ZD'。将经纬仪安置于 ZD'，倒转望远镜照准 ZD_8，并以相同竖盘位置俯视 ZD_9，得两点后，取其中一点得 ZD'_9。若 ZD'_9 与 ZD_9 重合或偏差值 f 在容许范围之内，即可将 ZD' 作为转点。否则应重设转点，量出 f，用视距法测出距离 a、b，则 ZD' 应横向移动的距离 e 可按下式计算：

$$e = \frac{a}{a-b}f \tag{15-2}$$

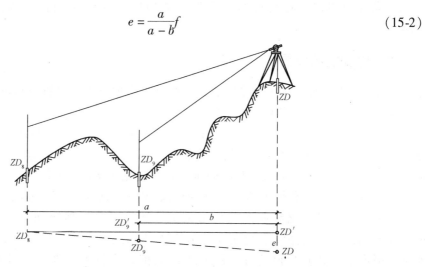

图 15-7 两个不通视转点延长测设转点

三、转角的测设

转角是指路线由一个方向偏转至另一个方向时，偏转后的方向与原方向之间的夹角，通常以 α 表示，如图 15-8 所示。转角有左转、右转之分，按路线前进的方向，偏转后的方向在原方向的左侧称左转角，常以 $\alpha_左$ 表示；反之，为右转角，常以 $\alpha_右$ 表示。在道路测量中很少有直接测定转折角的,较普遍的做法是用测回法测定路线的左、右角,再用它来推算路线的转折角。

当右角 β 测定以后,根据 β 值计算路线交点处的转角 α。当 $\beta<180°$ 时为右转角(路线向右转);当 $\beta>180°$ 时为左转角(路线向左转)。左转角和右转角按下式计算:

当 $\beta<180°$,则 $\alpha_{左}=\beta-180°$ (15-3)

当 $\beta>180°$,则 $\alpha_{右}=180°-\beta$ (15-4)

在测定 β 后,测设其分角线方向,定出 C (图15-9),打桩标定,以便以后测设道路曲线的中点。

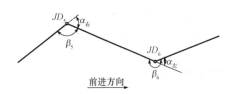

图 15-8 路线的转折角和偏角

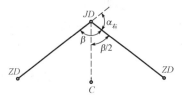

图 15-9 定转折角的分角线方向

为了保证测角精度,需对测角成果进行核验,即对导线角度闭合差进行检查。若两端与国家控制点联系,可以按附合导线的形式进行角度闭合差的计算和调整。对于低等级道路和短距离的路线,可分段进行检查。路线测量规定,每天作业开始与结束必须观测磁方位角至少一次,以便与根据观测值推算的方位角进行校核,其误差不得超过 2°,若超过规定,必须查明产生误差的原因,并及时纠正。若符合规定,则继续观测。

四、里程桩的设置

在路线交点、转点及转角测定后,即可进行实地量距、设置里程桩、标定中线(直线和曲线)位置。一般使用钢尺或全站仪。

里程桩也称中桩,是从路线起点开始,每隔 20 m 或 50 m(曲线上根据不同的曲线半径,每隔 20 m、10 m、5 m)设置一个桩位,各桩号根据该桩与起点的距离来编号。如某桩距路线起点的水平距离为 1 356.88 m,则桩号记为 K1+356.88。

里程桩分为整桩和加桩两种,整桩是以 10 m、20 m 或 50 m 的整倍数设置的桩号,如百米桩、公里桩和路线起点等均为整桩。加桩又分为地物加桩、地形加桩、曲线加桩、关系加桩。凡沿路线中线在人工构筑物(如涵洞、隧道挡墙处、公路与其他公路、铁路、渠道交叉处)加设的桩,称为地物加桩,丈量米或厘米。凡沿路线中线在地面地形突变处、横向坡度变化处以及天然河沟处所设置的里程桩,称为地形加桩,丈量米。对于桥、涵等人工构筑物的桩号,标注时在桩号名前冠以工程名,如"桥""涵"等。凡在曲线主点上设的桩称为曲线加桩,如圆曲线上的起点、中点、终点桩,计算至厘米,设置至分米。

里程桩的测设方法,一般是以两点间的连线为方向线,采用经纬仪定线、钢尺量距的方法来量取每段的水平距离,并在端点处钉设里程号。道路等级低时也可以用标杆定线,皮尺量距。

第三节 圆曲线的测设

当路线由一个方向转向另一个方向时,必须用平面曲线来连接,该曲线称为平曲线,平曲线中最常用的是圆曲线和缓和曲线。本节主要介绍圆曲线测设的具体放样方法。

圆曲线是具有一定半径曲率的圆弧,它有三个重要的点,即起点(又称直圆点,常以 ZY 表示);中点(又称曲中点,常以 QZ 表示)和终点(又称圆直点,常以 YZ 表示)。圆曲线的测设分两步进行:测设三主点,在主点间加密,按规定桩距测设其他各桩点,称为曲线的详细测设。

一、圆曲线的主点测设

(一)圆曲线测设元素的计算

如图 15-10 所示,设交点 JD 的转角为 α,假定圆曲线半径为 R,则可得圆曲线的测设元素:

切线长 T:

$$T = R \cdot \tan \frac{\alpha}{2} \quad (15\text{-}5)$$

曲线长 L:

$$L = R \cdot \alpha \text{(式中的 α 单位要换算成 rad)} \quad (15\text{-}6)$$

外距 E:

$$E = \frac{R}{\cos \frac{\alpha}{2}} - R = R \left(\sec \frac{\alpha}{2} - 1 \right) \quad (15\text{-}7)$$

切曲差 q:

$$q = 2T - L \quad (15\text{-}8)$$

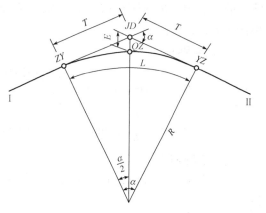

图 15-10 线路圆曲线

(二)主点里程的计算

根据交点的桩号和圆曲线元素可推出:

$$\left. \begin{array}{l} ZY \text{ 桩号} = JD \text{ 桩号} - T \\ YZ \text{ 桩号} = ZY \text{ 桩号} + L \\ QZ \text{ 桩号} = YZ \text{ 桩号} - L/2 \\ JD \text{ 桩号} = QZ \text{ 桩号} + q/2 \end{array} \right\} \quad (15\text{-}9)$$

(三)主点的测设

圆曲线的测设元素和主点里程计算出来后,按下述步骤进行主点测设:

(1)在交点处安置经纬仪,照准一方的交点或转点并设置水平度盘为 0°00′00″,从 JD 沿切线的方向量取切线 T 得到点 ZY,并打桩标钉,立即检查 ZY 至最近里程桩的距离,若两点间的距离误差等于零或在容许范围之内,则认为 ZY 的点位正确,否则应查明原因并纠正。再将经纬仪转向另一方向,同样的方法求得点 YZ。

(2) 转动经纬仪的照准部,拨角 (180°−α)/2,在其视线上量取 E 即得点 QZ。

(3) 检查三点的准确性。

二、圆曲线的详细测设

当曲线长度小于 40 m 时,测设曲线的三个主点已经满足线形的要求。如果曲线较长或地形变化较大时,为满足线形要求或工作需要,除了测设曲线的三主点外还要进行曲线加密。根据地形和曲线的长度,一般每隔 5 m、10 m、20 m 测设一点。圆曲线的详细测设是指测设除圆曲线主点以外的点,包括加密桩、百米桩和其他加桩等。

圆曲线的详细测设方法很多,可根据地形条件加以选用,现介绍以下常用方法。

(一) 切线支距法

切线支距法(又称直角坐标法)是以曲线的起点 ZY(对于前半曲线)或终点(对于后半曲线)为坐标原点,以过曲线的起点或终点的切线为 x 轴,过原点的半径为 y 轴,按曲线上各点坐标 x、y 设置曲线上各点的位置。

如图 15-11 所示,P 为曲线上欲测设的点位,该点至点 ZY 或点 YZ 的弧长为 l_i,φ_i 为 l_i 所对的圆心角,R 为圆曲线半径,则点 P_i 的坐标按下式计算:

$$\left. \begin{array}{l} x_i = R\sin\varphi_i \\ y_i = R(1-\cos\varphi_i) = x_i \tan\dfrac{\varphi_i}{2} \end{array} \right\} \quad (15\text{-}10)$$

$$\varphi_i = \dfrac{l_i}{R} \text{ (rad)} \quad (15\text{-}11)$$

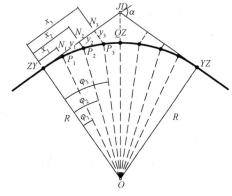

图 15-11 切线支距法详细测设圆曲线

测设步骤如下:

(1) 校对在中线测设时已桩钉的圆曲线的三个主点 ZY、QZ、YZ,若有差错,应重新测设主点。

(2) 从点 ZY(或点 YZ)用钢尺或皮尺沿切线方向量取点 P 的横坐标 x_1、x_2、x_3 得 P_i 垂足点 N。

(3) 在垂足点 N 上,用经纬仪定出切线的垂直方向,沿垂直方向量出 y,即得到待测点。

(4) 丈量所得各点的弦长作为校核。若无误即可固定桩位,注明相应的里程桩。

(二) 偏角法

偏角法是以曲线起点(ZY)或终点(YZ)至曲线上待测点 P_i 的弦与切线之间的弦切角 Δ_i 和弦长 c_i 来确定点 P_i 的位置,如图 15-12 所示。

偏角法又分为长弦偏角法和短弦偏角法。

(1) 长弦偏角法。

①计算曲线上各桩点至点 ZY 或点 YZ 的弦长 c_i 及其与切线的偏角 Δ_i。

②分别架经纬仪于点 ZY 或点 YZ,拨角、量边。

$$\Delta_i = \dfrac{l_i}{2R} \text{ (rad)} \quad (15\text{-}12)$$

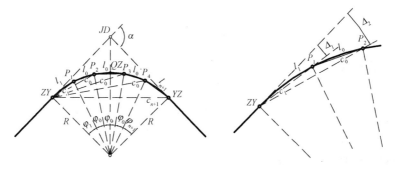

图 15-12 偏角法测设圆曲线细部点

$$c = 2R\sin\frac{\varphi_i}{2} = 2R\sin\Delta_i \tag{15-13}$$

特点：

测点误差不积累；宜以 QZ 为界，将曲线分两部分进行测设。

（2）短弦偏角法。与长弦偏角法相比：

①偏角 Δ_i 相同。

②计算曲线上各桩点间弦线长 c_i。

③架经纬仪于点 ZY 或点 YZ，拨角，依次在各桩点上量边，相交后得中桩点。

圆曲线的测设方法还有极坐标法、弦线支距法、弦线偏距法。

第四节　缓和曲线的测设

缓和曲线是设置在直线与圆曲线之间或大圆曲线与小圆曲线之间，由较大圆曲线向较小圆曲线过渡的线形。本节主要讨论缓和曲线的作用、参数、测设方法。

一、缓和曲线的作用

缓和曲线的作用主要有以下几点：

（1）便于驾驶员操作方向盘。

（2）减小离心力变化。

（3）有利于超高和加宽的过渡。

（4）与圆曲线配合得当，增加线形美观。

二、回旋型缓和曲线基本公式

$$\rho = \frac{C}{l} \tag{15-14}$$

式中　ρ——缓和曲线曲率半径；

　　　l——任一点到缓圆（圆缓）点的弧长；

　　　C——常数。

$$C = RL_s \tag{15-15}$$

式中 L_s——缓和曲线全长。

（一）回旋线切线角公式

$$\beta = \frac{L^2}{2C} = \frac{L^2}{2RL_s} \tag{15-16}$$

式中 β——缓和曲线所对应的中心角。

（二）缓和曲线的总切线角 β_h 公式

$$\beta_h = \frac{L_h}{2R} \cdot \frac{180°}{\pi} \tag{15-17}$$

式中 β_h——缓和曲线全长 L_s 所对应的中心角，也称缓和曲线角。

（三）圆曲线终点的坐标

$$\left. \begin{array}{l} X = \dfrac{L_h^2}{6R} - \dfrac{L_h^4}{336R^3} \\ Y = L_h - \dfrac{L_h^3}{40R^2} \end{array} \right\} \tag{15-18}$$

三、缓和曲线测设

（一）设置缓和曲线的条件

设置缓和曲线的条件：

$$\alpha \geqslant 2\beta_h \tag{15-19}$$

当 $\alpha < 2\beta_h$ 时，即 $L < L_s$（L 为未设缓和曲线时的圆曲线长），不能设置缓和曲线，需调整 R 或 L_s。

（二）测设元素的计算

圆曲线带有缓和曲线的测设，如图 15-13 所示。

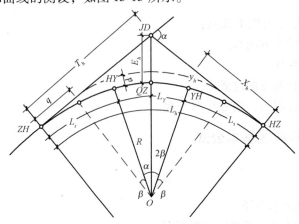

图 15-13 圆曲线带有缓和曲线的测设

（1）内移距 p 和切线增长 q 的计算。

$$p = \frac{L_s^2}{24R} \tag{15-20}$$

$$q = \frac{L_s}{2} - \frac{L_s^3}{240R^2} \tag{15-21}$$

（2）切线长：
$$T_h = (R+p)\tan\frac{\alpha}{2} + q \tag{15-22}$$

曲线长：
$$L_h = (\alpha - 2\beta)\frac{\pi}{180}R + 2L_s = \frac{\pi}{180}\alpha R + L_s \tag{15-23}$$

圆曲线长：
$$L_y = L_h - 2L_s \tag{15-24}$$

外距：
$$E_h = (R+p)\sec\frac{\alpha}{2} - R \tag{15-25}$$

切曲差：
$$D_h = 2T_h - L_h \tag{15-26}$$

（3）桩号推算：

$$\left.\begin{array}{l} ZH = JD - T_h \\ HY = ZH + L_s \\ QZ = ZH + \dfrac{L_h}{2} \\ HZ = ZH + L_h \\ YH = HZ + L_s \end{array}\right\} \tag{15-27}$$

（三）测设方法

（1）从 JD 向切线方向分别量取 T_h，可得点 YH、HY；

（2）从点 YH、HY 分别向 JD 方向及垂向量取 X_h、Y_h，可得点 HZ、ZH；

（3）从 JD 向分角线方向量取 E_h，可得点 QZ。

（四）详细测设

1. 切线支距法（直角坐标法）测设

（1）以 YH（HY）为原点，切线方向为 x 轴，法线方向为 y 轴，计算公式：

$$\left.\begin{array}{l} x = R\sin\varphi + q \\ y = R(1-\cos\varphi) + p \end{array}\right\} \tag{15-28}$$

$$\varphi = \frac{l'}{R} \cdot \frac{180}{\pi} \tag{15-29}$$

$$l' = l - \frac{L_s}{2} \tag{15-30}$$

式中　l——圆曲线上任意一点到点 YH（HY）的弧长；
　　　l'——需要计算的对应 φ 角的弧长。

（2）以 HZ（ZH）原点，切线方向为 x 轴，法线方向为 y 轴，计算公式

$$\left.\begin{array}{l} x = R\sin\varphi \\ y = R(1-\cos\varphi) \end{array}\right\} \tag{15-31}$$

$$\varphi = \frac{l}{R} \cdot \frac{180}{\pi} \tag{15-32}$$

式中　l——圆曲线上任意一点到点 HZ（ZH）的弧长。

根据以上公式，按整桩号或整桩距所需弧长计算出曲线上各点坐标，然后按直角坐标法进行详细测设。

【例 15-1】 平曲线交点 JD 桩号里程为 $K15+807.46$，且转角 $\alpha = 24°30'$，半径 $R = 350\ m$，缓和曲线长 $l_h = 60\ m$，试测设各主点桩。

解：（1）计算缓和曲线常数：

$$p = l_h^2/24R = 0.429\ (m) \qquad q = \frac{l_h}{2} - \frac{l_h^3}{240R^2} = 29.993\ (m)$$

$$\beta_h = \frac{l_h}{2R} \cdot \frac{180°}{\pi} = 4°54'40''$$

$\alpha \geqslant 2\beta$ 符合要求。

（2）计算缓和曲线要素：

切线长：$T_h = (R+p)\tan\frac{\alpha}{2} + q = 106.079\ (m)$

曲线长：$L_h = \frac{\pi}{180}\alpha R + L_s = \frac{\pi}{180}\alpha R + L_h = 149.662\ (m)$

圆曲线长：$L_y = L_h - 2L_s = L_h - 2l_h = 29.662\ (m)$

外距：$E_h = (R+p)\sec\frac{\alpha}{2} - R = 8.594\ (m)$

切曲差：$D_h = 2T_h - L_h = 62.496\ (m)$

（3）主点桩号计算：

JD	$K15+807.46$
$-)\ T_h$	106.079
ZH	$K15+701.381$
$+)\ l_h$	60.00
HY	$K15+761.381$
$+)\ L_y$	29.662
YH	$K15+791.043$
$+)\ l_h$	60.00
HZ	$K15+851.043$
$-)\ L_h/2$	74.831
QZ	$K15+776.212$
$+)\ D_h/2$	31.248
JD	$K15+807.46$（计算无误）

（4）实地敷设：

①在 JD 处沿切线方法分别量取 $106.079\ m$ 得到（ZH）和（HZ）的位置。

②在 JD 处沿分角线方向量取 $8.594\ m$ 得到曲中点（QZ）位置。

③以 HZ 或 ZH 为坐标原点，沿切线方向分别以 X_h 和 Y_h 用切线支距法定出 YH 或 HY 的位置。

2. 偏角法（极坐标法）测设

（1）计算公式。

$$\Delta = \frac{l}{2R} \cdot \frac{180}{\pi} \tag{15-33}$$

$$C = 2R\sin\frac{\varphi}{2} = 2R\sin\Delta \tag{15-34}$$

（2）测设方法。仪器安置于曲线的起点（ZY），后视切线方向，使起始读数为 0°00′00″，在前视方向上调出偏角 Δ_i 后，沿仪器视线方向测设出弦长 C_i，即可得到放样点 P_i。

第五节　道路纵、横断面测量

路线中线测设完成后，要进行纵、横断面测量。纵断面测量又称中平高程测量，它的任务是在道路中线测定后，测定中线各里程桩的地面高程，供路线纵断面点绘地面线和设计纵坡之用。横断面测量是测定路线中线各里程桩两侧垂直与中线方向的地面高程和距离，供路线横断面点绘地面线、路基设计、土石方数量和施工边桩放样等使用。

一、纵断面测量

路线纵断面高程测量采用水准测量。可分为基平测量和中平测量。

（一）基平测量

基平测量是沿路线设立水准点，并测定其高程，建立路线高程控制测量，作为中平测量、施工放样及竣工验收的依据。

（1）路线水准点的设置。水准点是用水准测量的方法建立的路线高程控制点。

水准点根据需要和用途不同，可分为临时性水准点和永久性水准点。布设密度一般是 1~2 km；山岭重丘区可根据需要适当加密为 1 km 左右；大桥、隧道洞口及其他大型构筑物应按要求增设水准点。在点位上，根据需要埋设标石。

（2）基平测量的方法。

①水准点高程测量，根据水准测量的等级选定水准仪及水准尺类型，通常采用一台水准仪在水准点间做往返测量，也可采用两台水准仪做单程测量。

②基平测量时采用一台水准仪在水准点间做往返测量或两台水准仪做单程测量，所得的闭合差应符合水准测量的精度要求，且不得超过容许值。

$$\left. \begin{array}{l} f_{h容} = \pm 30\sqrt{L} \text{ mm} \\ f_{h容} = \pm 9\sqrt{N} \text{ mm} \end{array} \right\} \tag{15-35}$$

式中　L——单程水准路线长度；
　　　N——测站数。

在容许范围内取平均值，作为两水准点间高差。超出限差必须重测。

（二）中平测量

中平测量主要是利用基平测量布设的水准点高程，引测各中桩的地面高程，作为绘制纵断面地面线的依据。

中平测量的方法如下：

（1）中平测量只进行单程测量。一测段观测完成后，应计算该测段的高差。它与基平所测测段两端水准点高差之差，称为测段高差闭合差。

（2）中桩水准测量的精度要求：

①高速公路，一级/二级公路为 $f_{h容} = \pm 30\sqrt{L}$ mm（L 以 km 计）；

②三级、四级公路为 $f_{h容} = \pm 50\sqrt{L}$ mm。

（3）每一测站的各项高程按下列公式计算：

$$视线高程 = 后视点高程 + 后视读数$$
$$中桩高程 = 视线高程 - 中视读数$$
$$转点高程 = 视线高程 - 前视读数$$

（三）纵断面绘制

纵断面图采用直角坐标，以横坐标表示里程桩号、纵坐标表示高程。为了清楚地反映路中心线上地面起伏情况，通常横坐标的比例尺采用1∶2 000，纵坐标采用1∶200。

如图 15-14 所示，纵断面图的上半部分主要用来绘制地面线和纵坡设计线，同时根据需要标注竖曲线位置及要素，沿线桥涵及人工构筑物的位置、结构类型、孔径与孔数，与公路、铁路交叉的桩号及路名，沿线跨越河流名称、桩号，现有水位及最高洪水位，水准点位置、编号和高程，断链桩位置、桩号及长短链关系等。纵断面图的下半部分主要是用来填写有关数据，自下而上分别填写直线与平曲线、里程桩号、地面高程、设计高程、填挖高度、土壤地质说明等。

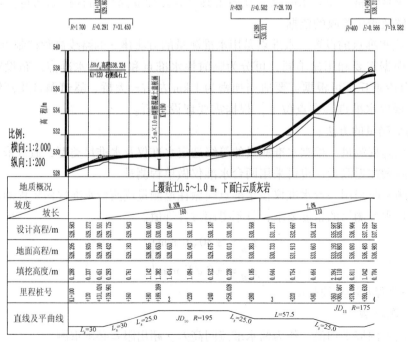

图 15-14 道路纵断面设计图

二、横断面测量

横断面测量是指对垂直于路线中线方向的地面高低起伏所做的测量工作。线路上所要的百米桩、整桩、加桩和曲线主点一般都应测量横断面。横断面测量工作一般包括横断面方向测定、横断面测量和横断面图绘制等。

（一）横断面方向测定

横断面方向应与路线中线垂直，圆曲线路段与测点的切线垂直。一般可采用方向架、方向盘定向，精度要求高的横断面可采用经纬仪、全站仪定向。

1. 直线段横断面方向的测定

直线段横断面方向与路线中线垂直，一般可采用方向架测定。

如图 15-15 所示，将方向架置于桩点上，方向架上有两个相互垂直的固定片，用其中一个瞄准该直线上任一中桩，另一个所指方向即该点的横断面方向。

2. 圆曲线段横断面方向的测定

（1）圆曲线上横断面方向应与中线在该桩的切线方向垂直，圆曲线上任意一点的横断面方向即该点指向圆心的半径方向。

（2）圆曲线上横断面方向确定时采用"等角"原理，即同一圆弧上的弦切角相等。

（3）测定时一般采用有活动定向杆的方向架，如图 15-16 所示。

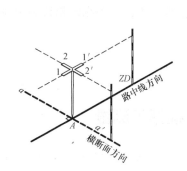

图 15-15 用方向架定横断面方向

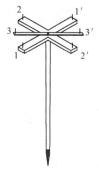

图 15-16 有活动定向杆的方向架

（二）横断面的测量方法

横断面的测量方法通常有如下几种。

1. 标杆皮尺法

如图 15-17 所示，将标杆立于断面方向的某特征点 1 上，皮尺靠中桩在地面拉平，量出至该点的平距，而皮尺截于标杆的红白格数（每格 0.2 m）即两点的高差。同法连续测出相邻两点的平距和高差，直至规定的横断面宽度为止。

2. 水准仪法

在平坦地区可采用水准仪测量横断面。施测时，在横断面方向附近安置水准仪，以中桩地面高程为

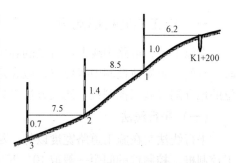

图 15-17 标杆皮尺法测横断面

后视,以中桩两侧横断面方向上的地形特征点为前视,分别测量地形特征点的高程。用皮尺分别测量出地形特征点至中桩点的平距,根据边坡点的高程和至中桩的距离即可得出横断面测量成果。

3. 经纬仪法

在地形复杂、山坡较陡的地段宜采用经纬仪施测。安置经纬仪于中桩上,直接用经纬仪定出横断面方向,用视距法测出中桩至各地形变化点的距离和高差。

4. 全站仪法

全站仪法的操作方法和经纬仪法视距法相同,在立棱镜困难的地区,可使用无棱镜测距全站仪。

(三) 横断面图绘制

横断面图所需的各桩号和横断面地面线可在外业实测后直接绘制在图纸上,也可按实测记录到室内绘制在图纸上。在图纸上绘制横断面地面线时,必须从图纸的左下方开始,按顺序逐个桩号向图纸上方排列,换列时也一样由下而上排列,直至图纸的右上方为本页图纸最后一个桩号的横断面地面线为止。

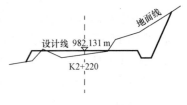

图 15-18　横断面图

如图 15-18 所示,横断面设计图比例尺一般用 1∶200。在横断面图上要标注桩号、填挖高度、填挖面积、边坡坡度。绘图时,用毫米方格纸,先以一条纵向粗线为中线,以纵线和横线相交的点为中桩位置,向左右两侧绘制。

第六节　道路工程施工测量

道路施工测量的主要工作包括恢复道路中线测量,施工控制桩、路基边桩和竖曲线测设等。

从路线勘测,经过道路工程设计到开始道路施工这段时间里,往往有一部分道路中线桩点被碰动或丢失。为了保证路线中线位置的可靠性,施工之前,应进行一次复核测量,并将已经被碰动或丢失的焦点桩、里程桩等恢复和校正好,其方法与中线测量相同。其余各项测量如下所述。

一、施工控制桩的测设

在施工中,道路中线上所钉设的各中点位都要被挖掉或掩埋,为了保证在施工过程中及时、有效、可靠地控制中线位置,应在道路中线两侧不受施工干扰、便于引测、易于保存桩位的地方测设施工控制桩。测设方法有以下两种。

(一) 平行线法

平行线法是在施工道路宽度以外,尽可能在中线两侧等距离处测设两排平行于中线的施工控制桩,控制桩的间距一般取 10～20 m,如图 15-19 所示。此法多用于地势平坦、直线段较长的城郊道路、街道。

（二）延长线法

延长线法是在两条中线的延长线上和曲中点 QZ 至交点 JD 的延长线上测设施工控制桩，每条延长线上的施工控制桩数应不少于两个。应量出各施工控制桩至交点的距离，并做记录，如图 15-20 所示。其主要目的是控制交点位置。此法多用于地势起伏较大、直线段较短的山区道路。

图 15-19 平行线法定施工控制桩

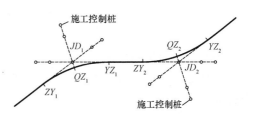

图 15-20 延长线法定施工控制桩

二、路基边桩测设

边桩的测设就是根据设计图，把路基边坡与原有地面的交点在地面上用木桩测定出来，该点称为边桩，是路基施工的依据。其测设方法如下。

（一）图解法

在道路设计时，地形横断面及路基设计断面都已绘制在方格厘米纸上，路基边桩的位置可用图解法求得，即在横断面设计图上量取中桩至边桩的距离。然后到实地按横断面方向用皮尺量出其位置。

（二）解析法

解析法是通过计算求得路基中桩至边桩的距离，在平地和山区，计算和测设的方法不同，现分述如下。

1. 平坦地区路基边桩测设

填方路基称为路堤 [图 15-21（a）]，挖方路基称为路堑 [图 15-21（b）]。

路基边桩至中桩的距离为

$$l_{左} = l_{右} = \frac{B}{2} + mh \tag{15-36}$$

路堑边桩至中桩的距离为

$$l_{左} = l_{右} = \frac{B}{2} + s + mh \tag{15-37}$$

式中 $l_{左}$、$l_{右}$——道路中桩至边桩的距离；

B——路基的宽度；

m——路基边坡率；

h——填土高度或挖土深度；

s——路堑边沟顶宽。

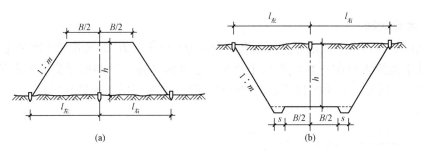

图 15-21 平坦地区路基边桩测设

2. 倾斜地面的边桩测设

如图 15-22（a）所示，在山坡上测设路基边坡，从图上可以看出，左、右边桩离中桩的距离为

$$l_{左} = \frac{B}{2} + s + mh_{左} \tag{15-38}$$

$$l_{右} = \frac{B}{2} + s + mh_{右} \tag{15-39}$$

式中，B、s、m 均由设计决定，$l_{左}$、$l_{右}$ 随 $h_{左}$、$h_{右}$ 而变。而 $h_{左}$ 和 $h_{右}$ 为左右边桩与中桩的地面高差，故两者都为未知数，因此，实地放样时，沿着选定的横断面方向，采用逐点接近的方法测设边桩，下面通过举例加以说明。

在图 15-22（b）中，设路基左侧加沟顶宽度为 4.7 m，右侧为 5.2 m，中心桩挖深为 5.0 m，边坡坡度为 1∶1。现以左侧为例，说明山坡边桩上边坡测设的逐点接近法。

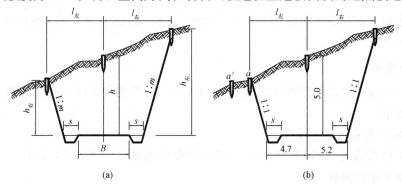

图 15-22 倾斜地面的边桩测设
（a）倾斜地面；（b）测设实例

（1）设计边桩位置。设路基左边桩比中桩低 1.0 m，则 $h_{左} = 5 - 1 = 4$（m），代入式 (15-38)，得到左边桩与中桩近似距离：

$$l_{左估} = \frac{B}{2} + s + mh_{左} = 4.7 + 4 \times 1 = 8.7 \text{（m）}$$

在实地量 8.7 m 平距，得到点 a'。

（2）实测高差。用水准仪测定 a' 与中桩之高差为 1.3 m，则点 a' 距中桩的平距应为

$$l_{左} = 4.7 + (5.0 - 1.3) \times 1 = 8.4 \text{（m）}$$

此值比初次估算值（8.7 m）小，故正确的边桩位置应在点 a' 的内侧，重新测定。

（3）重估边桩位置。正确的边桩位置应为 8.4~8.7 m，重新估计在距中桩 8.5 m 处地面定出点 a；

（4）重测高差。测出点 a 与中桩的高差为 1.2 m，则点 a 与中桩之平距应为

$$l_{左} = 4.7 + （5.0 - 1.2）\times 1 = 8.5 （m）$$

此值与估计值相符，故点 a 即左侧边桩位置。

三、竖曲线测设

在设计路线纵坡变更处，考虑行车的视距要求和行车稳定性，在竖直面内用圆曲线连接起来，这种曲线称为竖曲线。如图 15-23 所示，路线上三条相邻的纵坡 i_1（+）、i_2（-）、i_3（+），转坡角以 θ 表示，则 $\theta = i_1 - i_2$。在 i_1 和 i_2 之间设置凸形竖曲线；在 i_2 和 i_3 之间设置凹形竖曲线。

图 15-23 竖曲线

根据路线的相邻坡道的纵坡设计 i_1 和 i_2，计算竖曲线的坡度转折角 α，由于 α 角很小，计算时可以做一些简化：

$$\alpha = \arctan i_1 - \arctan i_2 \approx （i_1 - i_2）\times \frac{180°}{\pi} = \theta \frac{180°}{\pi} \quad (15\text{-}40)$$

竖曲线的设计半径为 R，竖曲线的计算元素为切线长 T、曲线长 L 和外距 E。因此，可以采用平曲线计算主点测设元素的式（15-5）~式（15-7）。

由于竖曲线的 R 较大，而 α 较小，因此，竖曲线测设元素（图 15-24）也可以用下列近似公式计算：

$$\left.\begin{array}{l} T = \dfrac{R}{2}（i_1 - i_2） = \dfrac{1}{2} R\omega \\ L = R（i_1 - i_2） = R\omega \\ E = \dfrac{T^2}{2R} \end{array}\right\} \quad (15\text{-}41)$$

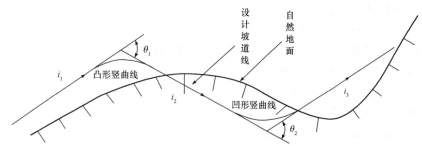

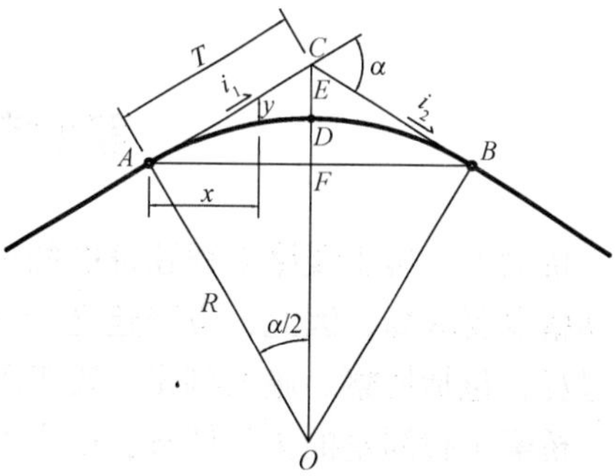

图 15-24 竖曲线测设元素

同理可导出竖曲线中间各点按直角坐标测设的 y_i（竖曲线上的标高改正值）计算式：

$$y_i = \frac{x_i^2}{2R} \quad (15\text{-}42)$$

式中的 y_i 值在凹形竖曲线上为正值,在凸形竖曲线上为负值。

【例 15-2】 某山岭区二级公路,转坡点设在 K3+560 桩号处,其高程为 482.36 m,两相邻坡段的前坡 $i_1 = +4.8\%$,后坡 $i_2 = -3.2\%$,竖曲线半径 $R = 2\ 000$ m。试计算竖曲线要素以及桩号 K3+500 和 K3+600 处的路基设计标高。

解:转坡角:$\omega = i_1 - i_2 = 0.048 - (-0.032) = 0.08 > 0$ 为凸形竖曲线

曲线长:$L = R\omega = 2\ 000 \times 0.08 = 160$(m)

切线长:$T = \dfrac{L}{2} = \dfrac{160}{2} = 80$(m)

外距:$E = \dfrac{T^2}{2R} = 80^2 / (2 \times 2\ 000) = 1.6$(m)

竖曲线起点桩号:(K3+560) - 80 = K3+480

竖曲线终点桩号:(K3+560) + 80 = K3+640

(1) 桩号 K3+500 处:

平距:l = (K3+500) - (K3+480) = 20(m)

竖距:$h = l^2 / (2R) = 20^2 / (2 \times 2\ 000) = 0.10$(m)

切线标高:482.36 - 60 × 0.048 = 479.48(m)

设计标高:479.48 - 0.10 = 479.38(m)

(2) 桩号 K3+600 处:

平距:l = (K3+640) - (K3+600) = 40(m)

竖距:$h = l^2 / (2R) = 40^2 / (2 \times 2\ 000) = 0.40$(m)

切线标高:482.36 - 40 × 0.032 = 481.08(m)

设计标高:481.08 - 0.40 = 480.68(m)

竖曲线起点、终点的测设方法与圆曲线相同,而竖曲线上辅点的测设,实质上是在曲线范围内的里程桩上测出竖曲线的高程。因此,在实际工作中,测设竖曲线都与测设路面高程桩一起进行。测设时,只需把已算出的各点坡道高程再加上(对于凹形竖曲线)或减去(对于凸形竖曲线)相应点上的标高改正值即可。

第七节 桥梁施工测量

桥梁工程属于线路工程建设中的重要内容,由于桥梁工程结构和施工工艺复杂、建设标准和精度要求高,因此,应当建立专门的桥梁控制网,并且测量工作贯穿桥梁工程建设的整个过程,包括勘察、施工测量、竣工测量、施工过程中和竣工通车后的变形监测等。

桥梁工程测量的主要任务:研究不同桥梁的勘察、设计、施工、管理养护对控制网、放样及变形监测等工作的精度要求,以及测量方法、数据处理与分析及安全性评估技术等,从而为桥梁勘察、设计、施工、验收和安全性监测提供满足技术要求的测绘保障。桥梁勘察、设计阶段的测量工作主要包括桥址地形测绘、桥址纵断面及辅助断面测量等,前面章节已有类似方法介绍,本节主要介绍桥梁控制测量、施工测量。

一、桥梁控制测量

（一）桥梁控制网

桥梁控制网是一项保证工程质量的基础工作。在桥梁建设的各个阶段，桥梁控制测量的目的不同：在勘察阶段，主要目的是测定桥长、联测两岸地形、收集水文资料进行必要的水文测量等，这一阶段的测量工作主要为设计提供基础资料，以及为施工准备提供各种比例尺的地形图；在施工阶段，主要是为保证满足桥轴线（即在桥梁中线两端控制点间的连线）长度放样和桥梁墩、台定位精度要求，控制网的精度要求高，作为施工时的平面控制基准，其任务不仅要精确测定两桥台间（正桥部分）的距离，还要满足各桥墩、桥台的中心、钢梁纵横轴线、支座十字线等结构部件按设计坐标在规范误差范围内放样，以及考虑作为检查墩台施工过程及竣工后变形观测的控制依据。

（二）桥梁平面控制测量

桥梁平面控制网通常分为两级布设：首级控制网主要用于控制桥轴线位置；为了满足测设桥墩台的需要，在首级网下需要加设一定数量的插点或插网，构成第二级控制网。桥墩台放样精度取决于桥梁结构形式和施工精度要求，例如，一般要求钢梁墩台中心在桥轴线方向的位置误差不大于 10 mm。

桥梁平面控制网的精度应能够满足桥轴线长度和桥梁墩台中心定位的精度要求，必须严格按照有关测量规范要求进行桥梁控制网的设计和施测。由于桥墩、桥台定位时主要以桥轴线为依据，因此，桥轴线的精度决定了桥墩、桥台的定位精度。通常，为了合理地制定桥梁工程测量方案，首先需要估算桥轴线的测量精度。

1. 桥轴线测量精度估算

桥轴线的测量精度与桥梁结构、材料、跨长度、跨形式等有关，常见的估算公式如下：

钢筋混凝土简支梁：$m_L = \pm \dfrac{\Delta_D}{\sqrt{2}} \sqrt{N}$；

钢板梁及短跨（$l \leqslant 64$ m），简支钢桁架梁单跨：$m_l = \pm \dfrac{1}{2}\sqrt{\left(\dfrac{l}{5\,000}\right)^2 + \delta^2}$；

钢板梁及短跨（$l \leqslant 64$ m），简支钢桁架梁多跨等距：$m_L = \pm m_l \sqrt{N}$；

钢板梁及短跨（$l \leqslant 64$ m），简支钢桁架梁多跨不等距：$m_L = \pm \sqrt{m_{l1}^2 + m_{l2}^2 + \Delta_l \Delta_l}$；

连续梁及长跨（$l \geqslant 64$ m），简支钢桁架梁单联（跨）：$m_l = \pm \dfrac{1}{2}\sqrt{n\Delta_l^2 + \delta^2}$；

连续梁及长跨（$l \geqslant 64$ m），简支钢桁架梁多联等联：$m_L = \pm m_l \sqrt{N}$；

连续梁及长跨（$l \geqslant 64$ m），简支钢桁架梁多联不等联：$m_L = \pm \sqrt{m_{l1}^2 + m_{l2}^2 + \Delta_l \Delta_l}$。

式中　m_l——单跨长度中误差；
　　　m_L——桥轴线长度中误差；
　　　l——梁长；
　　　N——联（跨）数；
　　　n——每联（跨）节间数；

Δ_D——墩中心的点位放样限差（一般取 10 mm）；

Δ_l——节间拼装限差（一般取 2 mm）；

δ——固定支座安装限差（一般取 7 mm）；

$l/5\ 000$——梁长制造限差。

2. 桥梁平面控制网的建立

桥梁平面控制网的特点是控制范围小、控制点密度较大、精度要求高、使用次数频繁及受施工干扰大等。因此，布网时应考虑桥梁施工方法和施工场地情况，所布设的控制点应标定在施工设计总平面图上，通知施工人员必须注意保护。

桥梁平面控制网的主要形式有：边角网、导线及 GPS 网等。根据桥梁跨越的河宽及地形条件，桥梁平面控制网多布设成如图 15-25 所示形式的边角网。

  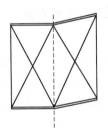 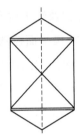

图 15-25 桥梁平面控制网形式

为了施工放样时计算方便，桥梁控制网一般采用独立坐标系统，其坐标轴采用平行或垂直桥轴线方向，这样桥轴线上两点间的长度可由坐标差求得。对于曲线桥梁，坐标轴线可选平行或垂直于某岸边桥轴线的控制点的切线。通常，将桥轴线作为平面控制网的一条边，这样，可保证桥轴线长度的精度。影响桥梁墩台定位精度的因素主要有控制网本身的误差，以及利用控制网进行施工放样的误差。

3. 桥梁平面控制测量的外业工作

桥梁平面控制网的外业测量工作包括实地选点、造标埋石、水平角测量和边长测量等工作。选择控制点时，应尽可能使桥轴线作为控制网的一个边，否则也应将桥轴线的两个端点纳入控制网，以便可以反算出桥轴线长度。由于桥梁坐标系一般以桥轴线作为 X 轴，而桥轴线始端控制点的里程作为该点的 X 值，这样，桥梁墩台的设计里程即为该点的 X 坐标值，便于施工放样数据的计算。

对边角网控制点的要求，除图形刚强（即接近等边三角形）外，还要求地层稳定、视野开阔、便于采用角度交会法交会桥墩位置，且交会角不要太大或太小。在控制点上要埋设标石并刻有"十"字的金属中心标志。如果兼作高程控制点使用，则中心标志应做成顶部为半球状。边角网的测角及测边精度要求见表 15-1。

表 15-1 边角网的测角及测边精度要求

边角网等级	桥轴线相对中误差	测角中误差/″	边长相对中误差
二	1/125 000	±1.0	1/300 000
三	1/75 000	±1.8	1/200 000

续表

边角网等级	桥轴线相对中误差	测角中误差/″	边长相对中误差
四	1/50 000	±2.5	1/100 000
五	1/30 000	±4.0	1/75 000

在施工时，如因机具、材料等遮挡视线，无法利用控制网中的控制点进行施工放样时，可以根据控制网两个以上的控制点加密二级控制点。这些加密点称为插点，插点的精度要求与一级主网相同，但在计算时，主网上控制点的坐标作为已知数据，不得变更。

（三）桥梁高程控制测量

桥梁高程控制网提供具有统一高程系统的施工控制点，使桥梁两端高程准确衔接，同时满足高程放样需要。桥梁高程控制测量作用：统一本桥高程基准面；在桥址附近设立基本高程控制点和施工高程控制点，以满足施工中高程放样和监测桥梁墩台垂直变形的需要。建立高程控制网的常用方法是水准测量和三角高程测量。其要点是确定高程系统和观测精度。

1. 高程系统

桥梁高程控制网应与国家高程系统联测，纳入国家水准点等级系列。桥梁高程控制点的精度要求较高，一般按国家有关规范要求进行水准测量，通常采用二等或三等水准测量精度进行施测。桥梁水准点（也称水准基点）应与线路水准点的高程系统一致。

水准基点布设的数量因河宽及桥的大小而异。一般小桥可只布设一个；长度在200 m以内的桥梁，宜在两岸各布设一个；当桥梁长度超过200 m时，为了便于检查高程控制点是否变化，则每岸至少设置两个。水准基点应设置稳固、安全，根据地质条件可采用混凝土标石、钢管标石、管柱标石或钻孔标石等方法建立，并在标石上方嵌以凸出半球状的铜质或不锈钢标志，以便水准基点能够长期使用。为了方便施工测量，也可在施工场地附近设立施工水准点，由于其使用时间较短，在结构上可以简化，但要求使用方便、稳定，且在施工时不易被破坏。

2. 观测精度

当桥梁高程控制网与线路水准点联测时，如果包括引桥在内的桥长小于500 m时，可用四等水准测量精度联测，大于500 m时应采用三等水准进行联测。但桥梁本身的水准网则应用更高的精度进行测量，因为它直接影响桥梁各部件的放样精度。

当跨河距离大于200 m时，宜采用过河水准方法联测两岸的水准点。跨河点间的距离小于800 m时，可采用三等水准测量精度，大于800 m时则应采用二等水准进行测量。

二、桥梁施工放样

桥梁施工放样的主要内容包括桥轴线长度测量、墩台中心放样、墩台细部放样及梁部放样等。对于小型桥梁，由于河窄水浅，则可以在桥墩台间直接测设距离进行放样，或根据控制点采用角度交会法、极坐标法等进行放样。对于大、中型桥梁应建立桥梁控制网，施工时可利用桥梁控制点进行放样。由于桥轴线通常为桥梁控制网中的一条边，因此，不需要再进行桥轴线长度测设。桥梁施工放样的基本工序：根据设计单位提供的桥梁控制网资料，编制放样方案及图表，计算墩台点位中心等的放样数据，实地进行放样，然后进行检核。

(一)桥梁墩台定位放样

在桥梁墩台的施工过程中,首先要测设出墩台的中心位置,其测设数据是根据控制点坐标和设计的墩台中心坐标计算出来的。

1. 直线形桥梁的墩台放样

直线形桥梁的墩台中心位置都位于桥轴线方向上。由于墩台中心的设计里程及桥轴线起点的里程是已知的,则相邻两点的里程相减即可求得它们之间的放样距离,如图 15-26 所示。根据地形条件,可采用直接测距法或角度交会法测设出桥梁墩台中心的位置。极坐标法或自由设站法也可用于困难条件下墩台中心的测设,但应注意已测设点位的调整,以便使其位于同一直线上。

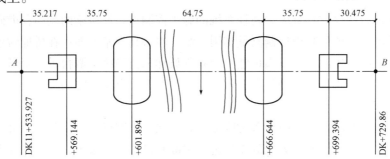

图 15-26 直线桥梁墩台中心位置示意图

(1) 直接测距法。直接测距法适用于无水或浅水河道,可以采用全站仪或钢尺进行距离测设。

①利用全站仪进行测设:在桥轴线的一端安置仪器,并照准另一端;在桥轴线方向上设置反光镜并前后移动,直至测出的距离与设计距离相符,该点即要测设的墩台中心位置。测设后要检核测设的墩台中心位置。

②利用检定过的钢尺测设:根据计算出的测设距离,从桥轴线的一端开始,利用水平距离测设方法逐段测设出墩台中心位置,并附合于桥轴线的另一个端点上;计算测设距离与桥轴线长度之间的误差,如在限差范围之内,则按比例调整已测设距离,超限则重测。

(2) 角度交会法。当桥墩位于水中,无法丈量距离或安置反光镜时,则采用角度交会法。如图 15-27 所示,A、B、C、D 为桥梁控制网中的控制点,且 A、B 为桥轴线端点,E 为墩台中心设计位置,则点 E 的测设方法如下:

①计算测设数据:根据控制点和墩台中心坐标,反算测设数据 α、β、φ、φ' 及 l_{AE};或可以直接利用控制测量中已得到的 φ、φ'、d_1、d_2,l_{AE} 由 A、E 的两点里程求得;

②实地测设:分别在点 C、D 安置仪器,利用角度交会法测设已知水平角 α、β,两方向线的交点即点 E;

③检核:在点 A 安置仪器瞄准点 B 给出桥轴线方向,并在该方向测设平距 l_{AE} 得点 E;由于存在误差影响,三个方向形成如图 15-28 所示的示误三角形;测量规范要求示误三角形的最大边长,在墩台下部不应大于 25 mm、上部不应大于 15 mm;

④调整:如果在限差范围内,则将角度交会点 E' 投影至桥轴线上得点 E,作为墩台中心点位。

同理，可以测设出其他桥梁墩台中心位置。随着工程的进展，需要经常定点。为了提高工作效率，通常在交会方向的延长线上设立标志，如图15-29所示。在以后交会定点时不再测设角度，而是直接照准对岸标志。当桥墩露出水面以后，可在墩上架设反光镜，利用直接测距法定出墩台中心位置。

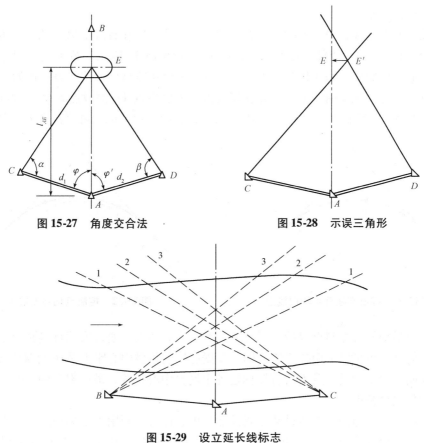

图15-27　角度交合法　　　　　　　图15-28　示误三角形

图15-29　设立延长线标志

2. 曲线形桥梁的墩台放样

直线形桥梁中线和线路中线都是直线，两者完全重合。曲线形桥梁的每跨梁是直梁时，桥梁中线则是折线（称为桥梁工作线），墩台中心位于折线的交点上，而线路中线为曲线，如图15-30所示。曲线形桥梁墩台中心测设，就是测设桥梁工作线的交点。

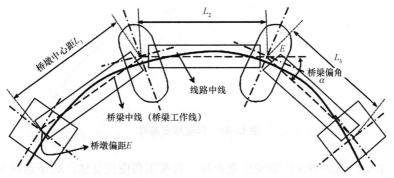

图15-30　曲线形桥的桥梁工作线

梁的布置应使桥梁工作线的转折点向线路中线外侧移动一段距离 E，这段距离称为"桥墩偏距"，E 值一般是以梁长为弦线的中矢的一半。相邻桥梁工作线之间构成的偏角 α 称为"桥梁偏角"，每段折线的长度 L 称为"桥墩中心距"。E、α、L 在设计图中都已经给出，根据给出的 E、α、L 即可测设墩位。曲线桥测设墩台时，也是以桥轴线两端的控制点作为墩台测设和检核的依据。

桥轴线控制点在线路中线上的位置，可能一端（点 A）在直线上另一端（点 B）在曲线上，如图 15-31 所示；也可能两端都位于曲线上，如图 15-32 所示。桥轴线控制点或曲线主点测设时，通常以曲线的切线作为 x 轴，采用直角坐标法或极坐标法测设。例如，如果控制点一端在直线上另一端在曲线上，则先在切线方向上设出点 A；测设点 B 时，由点 B 里程与点 ZH 里程之差得曲线长度，可算出点 B 的 x、y，利用直角坐标法可测设点 B 位置。

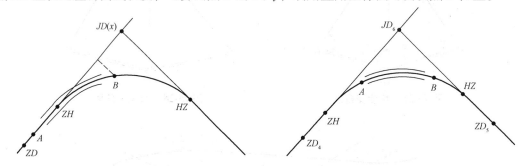

图 15-31　控制点在直线和曲线上　　　　图 15-32　控制点均在曲线上

在测设出桥轴线的控制点以后，即可进行墩台中心测设。通常采用直接测距法或角度交会法测设；另外，也可以采用导线法，即：根据已知的桥墩中心距 L 及桥梁偏角 α，则可以从控制点开始，逐个测设 α 及 L 后直接标定各个墩台中心位置，最后附合到另外一个控制点上，以便检核测设精度。

也可以利用极坐标法或自由设站法测设墩台中心位置。利用极坐标法时，首先根据控制点及各墩台中心设计坐标，计算出控制点至墩台中心的距离 D_i 及夹角 δ_i 等测设数据；然后，将仪器安置在控制点 A（图 15-33），从切线方向测设 δ_i 并在此方向上测设 D_i，即得墩台的中心位置。由于极坐标法测设的各点是独立的，虽然误差不积累，但难以发现错误，所以一定要对各个墩台中心距进行检核。

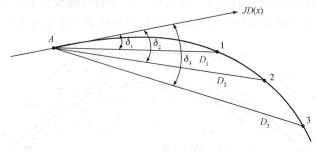

图 15-33　极坐标法放样

当墩位于水中，无法架设仪器或反光镜时，宜采用角度交会法。由于这种方法是利用控制网点交会墩位，所以墩位坐标系与控制网的坐标系必须一致。一旦在桥墩上能够架设仪器或反光镜时，应采用极坐标法等方法进行测设和检核。

（二）墩台纵、横轴线的测设

为了进行墩台施工的细部放样，需要测设其纵、横轴线。纵轴线是指过墩台中心且平行于线路方向的轴线，而横轴线是指过墩台中心且垂直于线路方向的轴线。桥台的横轴线是指桥台的胸墙线。

直线形桥墩台的纵轴线与线路中线的方向重合。测设时在墩台中心架设仪器，从线路中线方向测设90°即横轴线的方向（图15-34）。

曲线形桥墩台的轴线位于桥梁偏角α的分角线上。测设时在墩台中心架设仪器，瞄准相邻的墩台中心，测设 α/2 水平角即纵轴线的方向；自纵轴线方向测设90°，即横轴线的方向，如图15-35所示。

在施工过程中，墩台中心的定位桩要被挖掉，但随着工程的进展，又经常需要恢复墩台中心位置。因此，应在施工范围以外钉设护桩，以便恢复墩台中心位置，即在墩台的纵、横轴线方向上，两侧各钉设至少两个木桩，这样便可以恢复轴线方向。由于曲线形桥墩台中心的护桩纵横交错，在使用时容易出错，所以在每个桩上一定要注明墩台的编号。

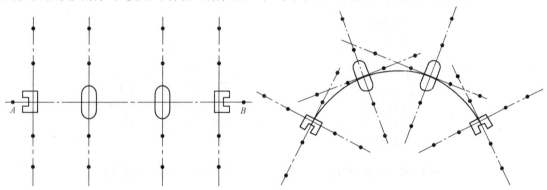

图 15-34 直线桥墩台轴线测设　　　　图 15-35 曲线桥墩台轴线测设

（三）桥梁墩台细部施工放样

桥梁的基础通常采用明挖基础或桩基础。明挖基础构造如图15-36所示，先在墩台位置处挖出基坑，将坑底平整后再灌注基础及墩身。根据已经测设的墩中心位置，测设出纵、横轴线，以及基坑的长度和宽度，标定出基坑的边界线。在开挖基坑时，如坑壁有一定的坡度，则应根据基坑深度及坑壁坡度测设出基坑的开挖边界线。边坡桩至墩台轴线的距离 D（图15-37）按下式计算：

$$D = \frac{b}{2} + hm$$

式中　b——坑底长度或宽度；

　　　D——坑顶长度或宽度；

　　　h——基坑深度；

　　　m——坑壁坡度系数的分母。

桩基础的构造如图15-38所示。它是在基础的下部打入基桩（柱），在桩群的上部灌注承台，使桩和承台连成一体，再在承台上面修筑墩身。

基桩位置放样如图 15-39 所示，它是以墩台纵、横轴线为坐标轴，按设计位置用直角坐标法测设每个基桩中心位置。在基桩施工完成后承台修筑前，应再次测定基桩中心位置，作为竣工验收资料。

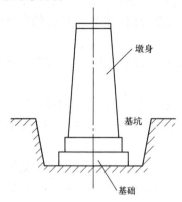

图 15-36　明挖基础构造

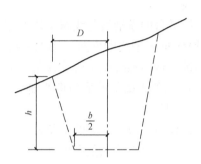

图 15-37　边坡桩与墩台轴线关系

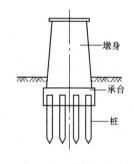

图 15-38　桩基础构造

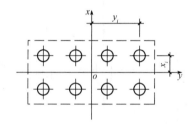

图 15-39　基础位置放样图

明挖基础的基础部分、桩基的承台及墩身的施工放样，都是先根据护桩恢复墩台纵、横轴线，再根据纵、横轴线设立模板，在模板上标出中线位置，使模板中线与桥墩的纵、横轴线对齐即可。

墩台施工中的高程放样，通常都在墩台附近设立一个施工水准点，根据该点以水准测量方法测设各部分的设计高程。但在基础底部及墩台的上部，由于高差过大，难以用水准尺直接传递高程时，可采用悬挂钢尺的办法传递高程。

架梁时，无论是钢梁还是混凝土梁，都是按设计尺寸预先制作好，再运到工地进行架设。梁的两端是用位于墩顶的支座支撑的，支座放在底板上，而底板则用螺栓固定在墩台的支承垫石上。架梁的测量工作主要是测设支座底板的位置，支座底板的纵、横中心线与墩台纵、横轴线的位置关系在设计图上已给出，因此，在墩台顶部的纵横轴线测设出后，可根据它们的相互关系，用钢尺将支座底板的纵、横中心线测设出来。

习题与思考题

1. 线路测量的主要内容是什么？它的任务是什么？

2. 何谓线路中线的转点、交点和里程桩？如何测设里程桩？
3. 设有一圆曲线，已知 JD 的桩号是 K10+220.00，右转折角 $\alpha = 45°15'$，$R = 100$ m。
（1）计算圆曲线主点测设元素 T、L、E、D。
（2）计算圆曲线主点 ZY、QZ、YZ。
（3）设曲线上整桩距 $l_0 = 20$ m，计算该圆曲线细部点偏角法测设数据。
4. 简述用切线支距法测设圆曲线细部点的方法与步骤。
5. 路线横断面测量的任务是什么？
6. 横断面测设的方法有哪些？它们的适用条件是什么？
7. 道路边桩放样的方法有哪些？它们的适用条件是什么？
8. 设路线纵断面图上的纵坡设计如下：前坡 $i_1 = +4.0\%$，后坡 $i_2 = -5.0\%$，转坡点设在 K6+140 桩号处，其高程为 428.90 m，竖曲线半径 $R = 2\,000$ m。试计算竖曲线要素和竖曲线起终点桩号以及桩号 K6+100 和 K6+200 处的路基设计标高。
9. 何谓桥轴线？它的精度如何确定？
10. 桥梁控制网坐标系是如何确定的？为什么要建立这样的坐标系？
11. 桥梁施工阶段的测量工作主要有哪些？

第十六章

地下工程测量

第一节 地下工程概述

一、地下工程的概念和种类

地下工程是指深入地面以下为开发利用地下空间资源所建造的地下土木工程。根据工程建设的特点，地下工程可分为三大类：

(1) 地下通道工程，如隧道工程（铁路隧道、公路隧道、输水隧洞等）、城市地铁等。

(2) 地下建（构）筑物，如地下工厂、仓库、游乐场、影剧院、餐厅、图书室、商业街、人防工程、军事设施等。

(3) 为开采各种矿产资源的地下采矿工程。

二、地下工程测量的特点

地下工程测量是地下工程在规划、设计、施工、竣工及经营管理各阶段所进行的测量工作。与地面工程测量相比，地下工程测量具有以下特点：

(1) 地下工程施工环境差；黑暗潮湿，经常需要点下对中，边长长短不一、通视不好，因此测量精度难以保证。

(2) 地下工程的坑道多采用独头掘进，硐室间互不相通，不便组织校核，错误往往不能及时发现，点位误差累积严重。

(3) 地下工程施工面狭窄，坑道内只能前后通视，控制测量形式只适合布设导线。

(4) 随着坑道工程的掘进，需要不间断地进行测量工作。一般先以低等级导线指示坑道掘进，而后布设高级导线进行检核。

(5) 需要采用特殊或特定的测量方法和仪器。例如，为了保证地下与地上坐标系统的统一，需要进行联系测量等。

三、地下工程对测量的要求

地下工程测量的内容包括地面控制测量，地面与地下的联系测量，地下坑道中的控制、竣工及施工测量。地下工程对测量有如下要求：

(1) 严格遵循先控制后碎部、高级控制低级、步步有检核、精度满足规范要求的原则。

(2) 隧道工程中，相向开挖工作面的施工中线往往因测量误差而产生贯通误差（分别是横向误差、纵向误差、高程误差）。对隧道来说，纵向误差不会影响隧道贯通的质量，横向误差及高程误差会影响隧道贯通的质量。所以采取措施控制横向误差及高程误差对保证隧道贯通的质量非常重要。

(3) 为保证地下工程的质量，在工程施工前，要进行工程测量误差预计。预计可将容许的竣工误差适当分配：地面测量条件比地下好，地面控制测量精度应要求高些，将地下测量的精度适当降低。

(4) 应尽量采用先进测量设备。地面控制尽量采用卫星定位技术，平面联系测量尽量采用陀螺定向，坑道内导线尽量采用电磁波测距以加长边长而减少导线点数。为限制测角误差的传递，导线前进一定距离后，应加测陀螺定向边。

第二节　地下工程控制测量

一、地下工程控制测量的特点

由于地下工程条件的限制，地下工程大多采用导线和导线网进行地下平面控制测量。与地面工程控制测量比较而言，地下工程控制测量具有以下特点：

(1) 由于受巷道的限制，其形状通常形成延伸状。地下导线不能一次布设完成，而是随着巷道的开挖而逐渐向前延伸。

(2) 导线点有时会设于巷道顶板而采取点下对中。

(3) 随着坑道的开挖，先敷设边长较短、精度较低的施工导线，指示巷道掘进，而后敷设高等级导线来对低等级导线进行检查和校正。

(4) 地下工作环境较差，对导线测量干扰较大。

二、矿井控制测量

（一）矿区控制测量

1. 平面控制

矿区平面控制网可采用三角网、导线网、GPS 网等形式布设。首级平面控制网一般在国家一、二等平面控制网基础上布设，在满足生产建设要求的前提下，加密网可越级布设。

2. 高程控制

矿区高程控制可采用水准测量和三角高程测量方法建立。矿区首级高程控制网应布设成环形网，加密网可布设成附合路线或结点网。

（二）井下控制测量

1. 平面控制

井下平面控制测量通常为地下导线，其作用是以必要的精度建立地下控制系统，进而依据此系统测设巷道中线及其衬砌的位置，从而指示巷道的掘进方向。

地下导线的起始点通常位于平洞口、斜井口和竖井的井底车场，这些点的坐标由平面控制测量和联系测量得到，地下导线的等级取决于地下工程的类型、范围、精度要求等，各部门有相关规范规定。

井下控制导线分为基本控制导线和采区控制导线。基本控制导线分为7″级和15″级两种，当井田一翼超过5 km时，应选用7″级导线作为首级控制，井田一翼为3.5~5 km时，可选用15″级导线作为首级控制。采区控制导线包括15″级和30″两种，当采区一翼超过1 km时，应选用15″级，否则选用30″级。

地下导线的类型有附合导线、闭合导线、无定向导线、支导线及导线网等。当巷道开始掘进时，首先敷设低等级导线给出巷道中线，指示巷道掘进，当巷道掘进300~500 m时，再敷设高等级导线检查已敷设的低等级导线的正确性，所以应使其起始边（点）和最终边（点）与低等级导线边（点）重合。当巷道继续向前掘进时，以高等级导线所测的最终边为基础，向前敷设低等级导线和中线。

敷设地下导线的注意事项如下：

（1）地下导线尽量沿线路中线（或边线）布设，边长大致相等，尽量避免长短边相接。

（2）对于地下导线边长较短，进行角度观测时，要尽可能减小仪器对中误差的影响。

（3）进行导线延伸测量时，应对以前的导线点做检核测量。直线地段只做角度检核，曲线地段，角度、边长均需进行检核测量。

（4）对于螺旋形隧道，不能形成长边导线，每次向前延伸时，都应从洞外复测。复测精度应一致，在证明导线点无明显位移时，取点位均值。

（5）凡构成闭合图形的导线网（环），都应进行平差计算，以求出导线点的新的坐标值。

2. 高程控制

井下高程控制测量可采用水准测量和三角高程测量方法，井下水准路线可布设成支水准路线、附合路线或闭合路线；三角高程测量适用于坡度较大的倾斜巷道，其测量方法与地面相同。井下水准点既可设在巷道的顶板、底板或两侧上，也可设在井下固定设备的基础上，设置时应考虑使用方便、不易变形。

三、隧道控制测量

（一）洞外控制测量

隧道施工前要进行洞外控制测量，其作用是在隧道各开挖口之间建立统一的控制网，并据此进行隧道的洞内控制测量或中线测量，保证隧道的准确贯通。

洞外平面控制测量采用导线测量、GPS测量施测，高程控制测量采用光电测距三角高程或几何水准测量施测。中长隧道洞外控制网可布设为平面、高程三维网，平面控制网与光电测距三角高程网"两网合一"进行观测，导线网闭合环的边数宜为4~6条。隧道洞外平面控制测量应优先采用 GPS 测量，GPS 测量点与点之间无须通视，在隧道各开挖洞口布设 3 个以上控制点，由大地四边形或三角形网构成 GPS 带状网。对精度要求高的特长隧道、高速铁路隧道，洞外高程控制测量采用精密几何水准测量方法施测。

（二）洞内控制测量

洞外控制测量完成以后，应把各洞口的线路中线控制桩和洞外控制网联系起来。由于隧道洞内场地狭窄，故洞内平面控制常采用中线或导线两种方式。洞内导线与洞外导线比较，具有以下特点：洞内导线是随着隧道的开挖逐渐向前延伸，故只能敷设支导线或狭长形导线环，而不可能将全部导线一次布设完；导线的形状完全取决于坑道的形状，导线点的埋石顶面应比洞内地面低 20~30 cm，上面加设护盖，填平，以免施工中遭受破坏。

洞内高程测量应采用水准测量或光电测距三角高程测量的方法。

第三节　联系测量

一、矿井联系测量的含义和任务

将矿区地面平面坐标系统和高程系统传递到井下，使井下与地面采用统一的测量坐标系统所进行的工作称为联系测量。联系测量包括平面联系测量与高程联系测量两部分，前者又称定向，后者也称导入标高。

联系测量的任务如下：
（1）确定井下经纬仪导线起始边的方位角。
（2）确定井下经纬仪导线起始点的平面坐标。
（3）确定井下水准基点的高程。

在联系测量前，应在井口地面附近布设平面控制点与高程控制点，作为联系测量的依据。即通常所说的近井点和高程水准基点。近井点和高程水准基点的布设要满足以下要求：
（1）尽可能埋设在便于观测、保存和不受开采影响的地点。
（2）近井点到井口的联测导线边数应不超过 3 条。
（3）高程水准基点应不少于两个（近井点可作为高程水准基点）。

二、平面联系测量

平面联系测量的任务是将地面的已知平面坐标和方位角传递到井下导线的起始点和起始边上，使井上井下采用统一的坐标系统。在平面联系测量中，方位角传递的误差是主要的。因此，把平面联系测量简称为矿井定向。矿井定向的方法有通过一个井筒的几何定向（简称一井定向）；通过两个井筒的几何定向（简称两井定向）、陀螺定向等。

（一）一井定向

如图 16-1 所示，在井筒内悬挂两根钢丝，钢丝的一端固定在井口上方，另一端系上垂球自由悬挂至定向水平面。根据地面坐标系统求出两根钢丝的平面坐标及其连线的方位角；在定向水平面通过测量把垂线和井下永久导线点联系起来，从而将地面的坐标和方向传递到井下,达到定向的目的。因此,定向工作分为投点与联测两个步骤。

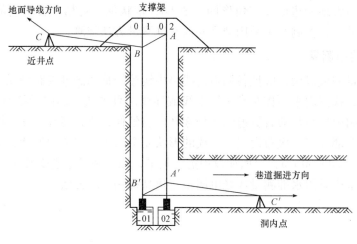

图 16-1　一井定向

1. 投点

所谓投点,就是在井筒内悬挂垂球线至定向水平面。由于井筒内风流、滴水等因素的影响,会使钢丝偏斜,产生的误差称为投点误差。由投点误差引起的两垂线连线方向的误差称为投向误差。通常情况下,由于井筒直径有限,两垂线间的距离一般不超过 5 m。当有 1 mm 的投点误差时,便会引起方位角误差达 2′。因此,在投点时必须采取措施减小投点误差。通常采用如下方法:

(1) 采用高强度、小直径的钢丝,以便加大垂球重量,减少对风流的阻力;

(2) 将垂球放入稳定液中,以减少钢丝摆动;

(3) 测量时,关闭风门或暂时停止风机,并给钢丝安上挡风套筒,以减少风流的影响等。

另外,挂上垂球后,应检查钢丝是否自由悬挂。常用的检查方法有两种:一是比距法,二是信号圈法。比距法是分别在井口和井底定向水平用钢尺丈量两根钢丝间的水平距离,若距离相差小于 4 mm,说明钢丝处于自由悬挂状态。信号圈法是自地面沿钢丝下放小铁丝圈,看是否受阻。当确认钢丝自由悬挂后,即可开始联测工作。

2. 联测

联测分为地面连接测量和井下连接测量两部分。地面连接测量是在地面测定两钢丝的坐标及其连线的方位角;井下连接测量是在定向水平根据两钢丝的间距及其连线的方位角确定井下导线起始点的坐标与起始边的方位角。

连接三角形法的平面示意图如图 16-2 所示。C、D 为地面近井点,A、B 为井上钢丝观测点,A'、B' 为井下钢丝观测点,C'、D' 为井下巷道中事先埋设的导线点。

(1) 连接三角形法应满足的条件。

①CD 与 $C'D'$ 的边长要大于 20 m。

②点 C 与点 C' 应尽可能地设在 AB($A'B'$)延长线上,使三角形的锐角 γ 和 γ' 要小于 2°。

③点 C 和点 C' 适当地靠近最近的垂球线,使 a/c 与 a'/c' 的值要尽量小一些,一般应小

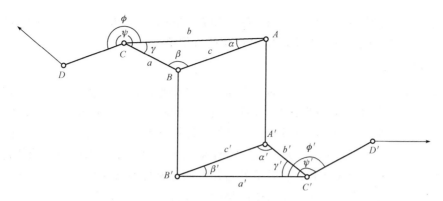

图 16-2 连接三角形法的平面示意图

于 1.5。

(2) 连接三角形法的外业。

地面连接测量：在点 C 安置经纬仪测量出 ψ、φ 和 γ 三个角度，并丈量 a、b、c 三条边的边长。

井下连接测量：在点 C' 安置经纬仪测量出 ψ'、φ' 和 γ' 三个角度，并丈量 a'、b'、c' 三条边的边长。

(3) 连接三角形的解算。

①运用正弦定理，解算出 α、β、α'、β'。

$$\begin{cases} \sin\alpha = \dfrac{a\sin\gamma}{c} \\ \sin\beta = \dfrac{b\sin\gamma}{c} \\ \sin\alpha' = \dfrac{a'\sin\gamma'}{c'} \\ \sin\beta' = \dfrac{b'\sin\gamma'}{c'} \end{cases}$$

②检查测量和计算成果。首先，连接三角形的三个内角 α、β、γ 以及 α'、β'、γ' 的和均应为 180°。若有少量残差可平均分配到 α、β 或 α'、β' 上。其次，井上丈量所得的两钢丝间的距离 $C_{丈}$ 与按余弦定理计算出的距离 $C_{计}$ 相差应不大于 2 mm；井下丈量所得的两钢丝间的距离 $C'_{丈}$ 与计算出的距离 $C'_{计}$ 相差应不大于 4 mm。若符合上述要求可在丈量的 a、b、c 以及 a'、b'、c' 中加入改正数 V_a、V_b、V_c 及 V'_a、V'_b、V'_c：

$$\begin{cases} V_a = V_c = -\dfrac{C_{丈} - C_{计}}{3} \\ V_b = \dfrac{C_{丈} - C_{计}}{3} \\ V_{a'} = V_{c'} = -\dfrac{C'_{丈} - C'_{计}}{3} \\ V_{b'} = \dfrac{C'_{丈} - C'_{计}}{3} \end{cases}$$

③将井上、井下连接图形视为一条导线，如 $D—C—B—A—C'—D'$，按照导线的计算方法求出井下起始点 C' 的坐标及井下起始边 $C'D'$ 的方位角。

（二）两井定向

当一个矿井有两个立井，且在定向水平面有巷道相通并满足测量条件时，应首先考虑两井定向。两井定向就是在两井筒各挂一根垂球钢丝，此两垂球钢丝在井上、井下连线的坐标方位角保持不变。在地面测得两垂球钢丝的坐标，计算出坐标方位角。在井下的水平巷道中采用导线与两垂球钢丝进行联测，取一假定坐标系来计算井下两垂球钢丝的假定方位角，然后将其与地面坐标方位角比较，其差值就是井下假定坐标系和地面坐标系的方位差，这样便可确定井下导线在地面坐标系中的坐标方位角。

1. 两井定向的外业

（1）投点。如图 16-3 所示，在两个立井中各悬挂一根垂球钢丝 A 和 B。投点设备和方法与一井定向时相同，一般采用单垂球稳定投点。

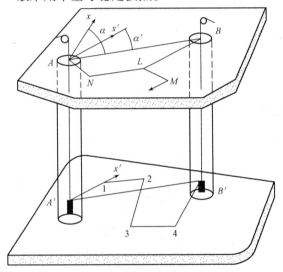

图 16-3 两井定向示意图

（2）地面连接测量。从近井点 M 分别向两垂球线 A、B 测设连接导线 $M—L—N—A$ 及 $M—L—B$，以确定 A、B 的坐标和 AB 的坐标方位角。

（3）井下连接测量。在井下定向水平，测设经纬仪导线 $A'—1—2—3—4—B'$。

2. 两井定向的内业计算

（1）根据地面连接测量的结果，按照导线的计算方法，计算出地面两钢丝点 A、B 的坐标，再用坐标反算出 AB 边方位角。

（2）在井下假定起始边和起始方向，在假定坐标系中进行导线计算，计算两钢丝点在井下假定坐标系中坐标方位角。

（3）根据两钢丝点连线在地面坐标系和井下假定坐标系中方位角之差，计算井下起始边在地面坐标系中的方位角。

（4）根据一个钢丝点坐标和相应的起始边方位角，计算井下导线各点在地面坐标系中的坐标。

3. 两井定向的优点

（1）由于每个井筒中只悬挂一根钢丝，投点工作比一井定向更方便。

（2）缩短占用井筒时间。

（3）两钢丝间距离大大增加，从而显著减小投向误差。

（三）陀螺定向

凡是绕自身对称轴高速旋转的物体都可以称为陀螺。陀螺具有定轴性和进动性两大特性。陀螺仪自转轴在无外力矩作用时，始终指向初始恒定方向，该特性称为定轴性；陀螺仪自转轴受到外力矩作用时，将按一定的规律产生进动，该特性称为进动性，如图 16-4 所示。

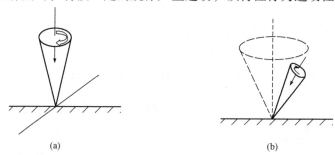

图 16-4 陀螺的特性
（a）定轴性；（b）进动性

自由陀螺仪的上述两个特性，可通过以下实验予以证明。如图 16-5（a）所示，左端为一可转动的陀螺，右端为一可运动的悬重，当调节悬重的位置使杠杆水平时，可以看到陀螺转动后，其轴线的方向始终保持不变，即可验证定轴性。

陀螺不转时，将衡重 A 向左移，杠杆将在竖直面内产生逆时针方向的转动，即左端下降、右端上升。陀螺转动时，将衡重 A 向左移，杠杆不做上下倾斜运动，而是保持水平，且在水平面内做逆时针方向的转动（从上向下看），如图 16-5（b）所示，这种现象就是所谓的"进动"。陀螺转动时，将衡重 A 向右移，则杠杆在水平面内做顺时针方向的转动（从上向下看），这样即可验证自由陀螺仪的进动性。

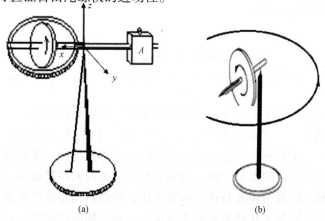

图 16-5 自由陀螺仪特性试验仪
（a）验证定轴性；（b）验证进动性

1. 陀螺经纬（全站）仪的基本原理

陀螺定向是运用陀螺经纬（全站）仪直接测定井下方位角。它克服了运用几何定向方法占用井筒时间长、工作组织复杂等缺点，广泛应用于地下工程联系测量和控制方向误差的积累。

当陀螺经纬（全站）仪的陀螺旋转轴以水平轴转动时，由于地球的自转，陀螺的旋转轴会向水平面内的子午线方向产生进动，最终稳定在子午面内。陀螺自转轴将以子午面为中心做往复摆动，求得陀螺自转轴摆动的平衡位置指向测站的真北方向。经纬仪或全站仪的水平度盘可以真北方向进行定向（度盘读数设置为零度）；当经纬（全站）仪转向任一目标时，水平度盘的读数即测站至目标的真方位角。

2. 陀螺经纬（全站）仪的基本结构

陀螺经纬（全站）仪是陀螺经纬（全站）仪和定向经纬仪组合而成的定向仪器。现在常用的矿用陀螺经纬仪大多是上架式陀螺经纬仪。图 16-6（a）即全站仪上安置陀螺仪，图 16-6（b）所示为陀螺仪目镜中的读数和"逆转点法"读数示意。

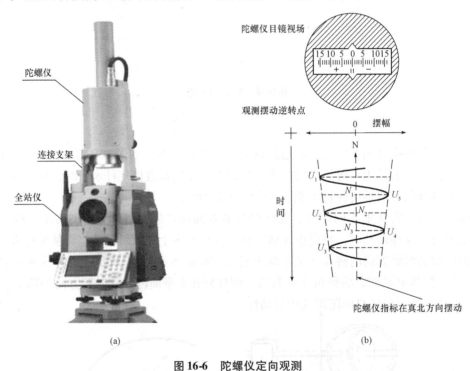

图 16-6 陀螺仪定向观测

（a）全站仪上安置陀螺仪；（b）陀螺仪目镜中的读数和"逆转点法"读数示意

逆转点是指陀螺轴围绕子午线摆动时偏离子午线的两侧最远位置。

陀螺经纬（全站）仪主要由陀螺仪、经纬（全站）仪两大部分组成。其中陀螺仪在结构上分为陀螺敏感部、锁放机构、输电机构及跟踪机构等几部分。陀螺敏感部是陀螺仪的关键部件，它敏感于地球自转的水平分量，形成参照真北方向的往复运动，从而达到定向的目的，主要由陀螺电机、陀螺房体及悬挂机构等组成；锁放机构是使陀螺敏感部在工作状态下处于自由悬挂的状态，在非工作状态下处于固定的状态；输电机构的功能就是为运动中的陀螺供电；跟踪机构主要跟踪陀螺敏感部的运动轨迹。

陀螺经纬（全站）仪定向的作业过程如下：

（1）测定仪器常数（由于仪器加工等多方面的原因，实际中的陀螺轴的平衡位置往往与测站真子午线的方向不重合，它们之间的夹角称为陀螺经纬仪的仪器常数）和地面已知边的陀螺方位角。

（2）测定地下定向边的陀螺方位角。

（3）仪器上井后重新测定仪器常数，求出仪器常数最或然值。

（4）求算子午线收敛角。

（5）求算地下待定边的坐标方位角。

（四）高程联系测量

高程联系测量的任务，就是把地面的高程系统，经过平硐、斜井或立井传递到地下高程测量的起始点上，即导入高程。

导入高程的方法分为通过平硐导入高程、通过斜井导入高程、通过立井导入高程。

通过平硐导入高程，可以用一般井下几何水准测量来完成，其测量方法和精度与井下水准相同。

通过斜井导入高程，可以用一般三角高程测量来完成，其测量方法和精度与井下基本控制三角高程测量相同。

通过立井导入高程，是采用一些专门的方法来完成的。

在讨论这些方法之前，先来看这些方法的共同基础。设在地面井口附近一点 A，其高程 H_A 为已知，一般称点 A 为近井水准基点（图 16-7）。在井底车场中设一点 B，其高程待求。在地面与井下安置水准仪，并在点 A、B 所设立的水准尺上读取读数 a 及 b。如果知道了地面和井下两水准仪视线之间的距离 l，则点 A、B 的高差 h 可按下式求出：

$$h = a - b - l$$

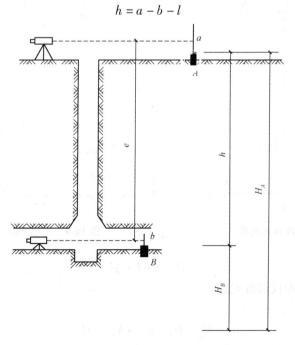

图 16-7　通过立井导入高程

有了 h，当然就能算出点 B 在统一坐标系统中的高程为

$$H_B = H_A + h = H_A + a - b - l$$

因此，通过立井导入高程的实质，就是如何来求得 l 的长度。

1. 长钢丝导入高程

如图 16-8 所示，用钢丝导入高程时，需在钢丝上用特制的标线夹，在井上、井下水准仪视线水平做出标记 m 和 n，然后将钢丝提升到地面，用光电测距仪、钢尺或井口附近设置专门的量长台来丈量两标记之间的距离。

采用光电测距仪或钢尺在地面测量时，可在平坦地面上将钢丝拉直，并施加与导入高程时给钢丝所加的相同的拉力，依据钢丝上的标记 m、n，在实地上打木桩用小钉做出标志，然后用光电测距仪或钢尺丈量两标志 m、n 之间的距离。当在井口附近设置专门的量长台时，在量长台上设置一根量过长度的钢尺，随着钢丝的提升，分段丈量两标志 m、n 之间的距离。

长钢丝导入高程应独立进行两次，两次测量差值不得超过两标志距离的 1/8 000。

2. 光电测距仪导入高程

用光电测距仪导入高程的原理如图 16-9 所示。测距仪 G 安置在井口附近处，在井架上安置反射镜 E（与水平面成 45°），反射镜 F 水平置于井底。用仪器测得光程长 S，仪器 G 至反射镜 E 的距离为 l，在井上、井下分别安置水准仪，读取立于 E、A 及 F、B 处水准尺的读数 e、a 和 f、b。则水准基点 A、B 之间的高差（井深）为

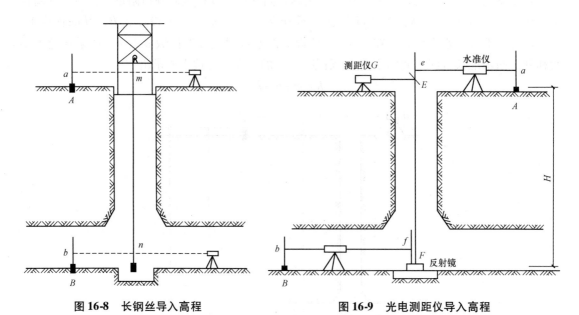

图 16-8　长钢丝导入高程　　　　图 16-9　光电测距仪导入高程

$$H = S - l + \Delta l$$

式中　Δl——光电测距仪的改正数。

则点 B 的高程为

$$H_B = H_A + h_{AE} + h_{FB} - H$$
$$h_{AE} = a - e, \quad h_{FB} = f - b$$

上述测量应重复进行两次，其差值应符合相关要求（$H/8\ 000$）。

第四节　地下工程施工测量

一、中线放样

中线是指巷道水平投影的几何中心线，其作用为指示巷道水平面内的掘进方向。

中线放样是将图纸上设计好的巷道标设到实地，指导掘进方向和位置，边掘边标，不断向前推进。

如图 16-10 所示，P_1、P_2 为已布设的导线点，坐标已知。A 为中线点，根据其里程桩号可计算出其设计坐标，通过这三个已知点可计算出放样 A 所需的数据 β_2 和 L。放样时，将全站仪安置于导线点 P_2，后视点 P_1，然后转动角 β_2，并在视线方向上量取距离 L，即得中线点 A。标定开挖方向时可将仪器置于点 A，后视导线点 P_2，拨角 β_A，即得中线方向。β_A 可以根据中线的设计方位角和 A、P_2 的坐标算得。随着开挖面的向前推进，点 A 距开挖面越来越远，这时，便需要将中线点向前延伸，埋设新的中线点，如图 16-10 中的点 B，其标设方法同前。

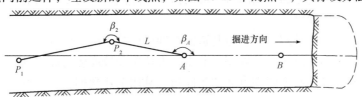

图 16-10　中线点的测设

二、隧道腰线测设

隧道腰线是用来指示隧道在竖直面内掘进方向的一条基准线，通常标设在隧道壁上，离开隧道底面一定距离。腰线测设时（图 16-11），首先在适当的位置安置水准仪，后视水准点 A，根据尺上读数可计算出仪器视线的高程，根据隧道坡度以及点 C、D 的里程桩号可计算出点 C、D 的底板设计高程和腰线点高程，求出 CD 腰线高程与仪器视线高差 Δh_1、Δh_2，由仪器视线向上或向下量取 Δh_1、Δh_2 即可求得腰线 CD 的位置。

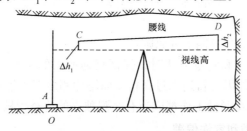

图 16-11　腰线测设

根据洞内施工导线和已经测设的中线桩号可以用激光经纬仪、激光全站仪，或专用的激光指向仪,指示掘进方向。地下高程测量采用水准测量的方式时,若当水准点埋设在顶面,水准尺需倒立,倒尺的读数为负值,高差的计算公式与常规水准测量方法相同。

第五节 贯通测量

一、贯通测量概述

(一) 贯通测量的概念和方法

所谓贯通测量,就是采用两个或多个相向或同向掘进的工作面同时掘进同一巷道,使其按照设计要求在预定地点正确接通而进行的测量工作。采用贯通方式多头掘进同一巷道,可以加快施工进度,改善通风状况与劳动条件,有利于巷道开采与掘进的平衡接续,是加快矿井、地铁等地下工程建设的重要技术措施,所以在矿井建设、采矿生产、隧道施工等过程中得到普遍应用,而且在铁路、公路、水利、国防等建设工程中也常被采用。

巷道贯通常用的形式有相向贯通、单向贯通和同向贯通(图 16-12)。两个工作面相向掘进称为相向贯通;从巷道的一端向另一端的指定地点掘进称为单向贯通;两个工作面同向掘进称为同向贯通或追随贯通。

贯通测量的基本方法是测出待贯通巷道两端导线点的平面坐标和高程,通过计算求得巷道中线的坐标方位角和巷道腰线的坡度,此坐标方位角和坡度应与原设计相符,差值应在容许范围之内,同时计算出巷道两端点处的指向角,利用上述数据在巷道两端分别标定出巷道中线和腰线,指示巷道按照设计的同一方向和同一坡度分头掘进,直到贯通相遇点处相互正确接通。

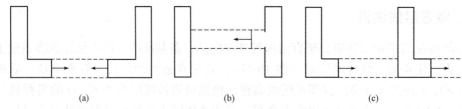

图 16-12 巷道贯通的形式
(a) 相向贯通;(b) 单向贯通;(c) 同向贯通

贯通测量工作中一般应当遵循下列原则:

(1) 要在确定测量方案和测量方法时,保证贯通所需的精度;既不能因精度过低而使巷道不能正确贯通,也不能因盲目追求过高精度而增加测量工作量和成本。

(2) 对所完成的每一步测量工作都应当有客观独立的检查校核,尤其要杜绝粗差。

(二) 贯通测量的种类和容许偏差

井巷贯通一般分为一井内巷道贯通、两井之间的巷道贯通和立井贯通。凡是由井下一条导线起算边开始,能够敷设井下导线到达贯通巷道两端的,均属于一井内巷道贯道。两井之间的巷道贯通,是指在巷道贯通前不能由井下的一条起算边向贯通巷道的两端敷设井下导线，而只能由两口井，通过地面联系测量，再布设井下导线到待贯通巷道两端的贯通。立井贯通主要包括从地面及井下相向开凿的立井贯通和延深立井时的贯通。

贯通巷道接合处的偏差值，可能发生在三个方向上。

（1）水平面内沿巷道中线方向上的长度偏差（纵向误差），对巷道质量没有影响。

（2）水平面内垂直于巷道中线的左、右偏差 Δx（横向误差），如图 16-13（a）所示，对巷道质量有直接影响。

（3）竖直面内垂直于巷道腰线的上、下偏差 Δh（竖向误差），如图 16-13（b）所示，对巷道质量有直接影响。

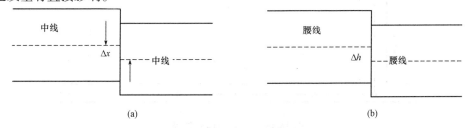

图 16-13　贯通容许偏差
（a）横向误差；（b）竖向误差

对于立井贯通来说，影响贯通质量的是平面位置偏差，即上、下两段待贯通的井筒中心线之间在水平面内投影的偏差（图 16-14）。

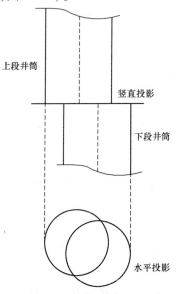

图 16-14　立井贯通偏差

井巷贯通的容许偏差值，根据井巷的用途、类型及运输方式等条件决定。

二、一井内巷道贯通测量

由井下一条导线起算边开始，能够敷设井下导线到达贯通巷道两端的，均属于一井内的巷道贯通。不论何种贯通，均需事先求算出贯通巷道中心线的坐标方位角、腰线的倾角（坡度）、贯通距离和巷道两端点处的指向角等要素，这些要素统称为贯通测量的几何要素。它们是标定巷道中、腰线所必需的数据，需要正确计算。

（一）一井内相向贯通

如图16-15所示，假设要在上、下平巷的点A与点B贯通二号下山（虚线表示的巷道），其测量和计算工作如下：

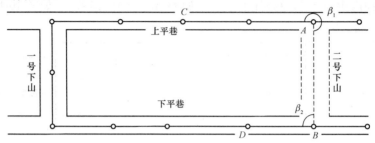

图16-15 一井内相向贯通

（1）根据设计，从井下某一条导线边开始，测设导线到待贯通巷道的两端处，并进行井下高程测量，计算出点A、B的坐标及高程，以及CA、BD两条导线边的坐标方位角α_{CA}和α_{BD}。

（2）计算测设数据。

贯通巷道中心线的方位角α_{AB}：

$$\alpha_{AB} = \arctan \frac{y_B - y_A}{x_B - x_A}$$

AB边的水平长度D_{AB}：

$$D_{AB} = \sqrt{(x_B - x_A)^2 + (y_B - y_A)^2}$$

指向角β_1、β_2：

$$\beta_1 = \angle CAB = \alpha_{AB} - \alpha_{AC}$$
$$\beta_2 = \angle DBA = \alpha_{BA} - \alpha_{BD}$$

贯通巷道的坡度i：

$$i = \tan\delta_{AB} = \frac{H_B - H_A}{D_{AB}}$$

贯通巷道的斜长：

$$l_{AB} = \sqrt{(H_B - H_A)^2 + D_{AB}^2}$$

式中 H_A——点A巷道底面或轨面高程；
H_B——点B巷道底面或轨面高程；
δ_{AB}——巷道的倾角。

通过计算以上数据，可以用β_1、β_2给出掘进巷道的中线，利用δ_{AB}给出巷道的腰线，利用l_{AB}和掘进速度计算出贯通时间。

【例16-1】如图16-15所示，为贯通巷道AB，在上、下平巷及一号上山内布设经纬仪导线，设已求得点 A、B 坐标为（100，100）和（152，152），且 AC、BD 边的坐标方位角分别为 $\alpha_{AC} = 135°$ 和 $\alpha_{BD} = 135°$，点 A 高程为 -120.000 m，点 B 高程为 -90.000 m，试计算贯通的几何要素。

解：贯通巷道中心线的方位角 α_{AB}：

$$\alpha_{AB} = \arctan\frac{y_B - y_A}{x_B - x_A} = \arctan 1 = 45°$$

AB 边的水平长度 D_{AB}：

$$D_{AB} = \sqrt{(x_B - x_A)^2 + (y_B - y_A)^2} = 73.539 \text{（m）}$$

指向角 β_1、β_2：

$$\beta_1 = \angle CAB = \alpha_{AB} - \alpha_{AC} = 270°$$
$$\beta_2 = \angle DBA = \alpha_{BA} - \alpha_{BD} = 90°$$

贯通巷道的坡度 i：

$$i = \tan\delta_{AB} = \frac{H_B - H_A}{D_{AB}} = 0.408$$

贯通巷道的斜长：

$$l_{AB} = \sqrt{(H_B - H_A)^2 + D_{AB}^2} = 79.423 \text{（m）}$$

根据上面的计算数据，就可以在待贯通巷道两端点 A、B 分别标定巷道掘进的中、腰线，指导巷道向前掘进。

（二）一井内的单向贯通及开切位置的确定

如图 16-16 所示，下平巷已经掘好，一号下山已通，二号下山已掘进到点 B。为尽快贯通二号下山，决定从上平巷开掘工作面，在上平巷与下平巷之间贯通二号下山。此时，需要在上平巷中确定开切点 A 的位置，以便在点 A 标定出二号下山的中、腰线，向下掘进，进行贯通。该下山在下平巷中的开切点 B 以及二号下山中心线的坐标方位角 α_{AB} 均已给出。

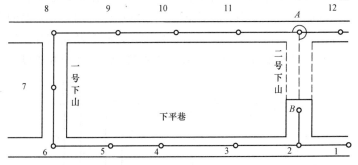

图 16-16　一井内的单向贯通

为此，需在上、下平巷之间经一号下山布设经纬仪导线，导线点编号为 1～12，并进行高程测量，以求得各导线点的平面坐标和高程。设点时，点 B、2 应设在二号下山的中心线上，设置点 11、12 时，应使 11—12 导线边能与二号下山的中心线相交，其交点 A 即欲确定的二号下山上端的开切点。这类贯通几何要素求解的关键是求出点 A 坐标和平距 S_{11-A} 及 S_{A-12} 地，而点 A 是两条直线（导线边 11—12 与二号下山中心线 AB）的交点。

(1) 计算点 A 的平面坐标，可列出 11—12 边和 $A—B$ 边两条直线的方程式。即

$$y_A - y_{11} = (x_A - x_{11}) \tan\alpha_{11-12}$$
$$y_A - y_B = (x_A - x_B) \tan\alpha_{2-B}$$

解此方程组，可得点 A 平面坐标（x_A、y_A）。

(2) 计算水平距离 D_{11-A} 和 D_{AB}。即

$$D_{11-A} = \sqrt{(x_A - x_{11})^2 + (y_A - y_{11})^2}$$

为了检核，可再求算点 A 到点 12 的平距 D_{A-12} 并检查是否满足 $D_{11-A} + D_{A-12} = D_{11-12}$，有了 D_{11-A} 和 D_{A-12}，即可在上平巷中标定出二号下山的开切点 A。

(3) 计算 AB 间的平距。即

$$D_{AB} = \sqrt{(x_B - x_A)^2 + (y_B - y_A)^2}$$

(4) 计算点 A 处的指向角。即

$$\beta_A = \angle 11AB = \alpha_{AB} - \alpha_{A-11}$$

(5) 计算 AB 的坡度。即

$$i = \tan\delta_{AB} = \frac{H_B - H_A}{D_{AB}}$$

(6) 计算贯通巷道的斜长（实际贯通长度）。即

$$l_{AB} = \sqrt{(H_B - H_A)^2 + D_{AB}^2}$$

从点 11 沿 11—12 导线边方向量取水平距离 D_{11-A}，可确定点 A 的位置，在点 A 利用指向角 β_A 和倾角 δ_{AB} 可以给出巷道的中、腰线，指示巷道向点 B 掘进。

三、立井贯通测量

如图 16-17 所示，在距离主、副井较远处的井田边界附近要新开凿一号立井，决定采用相向开凿方式贯通。一方面从地面向下开凿，另一方面同时由原运输大巷继续向三号井方向掘进，开凿完三号立井的井底车场后，在井底车场巷道中标定出三号井筒的中心位置，由此位置以小断面向上开凿反井，待与上部贯通后，再按设计的全断面成井。当然也可以全断面相向贯通，但这样会对贯通精度要求更高，从而增大测量的工作量和难度。

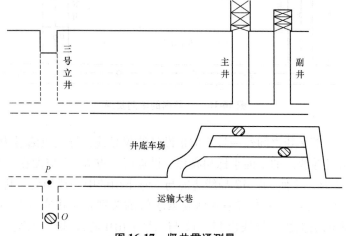

图 16-17 竖井贯通测量

测量工作的内容简述如下：

（1）进行地面联测，建立主、副井和三号井的近井点。地面联测方案可视两井间的距离、地形情况以及矿上现有仪器设备条件而定。

（2）以一号立井的近井点为依据，实地标出井筒中心（井中）的位置，指示井筒由地面向下开凿。

（3）通过主、副井进行联测，确定井下导线起始边的坐标方位角及起始点的坐标。

（4）在井下沿运输大巷测设导线，直到三号井的井底车场出口点 P。

（5）根据三号井的井底车场设计的巷道布置图，编制井底车场设计导线。由导线点 P 开始，按井底车场设计导线来标定出中、腰线，指示巷道掘进至三号井的井筒中心位置附近，并准确地标出三号井的井筒中心 O 的位置，牢固埋设好井中标桩及井筒十字中线基本标桩，此后便可开始向上以小断面开凿反井。

在立井贯通中，高程测量的误差对贯通的影响甚小，一般可以采用原有高程测量的成果并进行必要的补测。最后可根据井底的高程推算接井的深度，当上、下两端井筒掘进工作面接近 10~15 m 时，要提前通知建井施工单位，停止一端的掘进工作，并采取相应的安全技术措施。

习题与思考题

1. 地下工程有哪些种类？
2. 地下工程测量有哪些特点？
3. 地下工程控制测量有哪些特点？
4. 在隧道测量中，布置地面平面控制网有哪几种形式？
5. 联系测量的任务有哪些？
6. 为什么平面联系测量又称定向？其方法有哪些？
7. 什么是贯通测量？贯通测量的形式有哪些？
8. 如图 16-18 所示，为贯通巷道 AB，在上、下平巷及一号上山内布设经纬仪导线，设已求得点 A、B 坐标为（395 293.580，78 284.723）和（395 157.435，78 325.314），且 AC、BD 边的坐标方位角分别 $\alpha_{AC}=261°4'53.2''$ 和 $\alpha_{BD}=259°23'43''$，点 A 高程为 -121.931 m，点 B 高程为 -92.225 m，试计算贯通的几何要素。

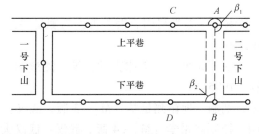

图 16-18 8 题图

参考文献

[1] 宁津生，陈俊勇，李德仁，等．测绘学概论［M］．3版．武汉：武汉大学出版社，2016.

[2] 覃辉，伍鑫．土木工程测量［M］．4版．上海：同济大学出版社，2013.

[3] 高井祥．测量学［M］．5版．北京：中国矿业大学出版社，2016.

[4] 程效军，鲍峰，顾孝烈．测量学［M］．5版．上海：同济大学出版社，2016.

[5] 刘文谷．建筑工程测量［M］．北京：北京理工大学出版社，2012.

[6] 刘文谷．全站仪测量技术［M］．北京：北京理工大学出版社，2014.

[7] 王国辉．土木工程测量［M］．北京：中国建筑工业出版社，2011.

[8] 刘星，吴斌．工程测量学［M］．2版．重庆：重庆大学出版社，2011.

[9] 祝国瑞．地图学［M］．武汉：武汉大学出版社，2003.

[10] 胡鹏，游涟，杨传勇，等．地图代数［M］．2版．武汉：武汉大学出版社，2006.

[11] 国家测绘地理信息局职业技能鉴定指导中心．注册测绘师资格考试辅导教材（测绘综合能力）［M］．北京：测绘出版社．2012.

[12] 潘正风，程效军，成枢，等．数字地形测量学［M］．武汉：武汉大学出版社，2015.

[13] 张正禄．工程测量学［M］．2版．武汉：武汉大学出版社，2013.

[14] 陈龙飞，金其坤．工程测量［M］．上海：同济大学出版社，1990.

[15] 杨俊，赵西安．土木工程测量［M］．北京：科学出版社，2003.

[16] 林文介．测绘工程学［M］．广州：华南理工大学出版社，2003.

[17] 孔祥元，郭际明，刘宗泉．大地测量学基础［M］．2版．武汉：武汉大学出版社，2010.

[18] 武汉大学测绘学院测量平差学科组．误差理论与测量平差基础［M］．3版．武汉：武汉大学出版社，2014.

[19] 合肥工业大学，重庆建筑大学，天津大学，等．测量学［M］．4版．北京：中国建筑工业出版社，1995.

[20] 詹长根，唐祥云，刘丽．地籍测量学［M］．3版．武汉：武汉大学出版社，2011.

[21] 孔祥元，郭际明．控制测量学［M］．4版．武汉：武汉大学出版社，2015.

[22] 贺国宏．桥隧控制测量［M］．北京：人民交通出版社，1998.

[23] 徐霄鹏．公路工程测量［M］．北京：人民交通出版社，2005.

[24] 姜远文，唐平英．道路工程测量［M］．北京：机械工业出版社，2002.

[25] 宋文．公路施工测量［M］．北京：人民交通出版社，2005.

[26] 于碧云. Galileo 系统时差监测方法研究与实现 [D]. 北京：中国科学院研究生院（国家授时中心），2016.

[27] 张锡越, BDS/GNSS 实时精密单点定位算法研究与实现 [D]. 北京：中国测绘科学研究院，2017.

[28] 赵永卿, GPS/BDS 组合单点定位随机模型的研究 [D]. 成都：西南交通大学，2017.

[29] 刘惠涛. GPS/GLONASS 组合动态精密单点定位研究 [D]. 成都：西南交通大学，2017.

[30] 陈燕. 三频 GPS 周跳探测与修复方法研究 [D]. 西安：长安大学，2017.

[31] 王汉存. 全站仪导线测量平差方法浅析 [J]. 中国煤炭地质，2009，21（11）：75-76.

[32] 王静. GNSS 单历元基线解算方法研究 [D]. 淮南：安徽理工大学，2017.

[33] 王翔. 基于 GNSS 的定位算法仿真研究 [D]. 石家庄：河北科技大学，2016.

[34] 王洋. 市政工程中小区域控制测量技术探析 [J]. 科学技术创新，2015（8）：136.

[35] 翁信文. GPS/BDS 高精度事后动态定位算法及程序实现 [D]. 淮南：安徽理工大学，2017.

[36] 易才琦. 水准路线测量的布设及施测方法 [J]. 法制与经济，2011（8）：232-233+235.

[37] 郭宗河，郑进凤，贺可强. 全站仪导线测量若干问题的探讨 [J]. 合肥工业大学学报（自然科学版），2010，33（2）：266-268.

[38] 郝蓉. 浅析全球卫星导航定位系统 [J]. 内燃机与配件，2017（21）：143-144.

[39] 马敬娟. 全站仪的基本组成及分类 [J]. 质量天地，2002（12）：56.

[40] 张立群. DJ6 型经纬仪照准部偏心差的检验 [J]. 哈尔滨工程高等专科学校学报，2000，11（4）：35-37.

[41] 杨俊志. 电子经纬仪的测角原理及检定方法（续）[J]. 测绘科学，1995（2）：14-19.

[42] 王挥云. 电子经纬仪补偿器精度检测方法 [J]. 电大理工，2006（2）：45-46.

[43] 罗新义. 光学经纬仪度盘偏心及校正方法的探讨 [J]. 高等教育研究，2002，18（3）：76-78+85.

[44] 中华人民共和国建设部，中华人民共和国国家质量监督检验检疫总局. GB 50026—2017 工程测量规范 [S]. 北京：中国计划出版社，2008.

[45] 中华人民共和国国家质量监督检验检疫总局，中国国家标准化管理委员会. GB/T 20257.1—2017 国家基本比例尺地图图式 第1部分：1∶500 1∶1 000 1∶2 000 地形图图式 [S]. 北京：中国标准出版社，2017.

[46] 中华人民共和国住房和城乡建设部. CJJ/T 8—2011. 城市测量规范 [S]. 北京：中国建筑工业出版社，2011.

[47] 中华人民共和国国家质量监督检验检疫总局，中国国家标准化管理委员会. GB/T 18314—2009 全球定位系统（GPS）测量规范 [S]. 北京：中国标准出版

社，2009.

[48] 中华人民共和国国家质量技术监督局. GB/T 17986.1—2000 房产测量规范 第 1 单元：房产测量规定［S］. 北京：中国标准出版社，2000.

[49] 中华人民共和国国家质量监督检验检疫总局，中国国家标准化管理委员会. GB/T 13989—2012 国家基本比例尺地形图分幅和编号［S］. 北京：中国标准出版社，2012.

[50] 中华人民共和国国土资源部. TD/T 1001—2012 地籍调查规程［S］. 北京：中国标准出版社，2012.